轻松学 Linux
从 Manjaro 到 Arch Linux

王荣◎著

人民邮电出版社

北 京

图书在版编目（CIP）数据

轻松学Linux ：从Manjaro到Arch Linux / 王荣著
. —— 北京 ：人民邮电出版社，2023.7
ISBN 978-7-115-59619-2

Ⅰ．①轻… Ⅱ．①王… Ⅲ．①Linux操作系统 Ⅳ.
①TP316.85

中国国家版本馆CIP数据核字(2023)第063186号

内 容 提 要

本书主要讲解 Linux 操作系统的相关知识，从 Manjaro 操作系统入门，然后逐步深入，重点围绕 Arch Linux 操作系统展开，旨在为读者打造简单易学、内容丰富且具有较强实用性的 Linux 操作系统入门书。

本书的主要内容包括 Manjaro 操作系统的安装和使用、常用的 Linux 命令与命令行、系统管理与系统工具的操作、Arch Linux 操作系统的安装和使用、窗口管理器与桌面环境的配置和使用、Linux 操作系统的维护和高级应用，以及 Wine 与虚拟机的使用等。本书将理论与实践相结合，带领读者快速搭建并使用 Arch Linux 操作系统，帮助读者提升工作效率。此外，本书穿插了 Linux 操作系统的相关人物、简史、技术背景等丰富知识，能够让读者更加全面地了解 Linux 操作系统。

本书适合想要入门 Linux 操作系统、搭建个性化的 Linux 操作系统的读者阅读，也可作为高校相关专业的参考教材。

- ◆ 著　　　　王　荣
- 责任编辑　傅道坤
- 责任印制　王　郁　马振武
- ◆ 人民邮电出版社出版发行　　北京市丰台区成寿寺路 11 号

邮编 100164　电子邮件 315@ptpress.com.cn

网址 https://www.ptpress.com.cn

三河市祥达印刷包装有限公司印刷

- ◆ 开本：800×1000　1/16

印张：15.5　　　　　　　　2023 年 7 月第 1 版

字数：343 千字　　　　　　2023 年 7 月河北第 1 次印刷

定价：79.80 元

读者服务热线：(010)81055410　印装质量热线：(010)81055316

反盗版热线：(010)81055315

广告经营许可证：京东市监广登字 20170147 号

前言

    Linux 操作系统自诞生至今，已被全世界无数的人使用过，其开发人员不计其数。但是对更多人来说，它的身上总围绕着一种神秘的色彩。人们觉得它难以使用，好像只有专业人士才学得会。尽管现在 Linux 操作系统已经有了图形化的用户界面，但是人们想要用好它，还是需要学习和掌握各类命令。不论是对"命令行"的恐惧，还是对"难以使用"这类传闻的耳濡目染，都令想要入门或者尝试 Linux 操作系统的爱好者望而却步。

    目前，市面上有很多讲解 Linux 操作系统的著作和教材，不过这些图书要么重点介绍命令行或技术操作细节，要么着重于程序设计与开发，要么太过关注工具的具体使用，对读者的技术背景和学习毅力要求很高，这些困难容易让读者半途而废。正因为如此，本书以一款简单而易用的 Linux 发行版——Manjaro（Arch Linux 的衍生发行版）为基础，从最简单的安装到上手使用，一步步带领读者进入 Linux 操作系统的世界。在读者有了一定基础后，再学习 Arch Linux 操作系统的安装与使用，就能够全方位地了解 Linux 操作系统的功能和特点，最终按照自己的喜好搭建一款属于自己的 Linux 操作系统。自由性与可定制性是 Linux 操作系统的最大特色，也是本书要呈现的主要内容。

本书组织结构

    本书的内容分为 3 个部分，共 8 章，下面详细介绍一下本书的组织结构。

    第一部分将从 UNIX 操作系统的诞生开始，讲述与它相关的历史、人物与故事，并过渡到 Linux 操作系统，重点让读者学会安装并使用 Manjaro 操作系统。在此过程中，读者不仅能够学会 Linux 操作系统的日常操作，也将初步掌握命令行工具的使用方法，为后面的学习打下基础。

    第一部分对应第 1 章、第 2 章和第 3 章的内容。第 1 章介绍 Linux 操作系统的诞生与发展，第 2 章介绍 Manjaro 操作系统的安装与使用，第 3 章介绍 Linux 命令的相关知识。

    第二部分将带领读者开始学习 Arch Linux 操作系统。之所以选择 Arch Linux 操作系统，不仅仅是因为它和 Manjaro 操作系统使用相同的软件包管理器，更是因为它可以最大限度地体现 Linux 操作系统的特色——可定制性。因此，这部分内容会围绕"搭建配置"这一主题展开，为 Arch Linux 操作系统安装图形界面与各类应用程序，让读者从中学习到 Linux 系统的可定制性。

第二部分包含第 4 章、第 5 章和第 6 章。第 4 章介绍 Linux 操作系统及其系统管理与系统工具的操作与使用，第 5 章介绍 Arch Linux 操作系统的安装与使用，第 6 章主要介绍 Linux 操作系统的图形界面的实现方式与 X Window 系统。

第三部分将会在第二部分的基础上，讲述如何更方便地使用 Arch Linux 操作系统。尽管操作系统本身有很多可深究的知识，但是让它为用户提供服务才是更重要的。因此，这部分内容将围绕"高级应用"这一主题展开，为读者讲述使用 Arch Linux 操作系统时的一些高级技巧。由于很多软件仅支持在 Windows 系统上运行，因此，为了满足用户在 Linux 操作系统中也能使用 Windows 系统及其相关应用程序的需求，这一部分还会介绍如何在 Linux 操作系统中协作运行 Windows 应用程序等相关内容。

第三部分涉及第 7 章和第 8 章的内容。第 7 章探究 Linux 操作系统的高级应用，涉及系统完善和源代码的编写与使用，第 8 章主要介绍 Wine 和虚拟机的安装与使用。

本书特色

目前，讲解 Ubuntu、Red Hat 等 Linux 发行版的图书有很多，但是还没有专门介绍 Arch Linux 发行版的图书。事实上，Arch Linux 操作系统有着相当多的优点，本身也拥有很可靠的性能，在全球范围内都有着广泛的用户基础。因此，本书主要以搭建一个个性化的 Arch Linux 操作系统为目标，为读者讲述 Linux 操作系统的各类知识。事实上，Arch Linux 操作系统并不是"用户友好的"，它的使用是有难度的。作为 Linux 操作系统的入门书，本书尽量从最基础的知识开始讲述，几乎不涉及太多专业知识，读者可以轻松阅读本书。读者可以在有了一定知识储备的基础上，再开始真正地搭建 Arch Linux 操作系统。

看书和学习总是很耗费精力，学习技术知识更是乏味。为了尽量降低这个过程所带来的疲惫感，本书干货满满，既有技术内容，又在相关内容的描述过程中穿插一些人物、简史等背景故事，可以缓解学习带来的枯燥感和疲劳感，让读者能更容易地坚持下来，持之以恒地完成本书的学习。

本书读者对象

本书适合想要入门 Linux 操作系统（尤其是 Arch Linux 操作系统）的读者阅读，也适合想要搭建个性化的 Linux 操作系统的读者阅读，还可作为高校相关专业的参考教材。

勘误和支持

由于作者水平有限，书中难免会出现错误或者不准确的地方，恳请读者批评指正。在阅读过程中，如果读者有任何意见和建议，都可以通过邮箱（w190614128r@126.com 或者 wangr@wxit.edu.cn）与作者交流。

资源与支持

本书由异步社区出品，社区（https://www.epubit.com）为您提供相关资源和后续服务。

提交勘误

作者和编辑尽最大努力来确保书中内容的准确性，但难免会存在疏漏。欢迎您将发现的问题反馈给我们，帮助我们提升图书的质量。

当您发现错误时，请登录异步社区，按书名搜索，进入本书页面，单击"发表勘误"，输入勘误信息，单击"提交勘误"按钮即可。本书的作者和编辑会对您提交的勘误进行审核，确认并接受后，您将获赠异步社区的 100 积分。积分可用于在异步社区兑换优惠券、样书或奖品。

扫码关注本书

扫描下方二维码，您将会在异步社区微信服务号中看到本书信息及相关的服务提示。

与我们联系

我们的联系邮箱是 contact@epubit.com.cn。

如果您对本书有任何疑问或建议，请您发邮件给我们，并请在邮件标题中注明本书书名，以便我们更高效地做出反馈。

如果您有兴趣出版图书、录制教学视频，或者参与图书技术审校等工作，可以发邮件给本书的责任编辑（fudaokun@ptpress.com.cn）。

如果您来自学校、培训机构或企业，想批量购买本书或异步社区出版的其他图书，也可以发邮件给我们。

如果您在网上发现有针对异步社区出品图书的各种形式的盗版行为，包括对图书全部或部分内容的非授权传播，请您将怀疑有侵权行为的链接通过邮件发给我们。您的这一举动是对作者权益的保护，也是我们持续为您提供有价值的内容的动力之源。

关于异步社区和异步图书

"异步社区"是人民邮电出版社旗下 IT 专业图书社区，致力于出版精品 IT 图书和相关学习产品，为作译者提供优质出版服务。异步社区创办于 2015 年 8 月，提供大量精品 IT 图书和电子书，以及高品质技术文章和视频课程。更多详情请访问异步社区官网 https://www.epubit.com。

"异步图书"是由异步社区编辑团队策划出版的精品 IT 专业图书的品牌，依托于人民邮电出版社的计算机图书出版积累和专业编辑团队，相关图书在封面上印有异步图书的 LOGO。异步图书的出版领域包括软件开发、大数据、AI、测试、前端、网络技术等。

异步社区

微信服务号

目录

第一部分　从 Manjaro 开始了解 Linux 操作系统

第二部分　进入 Arch Linux 操作系统的世界

第三部分　Arch Linux 操作系统的高级应用

第一部分　从 Manjaro 开始了解 Linux 操作系统

由于 Linux 操作系统与 UNIX 操作系统有着紧密的联系，因此这一部分会先介绍 UNIX 操作系统的发展历程与相关人物，再逐步介绍 Linux 操作系统的诞生和发展，以及与 Linux 操作系统相关的重要事件。在引导读者安装 Manjaro 操作系统之后，通过安装和使用 Manjaro 操作系统上的常用软件，带领读者初步学会 Linux 操作系统的桌面操作方法。最后介绍 Linux 操作系统中最基本也是最重要的交互方式：命令和命令行，让读者了解常用命令的使用方法，为读者学习后续的内容打下基础。

第一部分包含如下 3 章内容。

- 第 1 章 Linux 操作系统：诞生与发展
- 第 2 章 开始入门：安装和使用 Manjaro 操作系统
- 第 3 章 学习命令：开始了解 Linux 操作系统

第 *1* 章

Linux 操作系统：诞生与发展

1991 年，林纳斯·托瓦兹（Linus Torvalds）发布了 Linux 操作系统，至今已有 30 多年的历史，它和 Windows 操作系统一样，是一个有着广泛应用基础和较高市场占有率的操作系统。Linux 操作系统在服务器市场中一直广受欢迎，近来在个人计算机市场中也深受好评，取得了很大的成果。

Linux 操作系统自发布以来，已发展成为计算机领域的一支关键力量，为证券交易设备、移动设备、消费电子设备、超级计算机等提供重要的技术支撑。不可避免地，我们会把它与 Windows 操作系统相比较，这样就可以让读者更全面地了解 Linux 操作系统。综合比较近几年的全球超级计算机 500 强榜单，运行 Linux 操作系统的计算机占比一直都在 90% 以上，运行 UNIX 操作系统（及其衍生系统）的计算机约占 8%，而运行 Windows 操作系统的计算机只有不到 2%，这也从侧面反映出 Linux 操作系统的高性能和可靠性。本章将从 Linux 操作系统的诞生开始，向读者介绍 Linux 操作系统的发展简史和特点等内容。最后，以当前较为热门、好用的 Manjaro 操作系统为例，带领读者安装并使用该系统，学习 Linux 操作系统的基本命令，一步步进入 Linux 操作系统的世界。

1.1 Linux 操作系统的诞生

操作系统是一种特殊的软件（或程序），它是用户和计算机的接口，也是人机沟通的桥梁。用户通过操作系统提供的交互界面来使用计算机。操作系统位于应用程序和计算机硬件的中间：一方面，操作系统控制着应用程序的运行；另一方面，操作系统又管理着计算机的硬件资源。在这个过程中，操作系统把硬件抽象成一种资源，并以系统接口的形式提供给应用程序。此外，操作系统一般也会自带各类实用工具，方便用户进行各类操作，如程序开发、程序运行、系统访问、文件管理、数据处理、网络通信等。总而言之，操作系统能让计算机更易于使用，同时也能更有效地管理计算机资源。

自 20 世纪 50 年代中期批处理操作系统（常被认为是第一代操作系统）诞生以来，操作系统已经发展了将近 70 年。批处理系统可以让计算机处理器按顺序批量执行用户的任务，提高了计算机的利用率。在执行单个任务的过程中，处理器时常需要等待外围设备反馈的结果，于是多道批处理操作系统应运而生。该系统可以在处理器等待外围设备反馈的时间间隔里，切换执行另一个任务，这样可以有效提升批处理的效率。

当时计算机庞大且昂贵，普通用户根本无力购买自己的计算机，因此很多用户只能共享一台由专门的操作员负责操作的计算机。普通用户把需要处理的任务交给操作员，等待一段时间后才能取回运行结果。尽管多道批处理操作系统已经大大缩短了用户等待的时间，但是用户还是需要排队来依次使用计算机。如果能让用户直接访问计算机，用户和操作系统的交互无疑就会更加高效。

分时操作系统的出现解决了这个问题。分时操作系统允许多个用户通过终端访问系统，并轮流分配给每个用户一小段时间来使用计算机。由于轮流的速度很快，感觉就像是多个用户在同时使用一台计算机。当时较为著名的分时操作系统是由麻省理工学院开发的兼容分时系统（Compatible Time-Sharing System，CTSS）。该系统简单而高效，让每位用户在使用时都感觉是独占了整台计算机。尽管 CTSS 很成功，但是其功能相对简单，于是麻省理工学院开发出了一个更好的操作系统——Multics。Multics 被认为是现代计算机操作系统的始祖，计算机操作系统的发展可以分为以下 3 个阶段。

（1）UNIX 操作系统的诞生与发展。UNIX 操作系统吸收了 CTSS 和 Multics 的许多先进思想。UNIX 操作系统早期在贝尔实验室流行，后来又被提供给大学和一些公司使用。不同的机构各自都对 UNIX 操作系统开发了新功能，因此 UNIX 操作系统出现了很多衍生版本。不论是操作系统研究领域还是商业应用领域，UNIX 操作系统都有着显著的影响力。

（2）计算机操作系统迈入图形化时代。随着个人计算机的诞生，可视化操作系统也应运而生，其中 macOS 操作系统和 Windows 操作系统最为著名。它们对用户更为友好，同时也对现代社会文明的发展产生了深远的影响。

（3）Linux 操作系统的诞生与演进。与商业化的 macOS 操作系统、Windows 操作系统相反，Linux 操作系统因其开放源代码的特性而异军突起，并在全世界软件人员的合力开发中取得了长足发展，在科学研究、工程应用、嵌入式开发等领域都得到了广泛的应用。

1.1.1　从 UNIX 操作系统到 Linux 操作系统

真正意义上的操作系统出现在 20 世纪 60 年代初期，主要是指计算机制造公司为自家生产的大型计算机/小型计算机而编写的分时操作系统。此外，麻省理工学院的"黑客"（这里主要指计算机爱好者和程序爱好者）们为当时的计算机主机开发了兼容分时系统（CTSS），让约 30 位用户可以联机使用。在 1965 年前后，麻省理工学院开始设计 Multics。由于设计该操作系统是个大项目，因此麻省理工学院联合美国通用电气公司和贝尔实验室一起进行开发工作。Multics

和 CTSS 有着类似的观念，即让人们可以更方便地通过操作系统去做一些真正有价值的工作。不过到了 1969 年，由于 Multics 的设计目标过于复杂、开发进度迟缓，贝尔实验室退出了该开发项目。

肯·汤普森（Ken Thompson）是贝尔实验室的工程师，他参与了 Multics 的开发项目，还为 Multics 写了一个名为"太空旅行"（Space Travel）的游戏，该游戏乐趣十足，得到了不少同事的赞扬。但没有了 Multics，该游戏也就无法再运行了。于是，在他们退出 Multics 开发项目之后不久，由于肯·汤普森的工作需求以及他想要继续体验该游戏的愿望，肯·汤普森在同事丹尼斯·里奇（Dennis Ritchie）的协助下，在一台小型计算机 PDP-7（如图 1-1 所示，当时 PDP-7 是性价比很高的计算机，售价 72,000 美元）上用汇编语言开发了一个极其简单的操作系统。当时还没有给该操作系统取名，于是他们的同事布赖恩·柯林汉（Brian Kernighan）提议道："Multics 有包罗万象的功能，而新系统顶多择一而从，应该用 Uni 来替代 Multi，就叫这个新系统为 UNICS。"（multics 有复杂、多数的意思，unics 有单一的意思，UNICS 就是相对于 Multics 的一种戏称，后来被改名为 UNIX）。

图 1-1　小型计算机 PDP-7，运行第一版 UNIX 操作系统的机器

1973 年，肯·汤普森和丹尼斯·里奇把 UNIX 操作系统移植到了实验室新买的 PDP-11 上。由于移植操作系统需要对用汇编语言编写的操作系统进行完全重写，因此他们打算用更高级的语言来重新开发 UNIX 操作系统，方便以后的移植工作。此前，肯·汤普森已经开发出了 B 语言。B 语言是他专门为 PDP-7 而设计的编程语言，由于其语法接近 BCPL 而得名。但是 B 语言并不适合 PDP-11，因此丹尼斯·里奇对 B 语言进行了扩充，并将新的语言命名为"New B"（简称 NB）语言，最后它逐渐演变成了 C 语言。在丹尼斯·里奇给 C 语言添加了结构体（struct）

类型之后，他们用 C 语言和少量汇编语言成功重写了 UNIX 系统。在此之前从来没有人用高级语言编写过操作系统，这成为了操作系统历史上的一个里程碑。至此，UNIX 操作系统成长为一个可移植的操作系统，这令其传播更为方便。UNIX 操作系统和 C 语言的组合很快被应用于极为广泛的计算作业，其中的很多应用完全超出了设计者的预期。当时的 UNIX 操作系统属于 AT&T 公司的贝尔实验室，贝尔实验室一开始并未重视 UNIX 操作系统，因为 UNIX 操作系统本来就不是正式项目，也就没想着用它来营利。此后，UNIX 操作系统和其源代码被免费提供给各大高校使用。不仅如此，贝尔实验室还和学术界（主要是加利福尼亚大学伯克利分校）合作开发 UNIX 操作系统，使得 UNIX 操作系统在各大高校快速传播开来。

　　对 UNIX 操作系统而言，1977 年是具有特殊意义的一年。在这一年，学术界的顶尖院校——加利福尼亚大学伯克利分校，以 UNIX 第 6 版为基础，在系统中添加了许多先进的特性，并以"Berkeley Software Distribution"为名对外发行，也就是 1BSD，1BSD 的发行也正式开创了 BSD 系列。BSD 系列是 UNIX 操作系统中一个很重要的分支（苹果公司的 macOS 操作系统实际上就源自此分支）。1979 年，在 UNIX 第 7 版发布后不久，AT&T 公司意识到 UNIX 操作系统的商业价值，收回了 UNIX 操作系统的版权，企图将 UNIX 操作系统变为商业化的产品。自此，UNIX 操作系统分为两大阵营，即以 AT&T 公司为代表的 System V（基于 UNIX 第 7 版开发的商业 UNIX 版本）和以加利福尼亚大学伯克利分校为代表的 BSD，各自蓬勃发展。

BSD操作系统

　　BSD 的全称是 Berkeley Software Distribution（也被称为 BSD UNIX），是由加利福尼亚大学伯克利分校计算机系统研究小组（CSRG）开发的基于 UNIX 的操作系统，其中包含了有关 UNIX 操作系统的诸多研究成果。早期的大部分 BSD 代码是以 UNIX 第 6 版代码为基础的。在比尔·乔利兹（Bill Jolitz）和琳恩·乔利兹（Lynne Jolitz）等几位 BSD 开发小组关键成员的努力下，他们根据开源软件许可协议开发出了 386BSD。后来，很多评论家在比较了 386BSD 和林纳斯·托瓦兹（Linux 操作系统之父）的早期成果之后，都认为 386BSD 将会成为个人计算机史上最重要的类 UNIX 操作系统。不过就目前而言，Linux 操作系统显然比 386BSD（及其衍生版本）要更受欢迎。

　　1993 年，比尔·乔利兹这一重要成员退出了 386BSD 项目，使得该操作系统面临被终止的危险。好在几位项目组的开发人员在商量后，决定继续开发该项目，但是对于如何确定开发方向，却存在两种不同的声音。于是，386BSD 项目就衍生出了两个分支：NetBSD 和 FreeBSD。NetBSD 的目的是设计一个多平台系统，让它可以在几乎任何计算机架构上运行；FreeBSD 则着重于开发一款高性能和高可靠性的操作系统，不仅可以使服务器稳定且高效地工作，还可以让个人计算机成为一台高性能的工作站。此外，OpenBSD 也比较流行。OpenBSD 是在 1996 年被推出的，它的设计理念是创造一个注重安全性的操作系统。与此同时，OpenBSD 极度重视源代码的质量，内核源代码的任何修改都需要经过审阅。

除了以上 3 个主流的 BSD 操作系统，还有两个基于 FreeBSD 的衍生操作系统。一个是 DragonFly BSD，它的设计目标是提供一个比 FreeBSD 更优秀、支持对称多处理器的操作系统，并使内核能直接支持通用集群系统，以取得更好的计算效果。另一个是大家熟知的 macOS 操作系统，该系统的核心被称为 Darwin，它内部的部分组件源自 BSD（主要是 FreeBSD），如文件系统、网络组件和 POSIX 接口等。由于 macOS 操作系统引用了 FreeBSD 的源代码，因此从技术上来说，一部分 macOS 操作系统衍生于 FreeBSD。当然，现在的 macOS 操作系统已经超出了 FreeBSD 的代码框架，完全进行了个性化设计。macOS 操作系统不仅具备和 FreeBSD 一样的高性能和高可靠性，而且提供了简洁易用的图形用户界面，得到了很多用户的青睐。

到了 19 世纪 80 年代中后期，UNIX 操作系统逐渐形成了两大流派：一支是商业派，另一支是非商业派。商业派是以 AT&T 公司为代表的 System V，不公开源代码的商业派视源代码为商业机密，甚至不允许大学使用 UNIX 操作系统源代码。非商业派则是以加利福尼亚大学伯克利分校为代表的 BSD，本着学术交流的目的，拥护软件开源，鼓励代码共享，促使 UNIX 操作系统广泛传播。当然，在 BSD 上开发商业版也是被允许的，比如苹果公司的 macOS 操作系统就是基于 BSD 被开发的，但是 macOS 操作系统是闭源的。

伴随着 UNIX 操作系统的商业化，AT&T 公司规定大学不允许把 UNIX 第 7 版及以后版本的源代码开放给学生学习和使用。对于 AT&T 公司的这种规定，不仅是学生，甚至连很多开发人员都感到失望和遗憾，因为他们都认为过度的商业化并不利于 UNIX 操作系统的发展，更不利于操作系统领域的发展。这也间接导致了非商业派和商业派围绕 UNIX 操作系统进行的版权斗争。

当时，对广大个人用户而言，版权战争的最终结果其实并不重要，重要的是学生在学校上课时不再能够使用 UNIX 操作系统，因此对操作系统的教学只能停留在原理层面，实际操作很难展开，这无疑让想要学习操作系统的学生感到十分沮丧。1987 年，为了能让学生学习并开发操作系统，阿姆斯特丹自由大学的安德鲁·S. 塔能鲍姆（Andrew S. Tanenbaum）教授编写了主要用于教学的 Minix 操作系统。为了避免版权纠纷，安德鲁教授没有使用 UNIX 操作系统的核心源代码，所以 Minix 操作系统是一个类 UNIX 操作系统。由于该操作系统主要用于教学，因此这个系统很简单，却并不实用。

Minix操作系统

Minix 操作系统的第 1 个版本发布于 1987 年，安德鲁教授创建 Minix 操作系统的目的是让学生学习 UNIX 操作系统。为了保证兼容性，Minix 操作系统使用和 UNIX 操作系统一样的系统调用，但没有使用 UNIX 操作系统的任何源代码。出于学术的严谨性，安德鲁教授采用微内核来编写 Minix 操作系统，这使得 Minix 操作系统的设计思想非常先进，并且安德鲁教授开放了 Minix 操作系统的完整源代码，因此 Minix 操作系统从一开始发布就吸引了很多用户。

UNIX 第 6 版发布于 1975 年，一经发布，该版本就在高校内部迅速传播开来。1977 年，来自新南威尔士大学的约翰·莱昂斯（John Lions）教授逐行为 UNIX 第 6 版的源代码写了评注。全世界有数百所大学开始把约翰·莱昂斯教授的评注作为学习 UNIX 第 6 版的参考教程。后来在 UNIX 第 7 版推出后，AT&T 公司的政策被改变了，禁止再将操作系统的源代码公开给学生，因此操作系统的教学也退回到了理论教学模式。出于对这种状况的失望，安德鲁教授才决定自己开发一个和 UNIX 操作系统类似的操作系统。1984 年，安德鲁教授对将要创建的操作系统进行了详细的理论设计。在完成理论设计后，他就开始正式编写 Minix 操作系统。因为该操作系统的编写主要是出于教学目的，所以其基本内核非常简单，但是这并不意味着编写 Minix 操作系统是一件容易的事。经过两年的辛苦努力，前后花费数千个小时，安德鲁教授终于在 1986 年基本完成了 Minix 操作系统的编写。1987 年，Minix 操作系统随安德鲁教授的著作 *Operating Systems: Design and Implementation*（《操作系统：设计与实现》）被一同发布了出来。

Minix 操作系统一经发布，就取得了成功，不仅因为该操作系统提供源代码，还因为有一本详细介绍该操作系统工作原理的图书，用户在使用操作系统的同时，还能学习操作系统的设计和实现方法，这在当时是一个创举。Minix 操作系统在学生、计算机爱好者和开发人员群体中都受到了极大的欢迎。后来，安德鲁教授和他的团队改进了 Minix 操作系统的网络通信等功能，使该操作系统能支持更多的处理器和计算机平台，兼容 POSIX 接口标准。他们于 1997 年发布了 Minix 2，同时把《操作系统：设计与实现》也更新到了第 2 版。2006 年，他们又把 Minix 操作系统和《操作系统：设计与实现》更新到了第 3 版（目前的最新版本），从第 3 版开始，Minix 操作系统的重心转移到了科学研究，更关注嵌入式领域，不过它依然适合用来教学。

1980 年之前，基本上只有大学、科研机构和大型企业才会拥有计算机，因此当时使用计算机的用户几乎都是"专家级"，他们一般都有高超的编程技巧，也都属于专业用户。此时的操作系统都是基于命令行用户界面进行开发的。随着集成电路的发展，大规模和超大规模集成电路逐渐普及，计算机在缩小体积的同时，其性能也越来越强。

1981 年，IBM 公司开发的个人计算机（personal computer，PC）诞生了，它面向个人用户，在个人计算机市场进行拓展，想要吸引到更多的普通用户。然而，普通用户并没有非常高超的计算机操作技巧，这就对操作系统的易用性提出了较高的要求。于是，基于图形界面的操作系统应运而生。

1983 年，VisiCorp 公司为 IBM 公司的 PC 设计了一款具有图形用户界面（graphical user interface，GUI）的 VisiOn 操作系统（VisiOn 是可移植的操作系统，但是从未被移植过），其界面如图 1-2 所示。VisiOn 操作系统简洁直观，易于操作，对普通用户非常友好。

1984 年，苹果公司推出 Macintosh 操作系统（后来演变为 macOS 操作系统），System 1.0 的界面如图 1-3 所示，它具备图形化操作界面的设计能力，用户可以使用鼠标进行操作，为操作系统产业界带来革命性的变化。

图 1-2 VisiOn 操作系统的界面

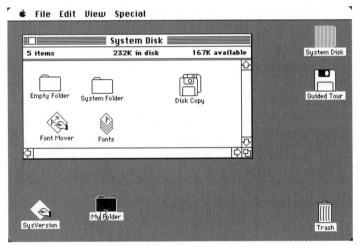

图 1-3 System 1.0 的界面

1985 年，微软公司发布了 Windows 操作系统的首个公开发行版本（同样是为 IBM 公司的 PC 而设计的）。图 1-4 展示了 Windows 1.01 的启动界面和运行界面，它具有彩色显示功能，绝大多数操作都可以用鼠标来控制，不仅如此，该操作系统还提供了常用的应用程序，如计算器、记事本、时钟等小工具。

图 1-4 Windows 1.01 的启动界面和运行界面

在这些操作系统中，苹果公司的 macOS 操作系统实际上就是（部分）来源于 UNIX 操作系统的 FreeBSD 版本，是 UNIX 操作系统阵营向普通用户进军的主力。macOS 操作系统的图形化操作界面和应用程序，降低了普通用户使用操作系统和计算机的门槛。

Windows操作系统

微软公司的 Windows 操作系统曾出现在 1983 年的 BYTE 杂志上，并在 1983 年秋季的计算机经销商博览会（COMDEX）上得到了大力推广。Windows 操作系统的发行是对 GUI 环境（如 VisiCorp 公司的 VisiOn 操作系统、苹果公司的 macOS 操作系统）的一种响应。Windows 1.0 具有协作式多任务处理、平铺窗口、兼容 DOS（磁盘操作系统）程序等功能，可以在当时的 DOS 上运行。到了 1987 年，微软公司发布了 Windows 2.0。Windows 2.0 在 Windows 1.0 的基础上添加了重叠窗口、菜单快捷键、VGA 支持，以及受 IBM 公司的界面设计原则影响而更改的用户界面。在 Windows 2.0 之后，微软公司曾考虑过放弃 Windows 系统，并和 IBM 公司合作开发 OS/2（OS/2 是 IBM 公司为其第二代个人计算机 PS/2 研制的新一代操作系统）。由于很多方面的理念存在不同，因此微软公司最终放弃了 OS/2 的开发，与 IBM 公司的合作宣告失败。

后来，微软公司利用与 IBM 公司合作获得的系统开发经验和技术，开发了自己的 Windows 3.0。Windows 3.0 是第一个获得重点开发和商业推广的系统，它将 Windows 2.0 的 8086、80286 和 80386 模式组合到一个软件包中，用类似于 OS/2 的程序管理器和文件管理器代替了 MS-DOS Executive（程序管理器）。Microsoft Office 的方便易用和成功表现也使得 Windows 3.0 的市场反应更加出色。从这时开始，用户逐渐转向 Windows 平台，OS/2 的市场份额不断被 Windows 操作系统蚕食。在此之后，微软公司相继推出了 Windows 95、Windows 98 和 Windows Me 等操作系统，带来了更强大、更稳定、更实用的桌面图形用户界面，Windows 操作系统成为有史以来最成功的操作系统之一。

1993 年，微软公司推出了 Windows NT，最初面向服务器市场的第一个版本是 Windows NT 3.1。Windows NT 与通信服务紧密集成，提供文件和打印服务，能运行客户端/服务器应用程序，也内置了 Internet/Intranet 功能。Windows NT 的其他改进包括新的辅助功能选项、新增语言和区域设置、NTFS 文件系统和加密文件系统等。Windows NT 4.0 和 Windows NT 5.0 是 Windows NT 3.0 系列的后续产品。从 Windows NT 5.0 开始，微软公司不再使用"NT"作为操作系统的名称，而将"NT"作为内核名称隐藏起来（如 Windows 2000 就是基于 Windows NT 5.0 开发的）。目前很多用户所使用的 Windows 操作系统基本上都是基于 Windows NT 架构设计的，如 Windows XP（基于 Windows NT 5.1），Windows Vista（基于 Windows NT 6.0），Windows 7（基于 Windows NT 6.1）和 Windows 10（基于 Windows NT 6.4，后改为 Windows NT 10.0）。

Windows 操作系统具有现代化的设计风格，界面整洁美观，尽量简化了各类操作，确保用户可以轻松使用计算机。同时，Windows 系统也具有相当高的可靠性和良好的兼容性，能够在多种硬件平台上安全、稳定、高效地运行。

随着大量基于可视化操作界面的操作系统问世，个人计算机（PC）迅速发展，不仅性能越

来越强大，而且普及度也越来越高。不过，可视化操作系统由商业公司开发，大多是直接安装在计算机上的，在降低了用户使用门槛的同时，也封闭了内在的复杂软件设计。由于这些可视化操作系统都是商业软件，因此操作系统的设计原理和源代码无法被学生和开发人员学习或使用。要想学习操作系统的具体实现，Minix 操作系统仍然是当时的第一（甚至是唯一）选择。

1991 年，这一情况发生了改变，在这一年，林纳斯·托瓦兹拥有了他人生中第一台配有 Intel 80386 中央处理器的个人计算机。他在新电脑上安装了 Minix 操作系统的 386 版本用于学习，但是他很快就发现该操作系统的虚拟终端无法满足他的要求。因此，托瓦兹决定自己编写一个终端仿真程序，顺便学习一下这台计算机的硬件工作原理。一段时间后，终端仿真程序就完成了。托瓦兹马上又对它进行改进，加入了磁盘驱动和文件驱动等功能。随着对终端仿真程序的不断改进，托瓦兹意识到自己不仅是在编写应用程序，而是在开发一个操作系统。

出于对编程的热爱，以及对 Minix 操作系统在功能新增上过于保守的不满，托瓦兹萌生了一个想法——开发一个比 Minix 操作系统更好、功能更全面的操作系统。因此，托瓦兹在借鉴和学习 Minix 操作系统的基础上，从终端仿真程序开始，逐步编写出了一个新的操作系统内核，最终推出了 Linux 操作系统。尽管 Linux 操作系统在一定程度上学习和借鉴了 Minix 操作系统，但是两者在设计思想上并不相同。Minix 操作系统是微内核的设计，而 Linux 操作系统则采用与 UNIX 操作系统一样的宏内核设计方式。关于微内核与宏内核的区别，将在本章的 1.2.2 节中进行阐述。

利用大学的暑假时间，托瓦兹正式开始了"开发一个比 Minix 操作系统更好的操作系统"的编程之旅。经过几个月的全身心投入，1991 年 9 月 17 日，托瓦兹完成并首次公开了 Linux 的第一个版本，版本号是 0.01，编写该操作系统大部分都采用了 C 语言，其 main 函数如图 1-5 所示。

```c
void main(void)         /* This really IS void, no error here. */
{                       /* The startup routine assumes (well, ...) this */
/*
 * Interrupts are still disabled. Do necessary setups, then
 * enable them
 */
        time_init();
        tty_init();
        trap_init();
        sched_init();
        buffer_init();
        hd_init();
        sti();
        move_to_user_mode();
        if (!fork()) {          /* we count on this going ok */
                init();
        }
/*
 *   NOTE!!   For any other task 'pause()' would mean we have to get a
 * signal to awaken, but task0 is the sole exception (see 'schedule()')
 * as task 0 gets activated at every idle moment (when no other tasks
 * can run). For task0 'pause()' just means we go check if some other
 * task can run, and if not we return here.
 */
        for(;;) pause();
}
```

图 1-5　Linux 0.01 中的 main 函数

　　Linux 0.01 是第一个可以运行的 Linux 操作系统，但是它还存在着很多 bug，比如当内存消耗过大系统就会死机等。因此，1991 年 10 月初，托瓦兹独自把这个内核开发到 0.02 版。除了修复上一版的 bug，这个版本已经可以运行 GCC、Bash 和一些应用程序了。1991 年 11 月初，他又发布了 Linux 0.03。后来，由于一个小小的失误，托瓦兹的计算机中原本安装的 Minix 操作系统无法启动了，因此他就把 11 月底发布的新版本定为 0.10 版，并且安装到了自己的计算机上。几周后他又发布了 Linux 0.11，操作界面如图 1-6 所示，该版本的已经在某些功能上强于当时 Minix 操作系统的 386 版本，而且已经被认为是一个类 UNIX 的内核。直到今天，依然还有很多人学习并研究 Linux 0.11，通过它来了解现代操作系统，学习操作系统的设计思想。

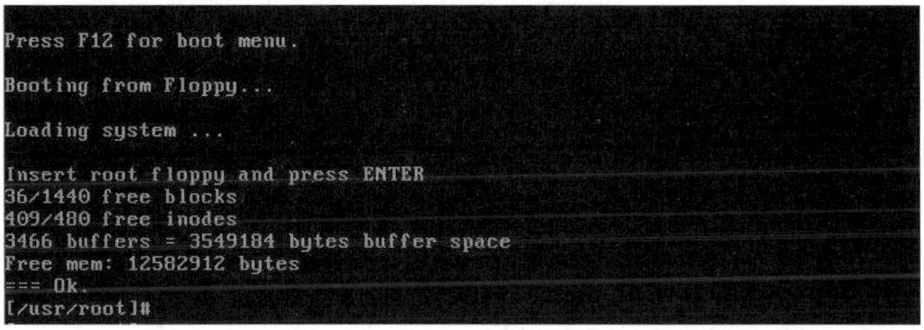

图 1-6　Linux 0.11 的操作界面

　　1992 年 1 月，托瓦兹在发布 Linux 0.12 的时候，除了改进代码，还更改了版权声明，自此，Linux 操作系统开始使用通用公共许可证（GPL）。原来的许可规定不允许用户在把 Linux 操作系统复制或拷贝给他人时收取任何费用，改用 GPL 后则取消了这方面的限制，在更利于系统传播的同时也更能保证 Linux 操作系统自由和开源的属性。在此之后，Linux 操作系统就被很多爱好者所共同开发，成为一款开放的操作系统。1992 年 3 月，继 Linux 0.12 之后，托瓦兹直接发布了 Linux 0.95，因为他感觉距离正式的 Linux 1.0 已经十分接近了。1992 年 5 月，Linux 0.96 发布，该版本首次包含了对 X Window（UNIX 操作系统上的一个图形界面，本书第 6 章将会详细介绍这些内容）的支持。1992 年 10 月发布的 Linux 0.98.2 支持了部分 TCP/IP 协议。至此，Linux 操作系统拥有了网络连接的功能。Linux 0.99 发布于 1992 年 12 月，从版本号上看，它已经和 1.0 正式版非常接近了。托瓦兹希望 Linux 1.0 拥有一个能可靠运行的 TCP/IP 模块。但是在 1993 年初，TCP/IP 开发并没有像预期的那样顺利，内核的更新和发布变得相对缓慢。自 1993 年 9 月底开始，Linux 操作系统的版本不断更新，平均每几天就有一个新版本发布。

　　终于，到了 1994 年 3 月 13 日，Linux 1.0 正式发布，该版本为 Linux 操作系统加入了完整的网络联网功能，并且能够支持基于 i386 单处理器的计算机系统。Linux 内核的大小也从刚开始的 63 KB 变成了 1 MB。不到 1 个月，托瓦兹推出了 Linux 1.1，从这时开始，内核开始有稳定版和开发版的区分。稳定版是小数点后面为偶数的版本，如 1.0、1.2，稳定版会修补一些明显的错误，而没有添加新的特征。开发版是小数点后为奇数的版本，如 1.1、1.3，该版本通常带有一些新功能。1995 年 3 月，Linux 1.2 问世。

　　在 Linux 1.3.x 系列之后，托瓦兹直接发布了 Linux 2.0，而不是 Linux 1.4。该版本发布于

1996 年，相比更早的版本，该版本支持多体系，也支持多处理器，有了一次重大意义上的提升。多体系意味着 Linux 操作系统可以从英特尔平台转向更广泛的平台，多处理器则可以让 Linux 操作系统的应用范围拓展到微型计算机、大型计算机甚至超级计算机。Linux 2.0 的发布，意味着 Linux 操作系统已经逐渐走上成熟。从一开始 Linux 操作系统只能运行在个人计算机平台，到现在发展成为一个几乎完整的类 UNIX 内核。Linux 2.0 拥有 TCP/IP 联网技术，支持 X Window（图形环境）系统，也支持多处理器和几种完全不同的体系结构。

此后，托瓦兹于 1999 年和 2001 年分别发布了 Linux 2.2 和 Linux 2.4。在整个 Linux 2.x 系列中，Linux 2.6 的时间跨度非常大，从 2.6.10（2003 年 12 月发布）到 2.6.39（2011 年 5 月发布），涉及 30 个大版本。总的来说，从 Linux 2.6 开始，每个大版本的开发时间跨度大概是 2～3 个月，每个大版本中都有或多或少的功能改变。Linux 2.6.x 系列在不断提高性能和安全性，如具备多处理器配置、64 位计算和高效率线程处理等能力。

2011 年 7 月，为了纪念 Linux 操作系统诞生 20 周年，托瓦兹宣布在 Linux 2.6.39 发布之后，内核版本号将提升到 3.0。从 Linux 3.0 开始，版本号的命名规则发生了变化。内核版本号采用“X.Y.Z”的表示方法，其中 X 表示主版本号，Y 表示次版本号，Z 则表示修订号。次版本号的奇偶数不再代表开发版或稳定版，而是随着版本更新而自然增加。此后内核的开发版会以“-rc”结尾，而稳定版则只有数字。

Linux 4.0 发布于 2015 年 4 月。2019 年 3 月，托瓦兹在内核邮件列表上发布了 Linux 5.0，邮件内容如图 1-7 所示。

```
From     Linus Torvalds <>
Date     Sun, 3 Mar 2019 16:43:00 -0800
Subject  Linux 5.0

Ok, so the last week of the 5.0 release wasn't entirely quiet, but
it's a lot smaller than rc8 was, and on the whole I'm happy that I
delayed a week and did an rc8.

It turns out that the actual patch that I talked about in the rc8
release wasn't the worrisome bug I had thought: yes, we had an
uninitialized variable, but the reason we hadn't immediately noticed
it due to a warning was that the way gcc works, the compiler had
basically initialized it for us to the right value.  So the same thing
that caused not the lack of warning, also effectively meant that the
fix was a no-op in practice.

But hey, we had other bug fixes come in that actually did matter, and
the uninitialized variable _could_ have been a problem with another
compiler.

Regardless - all is well that ends well. We have more than a handful
of real fixes in the last week, but not enough to make me go "Hmm,
things are really unstable". In fact, at least two thirds of the
patches are marked as being fixes for previous releases, so it's not
like 5.0 itself looks bad.

Knock wood.

Anyway, with this, the merge window for 5.1 is obviously open, and I'm
happy to see that I already have several early pull requests.  Which
I'll start processing tomorrow.

And appended is - as usual - the shortlog just for the last week. The
overall changes for all of the 5.0 release are much bigger. But I'd
like to point out (yet again) that we don't do feature-based releases,
and that "5.0" doesn't mean anything more than that the 4.x numbers
started getting big enough that I ran out of fingers and toes.

            Linus
```

图 1-7　托瓦兹发布 Linux 5.0 的邮件内容

　　截至 2021 年 12 月，最新的稳定版版本号是 Linux 5.15.9，如图 1-8 所示。根据 Linux 基金会（Linux Foundation）的《2020 年 Linux 内核历史报告》，Linux 0.01 包含 88 个文件和 10,239 行代码，Linux 5.8 则包含了 69,325 个文件和 28,443,673 行代码。由此可见，Linux 操作系统的发展是非常迅速的。

Protocol	Location						
HTTP	https://www.kernel.org/pub/						
GIT	https://git.kernel.org/						
RSYNC	rsync://rsync.kernel.org/pub/						

Latest Release
5.15.9 ⊕

mainline:	5.16-rc5	2021-12-12	[tarball]		[patch]	[inc. patch]	[view diff]	[browse]	
stable:	5.15.9	2021-12-16	[tarball]	[pgp]	[patch]	[inc. patch]	[view diff]	[browse]	[changelog]
stable:	5.14.21 [EOL]	2021-11-21	[tarball]	[pgp]	[patch]	[inc. patch]	[view diff]	[browse]	[changelog]
longterm:	5.10.86	2021-12-16	[tarball]	[pgp]	[patch]	[inc. patch]	[view diff]	[browse]	[changelog]
longterm:	5.4.166	2021-12-16	[tarball]	[pgp]	[patch]	[inc. patch]	[view diff]	[browse]	[changelog]
longterm:	4.19.221	2021-12-14	[tarball]	[pgp]	[patch]	[inc. patch]	[view diff]	[browse]	[changelog]
longterm:	4.14.258	2021-12-14	[tarball]	[pgp]	[patch]	[inc. patch]	[view diff]	[browse]	[changelog]
longterm:	4.9.293	2021-12-14	[tarball]	[pgp]	[patch]	[inc. patch]	[view diff]	[browse]	[changelog]
longterm:	4.4.295	2021-12-14	[tarball]	[pgp]	[patch]	[inc. patch]	[view diff]	[browse]	[changelog]
linux-next:	next-20211216	2021-12-16						[browse]	

图 1-8　kernel.org 网站的 Linux 内核下载页面

　　其实在 Linux 1.0 以后，大部分代码就不再由托瓦兹本人编写，他的角色已逐渐从开发人员变成了技术领导者。不过，对于版本号的发布以及代码的整合，托瓦兹都有着最终的决定权。到目前为止，有数以万计的开发人员为 Linux 操作系统编写过代码，他们有的是个人开发人员，有的是来自 1,700 多家不同公司或机构的开发人员。有关内核的最新信息，读者可以访问 Linux 内核官网来获取。

　　在刚发布 Linux 之前，托瓦兹给他的内核起了一个奇怪的名字，叫作"Freax"，它是自由（Free）和古怪（Freak）的结合体，由于这个名字从来没有被正式启用过，因此内核就被命名为托瓦兹开发时使用的名字——Linux。在 Linux 2.0 发布的时候，还有一个官方吉祥物——一只名为"Tux"的企鹅，从此 Linux 操作系统拥有了自己的标识，如图 1-9 所示。

图 1-9　Linux 操作系统的标识和官方吉祥物 Tux

该标识由平面设计师拉里·尤因（Larry Ewing）创作。该标识的由来众说纷纭，有一种说法是托瓦兹曾被澳大利亚动物园里的一只企鹅咬了一口，由托芙（托瓦兹的妻子）提出用企鹅作为 Linux 操作系统的标识，也有一种说法是该标识是由托瓦兹的女儿提出的。还有一种"民间"的说法是：企鹅来自南极，而南极又是全世界所共有的一块陆地，这也代表 Linux 操作系统是所有人的操作系统。然而据托瓦兹所说，开发操作系统"只是为了好玩"（来自于托瓦兹的自传书《只是为了好玩》）。

Linus Torvalds

托瓦兹的全名是林纳斯·本纳第克特·托瓦兹（Linus Benedict Torvalds），他设计并开发了 Linux 内核，被人们称为"Linux 之父"。1969 年 12 月 28 日，托瓦兹在芬兰的赫尔辛基市诞生。在他大约 10 岁左右，托瓦兹就接触到了计算机，这台计算机是他的外公为了工作需要而购买的。随着使用的深入，他开始学习 BASIC 和汇编语言。1988 年，托瓦兹进入赫尔辛基大学学习计算机科学。1990 年，托瓦兹第一次接触到 UNIX 操作系统，并且学习了关于 UNIX 操作系统的课程，这门课程配备的教材就是安德鲁教授的《操作系统：设计与实现》，托瓦兹通过这门课程学习了编写操作系统的基本思想。

1991 年，还是大学生的托瓦兹自己编写了 Linux 操作系统内核，并把它的源代码公布到学校网站上，并通过用户的反馈来持续更新它。30 多年过去了，Linux 操作系统已经成为目前最大的开源操作系统之一，而且它还在不断进步、不断更新，托瓦兹也仍然领导着 Linux 项目。现在，几乎在所有的计算领域中都可以看到 Linux 操作系统的身影，大到超级计算机、服务器等设备，小到智能手机、智能穿戴设备。托瓦兹创造了一个时代，他让开源软件被人们熟知，让更多的人为开源软件做出贡献，开源的路也走得越来越远、越来越平稳。

Linux 操作系统是开源软件，每个人都可以免费使用，尽管有很多基于 Linux 操作系统的商业化产品，但是托瓦兹对于 Linux 操作系统本身却没有任何商业化的想法。托瓦兹说："我没有考虑过让 Linux 操作系统商业化。目前，开源对 Linux 操作系统的发展贡献很大，开发人员社区也很成熟。坦白讲，我也不擅长做这个。我喜欢通过开源让各地的开发爱好者们参与其中，做他们擅长做的事。这也意味着我可以专注于技术，而其他人可以帮忙推广。在很长一段时间里，我不让自己进入跟 Linux 操作系统有关的营利性公司，于是进入了一家跟 Linux 操作系统毫无关联的创业公司，这样就不会让我的个人主观偏好影响到工作。过去 10 年，尽管我做的是跟 Linux 操作系统相关的工作，并且也因此获得薪水，但是为了不参与到带有倾向性的竞争中，我加入了一家非营利组织（Linux 基金会）。这样，我的'维护者'的角色就能得到大家的认可。"

尽管托瓦兹已经为 Linux 操作系统持续工作了 30 多年，但是他依然对这个项目充满热情，并对内核中持续出现的新技术和新创新感到兴奋和惊叹。我们在学习 Linux 操作系统的同时，也应该学习托瓦兹这种一直向前的精神。

1.1.2　Linux 操作系统的特点

Linux 操作系统能够在服务器上长时间保持稳定而高效的工作，同时，Linux 操作系统也受到 PC 端的持续关注。近年来，随着图形用户界面的不断改进，Linux 的易用性也变得越来越好，许多用户都在学习使用 Linux 操作系统。综合来看，Linux 操作系统有如下 7 点突出优势。

- 获取成本低。Linux 内核是免费发布的，基于 Linux 内核开发的各类发行版基本上也是免费发布的。尽管也有商业化的 Linux 操作系统，但是它们一般是按需收取技术支持和服务费用的。哪怕是运行在服务器上的 Linux 操作系统，也基本上不向用户收取或少收取费用。
- 稳定和可靠。Linux 操作系统的内核和系统组件不仅能在工作的数月内保持稳定，而且在长时间的运行中也能保证性能没有明显下降。同时，Linux 操作系统也能够在 CPU 满负荷状态下持续工作，极少出现系统故障。另外，Linux 操作系统在进行系统升级、驱动安装、参数配置等操作之后，除非要用到某些关键词的内核功能，否则在正常情况下无须重新启动系统。
- 多用户和多任务。Linux 操作系统支持多个用户使用同一台计算机，并且通过权限来保护不同用户的文件，防止相互影响。多任务则是现代操作系统的一大特点，Linux 操作系统允许多个程序（进程）同时且独立地运行。
- 多种用户界面。Linux 操作系统可以支持纯命令行界面（也称为字符界面）的操作，一般适用于经验丰富的用户，这对于远程控制、服务器操作都非常便利。同时，Linux 操作系统也支持图形用户界面的操作，且适用于任何用户，方便用户通过鼠标点击、触摸屏的方式操作计算机，对用户很友好。不论是命令行界面还是图形界面，用户都可以对 Linux 操作系统进行自由配置，满足用户的个性化需求。
- 支持多种平台。Linux 操作系统可以在多种平台上运行，如 x86、x64、ARM、LoongArch64、Alpha 等多种计算机处理器平台，小到笔记本计算机，大到特大型机、超级计算机，都能运行 Linux 操作系统。此外，它也支持各类嵌入式平台，如机顶盒、路由器、交换机、掌上游戏机等。
- 开放源代码。Linux 操作系统是开源系统，任何人都可以方便地从网上免费获取 Linux 内核源码。人们可以自由地修改代码、添加功能，通过编程来进一步了解操作系统的工作原理，遇到困难时还可以通过指导手册、帮助文档、论坛和网络资源来寻求答案。通过学习 Linux 源代码，很多使用 C 语言进行开发的工程师、学生、研究人员可以快速提高开发能力。开源 Linux 操作系统适用于用 C 语言进行开发的用户，它是一个极好的 C 语言进阶编程教学示例。不仅如此，Linux 操作系统也接受任何人提交的修复和升级补丁，使得整个系统更加稳定和先进。
- 可定制性。Linux 的一大特色就是它的可定制性，用户可以根据自身需求来定制自己的操作系统，简单的有桌面布局、图标、菜单选项的搭配，专业的有计算机脚本、虚拟终端、硬盘文件系统的配置，甚至连内核的运行参数、计算机的启动引导方式等都可以进行修改。

任何人都可以提交修复补丁

在很多人的理解中，提交补丁是程序高手才能做到的事。实际上，任何有用的、具有修复或改进功能的补丁都会被接受，甚至不一定是代码本身，所以并不一定是会写程序的人才能提交补丁。2014 年，一个 4 岁的小女孩提交了 Linux 操作系统的补丁邮件（如图 1-10 所示），并且这个补丁已被合并到代码中。她所提交的补丁其实只是代码注释中的一个 "-" 字符，虽然这只是一个很小的修改，但是修改的意义却非常大。这说明了 Linux 操作系统有两个很重要的特征：

（1）Linux 内核的代码修改可以让所有人参与进来；

（2）Linux 内核非常严谨，只要有错误，任何人都可以修改它。

```
On Mon, 24 Nov 2014 09:54:17 +0200 (EET)
Tero Roponen <tero.roponen@gmail.com> wrote:

> From: Maisa Roponen <maisa.roponen@gmail.com>
>
> "That letter [the last s] is sad because all the others
> have those things [=] below them and it does not."
>
> This patch fixes the tragedy so all the letters can
> be happy again.
>
> Signed-off-by: Maisa Roponen <maisa.roponen@gmail.com>
> [The author being 4 years old needed some assistance]
> Signed-off-by: Tero Roponen <tero.roponen@gmail.com>
> ---
> When I was reading the documentation, my 4-year-old
> niece wanted to see what I was doing. After telling her,
> she noticed that something was very wrong and asked
> me to fix it. Instead, I helped her fix it herself.

Please inform your niece that the patch has been applied and that the
lonely "s" need pine away no longer.

Thanks,

jon
```

图 1-10　4 岁的小女孩提交的补丁邮件

1.2　Linux 操作系统与其他操作系统

在 Linux 操作系统的发展过程中，有两个操作系统对它产生了深远的影响，一个是 Windows 操作系统，另一个是 GNU 操作系统。Windows 操作系统有着直观、易用的操作方式，普通用户也能够很快上手使用。尽管 Linux 操作系统发展速度很快，但是在个人计算机领域，它还只是一个"挑战者"。

　　Linux 操作系统本身并没有搭载任何应用程序，它仅实现了操作系统的核心功能。GNU 操作系统则有很多应用程序，开发人员便将这些程序移植到 Linux 操作系统上，这样就构成了一款"完整的"操作系统，有很多用户将它称作 GNU/Linux 操作系统。本节将简要介绍 Windows 和 GNU 操作系统，描述它们各自的发展历程，以及它们和 Linux 操作系统之间既竞争又合作的关系，使读者能够更全面地了解 Linux 操作系统发展过程中的机遇和挑战。

1.2.1　Windows 操作系统

　　对大多数计算机用户而言，Windows 操作系统是他们接触并使用的第一个操作系统。Windows 操作系统占据着桌面操作系统 85%以上的用户份额。相比而言，Linux 操作系统在桌面操作系统端的占有率只有 2%左右。这足以说明 Windows 操作系统的成功，客观上讲，Windows 操作系统也是 PC 机普及化的一个重要"功臣"。

　　Windows 操作系统是用户友好型操作系统，它的图形界面简单直观、易于上手，不需要很专业的系统知识也可以使用它。Windows 操作系统主要通过鼠标和键盘来控制，对很多程序（软件）的操作都可以通过鼠标点击来完成。同时，Windows 操作系统的界面（如图 1-11 所示）非常符合普通用户的操作习惯（更确切地说，Windows 操作系统培养了目前用户的操作习惯），用户体验很好。另外，Windows 操作系统由微软公司官方提供重要的支持和服务。

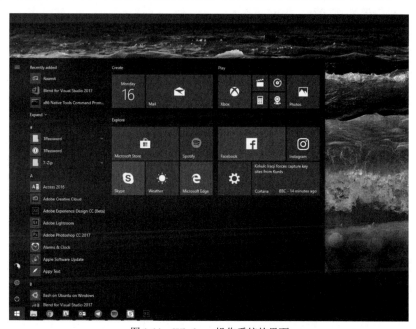

图 1-11　Windows 操作系统的界面

Windows 操作系统的诞生，和微软公司的另一个操作系统——MS-DOS 有着紧密的联系。MS-DOS 是微软公司为 IBM 公司的 PC 机设计的操作系统，最早发布于 1981 年，后来微软公司又分别在 1983 年和 1984 年发布了它的升级版 MS-DOS 2.0 和 MS-DOS 3.0。随着因特尔公司 80x86 芯片的升级，MS-DOS 的功能已经不能完全发挥芯片的作用，因此微软公司决定在 MS-DOS 上开发一个图形用户界面，后来 MS-DOS 就发展成了 Windows 操作系统。最初的 Windows 操作系统需要运行在 MS-DOS 上，直到 1993 年 Windows NT 的发布，它才发展成为一个独立且完整的 32 位操作系统。事实上，除了较早的 Window 95 和 Windows 98 等系统，从 Windows 2000 开始的操作系统都是基于 Windows NT 开发的，如用户熟知的 Windows XP、Windows Vista、Windows 7、Windows 10、Windows 11 等。

Windows 操作系统有着极其庞大的用户基础，这是因为基于 Windows 操作系统的软件（如办公软件、开发软件、工业软件、游戏娱乐软件）众多，尽管其中有不少是商业付费软件，但这也保证了软件质量的稳定和可靠。对 Linux 操作系统而言，基于 Linux 操作系统的软件数量也很丰富，但大多数软件都是开源的自由软件，其中有不少软件是基于命令行界面的软件，需要通过各种命令来控制，会提高用户上手的难度。当然，用户常用的软件基本上都开发了图形界面的版本，而且能在开源的前提下保证软件的安全和可靠。

在对计算机硬件平台的支持上，Windows 操作系统会随着新版本的发布而对计算机硬件提出更高的要求，如 Windows Vista 对计算机的性能、内存、硬盘空间等的要求都要比 Windows XP 高得多，这也引来了不少用户的质疑。然而，Linux 操作系统将所有相关的硬件检测转入内核，也正是由于这个独特之处，可以让它兼容 Windows 标准下更老的硬件和外围设备，较低性能的硬件也能流畅地运行 Linux 操作系统。当然，在这个方面，微软公司也在积极改进，如目前流行的 Windows 10 在性能上有较大提升，但是 Windows 10 对硬件的要求和 Windows 7 几乎一致。

和所有商业化的软件一样，Windows 操作系统的更新速度完全依赖于微软公司，当系统出现漏洞或安全问题时，需要通过微软公司发布的补丁程序来解决问题，有时候可能会存在较长的等待时间。在这段时间内，系统风险会比较大，但用户可以采用的办法并不多。由于 Linux 操作系统拥有开源软件，因此几乎每时每刻都有用户在研究和更新系统代码。一旦发现系统漏洞，用户就会及时提交补丁程序，在第一时间内保证系统稳定、可靠。正因为如此，Linux 内核的更新速度也很频繁，目前一般每隔 9～10 周就会更新一次版本，除了必要的系统修补，还会增加新的功能。

在桌面领域和服务器领域，Windows 操作系统和 Linux 操作系统的占有率完全不同。在桌面领域，Windows 操作系统占据着绝对的市场份额，Linux 操作系统只能算是竞争者和新秀。不管是国内外的公司、教育机构还是个人用户，基本上都使用 Windows 操作系统，目前 Windows 操作系统的各个版本累计占据了大部分桌面操作系统的市场份额，而 Linux 操作系统的市场份额则微乎其微。然而，在服务器领域则恰恰相反，Linux 操作系统占据了超过 80% 的市场份额，而 Windows 操作系统的市场份额大约只占 12%。在企业成本的压缩和国家政策的引导下，Linux

操作系统的服务器市场份额还会继续增长。开源软件的影响力还会在全世界继续扩大，Linux 操作系统本身的质量还在不断升级，因此不管是桌面领域还是服务器领域，Linux 操作系统都会受到用户越来越多的关注。

与 Windows 操作系统的直观、易用不同，Linux 操作系统假定用户知道自己想要什么，也明白自己在做什么，并且会为自己的行为负责，相当一部分用户会慢慢学会思考，按自己的意志行事，并对自己的行为负责。当然，操作系统各有长短，没有绝对的好与坏。这两款伟大的操作系统都值得我们去使用，如今使用 Windows 操作系统已经成为我们的日常，与此同时，我们也应该鼓起勇气去尝试学习使用和研究 Linux 操作系统。

从相互对立到相互合作

曾几何时，微软公司预测 Linux 操作系统只会起到一些有限的作用。但是在 1998 年 11 月，微软公司的秘密备忘录《鬼节前夕》被披露，它对 Linux 操作系统的真实认识引起了社会极大反响。该备忘录高度评价了 Linux 操作系统的市场份额、性能和可靠性，指出："Linux 操作系统代表的是一种非常优秀的类 UNIX 操作系统，被广泛地应用在关键业务领域，由于 Linux 操作系统具有开放的特性，因此它将超过其他操作系统。""在人们转移至 Linux 操作系统后，会发现他们所需要的所有应用程序几乎都已经被免费提供了，包括 Web 服务器、POP 客户端、邮件服务器和文本编辑器等。""Linux 操作系统在个人设置、可用性、可靠性、扩展性等性能方面的表现均超过了 Windows NT（现在常用的 Windows XP、Windows 7、Windows 10 以及最新发布的 Windows 11 均是基于 Windows NT 内核的）。"在备忘录中，微软公司也承认："以 Linux 操作系统为代表的自由软件在短期内已经对微软公司的收入构成威胁。长期来说，这种自由交流思想的开发模式将极大地打击微软公司。"

很长一段时间以来，微软公司将 Linux 操作系统视为竞争对手，一直打压与抑制 Linux 操作系统的发展。比尔·盖茨（Bill Gates）之后的继任者，史蒂夫·鲍尔默（Steve Ballmer）对 Linux 操作系统的态度更不友好，他将 Linux 操作系统形容为"恶性肿瘤"，还认为 Linux 社区侵犯了微软公司的知识产权，致使公司遭受损失。但是随着 Linux 操作系统的发展以及影响力的不断壮大，微软公司对 Linux 操作系统的态度发生了大转变。

2014 年，微软公司新上任的总裁萨蒂亚·纳德拉（Satya Nadella）第一次公开表示了微软公司对 Linux 操作系统和开源世界的喜爱："微软爱 Linux。"这句话不再是一句虚言，在此之后，微软公司参与到 Linux 内核的贡献中去，投身于开源社区，成为 GitHub 上对其贡献人数最多的组织。不仅如此，微软公司还成立了.Net 基金会来推进开源项目，并推出了开源开发工具、跨平台的 Web 和云平台代码编辑器 Visual Studio Code 等。微软甚至在 Windows 10 中添加了 Linux 子系统 WSL（Windows Subsystem for Linux），方便 Linux 开发人员和用户直接在 Windows 操作系统中使用 Linux 命令行等实用工具。鉴于命令行的独特优势（很多开发人员和用户使用 Linux 操作系统的主要原因之一就是 Linux 操作系统有命令行），微软公司还推出了自己的终端（Terminal），整合了以前的 PowerShell 和 cmd 命令行工具，简化了开发人员的工作流程。添加了 WSL 的 Windows 终端支持 emoji 表情，如图 1-12 所示。

图 1-12　添加了 WSL 的 Windows 终端支持 emoji 表情

　　不过，尽管 Windows 操作系统和 Linux 操作系统相互学习，但两个操作系统的不少用户和开发人员之间还是处于相互对立的姿态。时至今日，很多使用 Windows 操作系统和 Linux 操作系统的用户时常"剑拔弩张"，在网上"开战"，极力美化自己所使用的操作系统，对另一个操作系统则无尽嘲弄。实际上，这两个操作系统都是非常优秀的操作系统，两者各有优点，也各有自身的不足。就连托瓦兹的第一台计算机安装和使用的都是微软公司的 DOS 操作系统（后来和 Linux 操作系统共同安装成为双系统），而且他承认自己是微软幻灯片制作软件 PowerPoint（PPT）的发烧友。因此，作为普通用户，完全没有必要排斥任何一个操作系统，而更应该包容和学习使用多种不同的操作系统，学会利用不同操作的特点来提高工作效率。

1.2.2　GNU 操作系统

　　托瓦兹所实现的操作系统，并不是一个大家认为的"完整"的操作系统，它只是操作系统内核（Linux Kernel），也就是操作系统的核心，负责管理计算机硬件资源、控制应用程序和系统进程等。由于操作系统内核本身不包含任何应用程序和系统工具，因此很多开发人员就把现成的软件和程序添加到 Linux 操作系统中，这样操作系统才可用。

　　事实上，大部分的软件和程序都来自 GNU 操作系统。GNU 操作系统也被称为 GNU 计划或 GNU 工程，他是由理查德·斯托曼（Richard Stallman，RMS）创建的。20 世纪 70 年代初，斯托曼在大学毕业后曾任职于麻省理工学院人工智能实验室，他在那里主要为操作系统开发软件。实验室的工作氛围轻松，大家都是编程高手，经常相互分享各自的程序代码。但是到了 20 世纪 80 年代初，斯托曼的同事们几乎都被其他公司挖走了，他再也不能和别人分享程序代码了。此时，大量软件公司成立，对软件（尤其是对操作系统）的版权保护也越来越严格。这让斯托曼意识到软件的自由共享不仅对自己来说很重要，对其他开发人员来说也非常重要。因此，他决定创建一个自由组织（一开始组织内仅有他一人）来编写可以共享的自由软件。编写软件需要依靠操作系统，但由于当时他连不受版权保护的可用的操作系统都没有，于是他的计划是先创建一个自由的操作系统，这个计划就是 GNU 工程。

　　GNU 的名字来源于"GNU's Not UNIX"的首字母缩写，其目的是创建一个自由的类 UNIX 操作系统，该项目正式开始于 1984 年 1 月。斯托曼认为，他应该先从操作系统的各个组件（以及必要的应用程序）入手，这样会相对容易。因此，他就跳过操作系统内核，先编写系统各类组件的代码。斯托曼投入了他几乎所有能用的时间，编写了一个文本编辑器 GNU Emacs 和一个 C 语言编译器 GNU GCC。这两个软件的质量不错，得到了用户的一致好评，也给斯托曼带来了经济收入，他用这些收入成立了自由软件基金会（FSF），这样可以吸引爱好者们一起来实现 GNU 工程。在成立了自由软件基金会后，软件的开发速度加快了，他们开发了很多大型软件，如 C 程序库、Bash 程序等。1990 年前后，许多 GNU 操作系统的模块和软件都已经齐全了——大多数是由基金会成员开发的，一些现成的自由软件也会被包含进来，然而操作系统的核心（内核）却依然缺失。因此，斯托曼决定开始开发最重要也是最困难的组件——GNU 操作系统的内核（GNU Hurd），GNU Hurd 的标识如图 1-13 所示。GNU Hurd 采用微内核的设计理念，是运行在 Mach 之上的服务程序的集合，主要实现网络通信、文件系统以及访问控制等功能。不过，由于 GNU Hurd 的设计理念非常先进，而且斯托曼非常追求完美，导致开发进度过于缓慢。直到 1996 年，第一个可以工作的 GNU Hurd（测试版）才正式发布。截至目前，它依然还没有正式版（有人戏称，直到人类文明毁灭之后，GNU Hurd 的正式版才能发布）。此时，Linux 操作系统的内核已经相当成熟了。

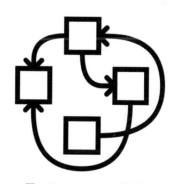

图 1-13　GNU Hurd 的标识

　　2016 年 12 月，GNU Hurd 0.9 发布了，这是目前最新的版本，依然还是测试版本。尽管 GNU Hurd 0.9 的功能仍然不完善，更不适合产品级应用，而且它的部分功能还要依赖 Linux 的实现方式，但是自由软件基金会的成员们并没有放弃，他们还在继续完善和开发 GNU Hurd，因为他们认为 GNU Hurd 内核能填补斯托曼"自由软件"信念所缺少的最后一点空缺。

　　尽管 GNU 操作系统还没有最终完成，但是 GNU 操作系统的理念始终如一，那就是实现一个包含 100%自由软件的类 UNIX 操作系统。按照斯托曼的说法，GNU 操作系统"给予用户自由"。为了确保这一点，斯托曼还在律师的帮助下，撰写并发布了 GNU 通用公共许可证（General Public License，GPL），用以保护软件"自由"的版权，很多软件开发人员用 GPL 来保护自己发布的软件。

　　斯托曼现在依然是自由软件基金会的领导者之一，他是自由软件的"斗士"，也是自由软件运动的精神领袖。同时，他又是一个伟大的理想主义者，为了软件真正的"自由"，他从不妥协，他认为只有"自由软件（Free Software）"才能代表他的理念，哪怕是"开源软件"也不行。

微内核与单内核

目前，很多操作系统都有一个单内核（monolithic kernel，也称为宏内核），操作系统的基本功能由内核提供，包括进程和线程管理、文件系统、设备驱动、网络和存储管理等。典型情况是内核本身也是作为进程实现的，内核服务共享相同的地址空间。微内核（micro kernel）让内核执行一些最基本的功能，如基本调度和进程间通信等，其他服务由守护进程（也称为服务器）提供，这些进程和其他应用程序都在用户态下运行。单内核操作系统主要有 UNIX 操作系统和 Linux 操作系统等。微内核操作系统主要有基于 Windows NT 的操作系统（Windows XP、Windows 7、Windows 10 等）、Minix 操作系统和 GNU 操作系统等。微内核在设计上更为先进，采用微内核设计可以让内核的功能开发和守护进程分开，这样就可以为应用程序的特定需求定制服务程序，使得开发更为简单和灵活。单内核是整体式设计，只要修改了内核中的任何一个部分，在生效前，所有的模块都要重新链接和安装，因此修改和维护会相对困难。早在 Linux 操作系统发布初期，Minix 操作系统的开发人员安德鲁教授曾评价道："Linux 操作系统已经过时""单内核在整体设计上是有害的"。而托瓦兹则展开反击，回复道："我承认微内核的设计更为先进，但是 Linux 操作系统的各方面性能都优于 Minix 操作系统"。这场辩论由两人开始，很多技术专家、开发爱好者逐渐加入其中。最后，这场"战争"随着托瓦兹的主动道歉而停止。

至于两者到底孰优孰劣，也许 UNIX 操作系统的主要设计者肯·汤普森的评价最为中肯，他说："如果从设计的眼光来审视，我们用的许多（即便说不上绝大多数）软件都是过时的。但是对广大用户来说，他们可能不怎么关心自己用的操作系统内部的设计是不是过时的，他们更关心的是性能和用户级的兼容性。总的来说，我还是赞同"微内核可能会是未来的潮流"这样的说法。但是，我觉得还是实现一个单内核的系统更容易些。当然，在改动的过程中单内核也更容易变成一团糟。"事实上，由于 Linux 内核在后续的升级中采用了动态链接等技术，内核中的模块（如文件系统、设备驱动等）都可以被动态加载，这样在给某个模块修改代码时就不会影响内核的其他组件，大大减轻了维护的难度，这让作为单内核的 Linux 操作系统也具备了部分微内核系统的优点。

自由软件与开源软件

自由软件的兴起主要源于理查德·斯托曼领导的自由软件运动，他的自由软件基金会就是这个运动的一个产物。自由软件的英文名称是"free software"，由于"free"一词在英文中有免费的意思，很多人认为自由软件就是免费软件，但斯托曼对此的真正定义是"自由（freedom）"，与价格无关，因此自由软件可以被销售。自由软件代表"给予用户自由的软件"。自由软件运动是一项思想运动，强调用户拥有如何使用软件的自由，即软件可以自由地运行、自由地复制、自由地修改、自由地再发行。这里的"自由"和价格无关，而是指所有用户使用软件都是自由的。自由软件运动也是一项社会运动，它提倡"软件"这一产品应该是被免费分享的，自由地使用软件（包含修改和再分享软件）是每个人的权利，然而"专有软件"破坏了这种权利。

　　自由软件运动反对软件的知识产权，也反对用软件著作权或软件专利把软件的源代码保护起来，据为己有。反感于著作权（copyright）这个形式，斯托曼创造了"版权开放（copyleft）"，用来保护自由软件，同时也是自由软件必备的"版权"。GPL 就是版权开放的具体表达，GPL 保障用户能够享有运行、复制、获取软件源代码以及修改源代码的自由。当然版权开放也要求改进源代码后的软件依然是自由软件，要继续向社会发行和传播，只有这样，软件才能永远是自由软件。

　　自由软件运动代表着斯托曼的理想和信念，但是它也比较极端和理想化，有着浓重的个人色彩。因为新用户越来越难理解自由软件的理念，所以部分志愿者开始使用开源软件来代替自由软件，并在 1998 年成立了开放源代码促进会（Open Source Initiative，OSI）来开展开源软件运动。尽管斯托曼对这个概念并不认可，但是开源软件却更多地被人们所接受，因为开源软件在关注软件开源和自由发布的同时，更注重开发人员、用户、公司和机构之间的信任和合作关系，希望他们能够为开源软件的开发而努力。由于开源软件的限制条件更少，因此开源软件更能保障多方权利。

　　其实在不刻意追求细节的前提下，开源软件和自由软件的差异微乎其微，它们都给予了软件自由传播（即软件共享）和开放源代码的权利，因此在本书中，默认"自由软件"和"开源软件"是相同含义。为了保留叙述的准确性，这两个词语在书中都会被用到。不过斯托曼和他领导的自由软件基金会并没有认可"开源软件"这个词语，而是依然保持"自由软件"的称呼。因为他们认为两者的价值观完全不同。开源软件只关注软件的质量和功能，却避开了自由、社区以及部分原则；而自由软件则尊重用户的自由，保护自由的权利。因此只有"自由软件"或"自由软件运动"才能真正代表斯托曼的理念。

1.3　Linux 操作系统的发行版

　　一般而言，我们平时使用的各类 Linux 操作系统都是基于 Linux 内核的发行版。发行版的数量非常多，目前流行的发行版就超过 100 个，如果加上一些曾经流行过、现在已经消失的发行版，数量更是惊人，恐怕没人能真正精确地统计出来。正因为如此，很多用户在刚开始接触 Linux 操作系统的时候，就被 Linux 操作系统的内核、版本号、发行版名称等专业术语"劝退"了。因此，本节主要介绍 Linux 内核和发行版之间的关系，为读者理清头绪，然后在此基础上介绍目前知名的部分 Linux 发行版。

1.3.1　Linux 内核与 Linux 发行版

　　前文提到，托瓦兹开发的 Linux 操作系统只是一个内核。目前，Linux 内核由托瓦兹的开发小组维护，遵循 GPL 协议。Linux 内核可以管理计算机，但是缺少应用程序，Linux 用户需要额外安装很多软件，这就导致用户使用 Linux 操作系统特别麻烦。对于操作系统，如果没有软件和应用程序，那么它是不完整的。因此，想要使用操作系统，就需要给它安装各种软件，如开发软件、编译器、办公软件、网页浏览器、娱乐软件、社交软件等，仅依靠内核是不行的。

一方面，Linux 实质上只是操作系统的内核，缺少了应用程序；另一方面，尽管 GNU Hurd 开发缓慢，但是各种 GNU 组件和程序却异常丰富。两者结合发布就成了顺理成章的事。因此，就有人（或机构、社区等组织）把 Linux 内核、各种应用软件（如 GNU 操作系统的各种软件和工具）和文档打包在一起，外加一些系统管理和配置工具，组合成 Linux 发行版（Linux distribution）来发布。随着用户需求的增多，发行版的种类也在逐渐增加，配套的软件从只有 GNU 操作系统提供的自由软件，到各种商业和非自由软件，发布者也从个人或团体发展成了社区或厂商。

现在，一款常见的 Linux 发行版主要包含了 Linux 内核、C/C++程序库、虚拟终端（Shell）、图形系统、桌面环境或窗口管理器、浏览器、办公软件，以及各类定位不同用户的专门的软件工具。Linux 发行版通常是 ISO 格式（也可以称为镜像），可以刻录到光盘中、写入 U 盘中或者直接通过 ISO 文件来安装和运行。

在 Linux 操作系统的发展进程中，多种多样的 Linux 发行版起到了巨大的推动作用，它们让人们了解并使用 Linux 操作系统，为 Linux 操作系统的进步持续做出贡献。从本质上讲，用户可以通过查找、下载、编译、安装和集成大量基本工具来构建 Linux 操作系统，满足了用户构建可运行的 Linux 操作系统的需求。一旦有了发行版，系统构建的任务就由发行版的创建者承担，同时构建者的工作也可以与成千上万的用户共享。几乎所有的 Linux 用户都会通过发行版第一次体验 Linux 操作系统，即使在熟悉了 Linux 操作系统之后，大多数用户也会继续使用发行版。实际上，很多用户把 Ubuntu、Fedora 等发行版称为 Linux 操作系统是不恰当的，它们是 Linux 内核和各种软件包的集合。尽管不同 Linux 发行版的外观和体验各不相同，但它们用的都是相同的 Linux 内核，因此本质上它们都属于"Linux 操作系统"的范畴。一般而言，发行版会被定期更新，也会有自己的版本号，发行版的版本号和 Linux 内核的版本号是相互独立的。在发布发行版的新版本时，通常也会使用相应新版本的内核，确保系统的性能和兼容性。一些常见的 Linux 发行版标识如图 1-14 所示。

图 1-14　一些常见的 Linux 发行版标识

尽管发行版的重要性很明显，但很少吸引开发人员的注意。这是因为构建发行版既不容易也不有趣，而且需要构建者付出大量不懈的努力来保持发行版的更新。从头开始构建系统是一回事，确保系统易于安装、在各种硬件配置下都可用、提供好用的软件以及能不断保持自我更新又是另一回事。目前，世界上有数百个发行版，但是能得到用户长久认可的发行版并不多。

Linux和GNU/Linux

严格意义上来说，"Linux"一词只能指代 Linux 内核，但在日常生活中，人们已经习惯把各类发行版统称为 Linux 操作系统。实际上，这个称呼是欠妥的，因为发行版中只有内核属于 Linux 自身项目，其他的软件都来自其他项目。尽管内核很重要，但它只是操作系统中的一个重要软件。

因为大多数 Linux 发行版中都包含了来自 GNU 操作系统的大量软件，所以斯托曼对人们把操作系统简单地命名为 Linux 操作系统感到非常不满。后来，为了维护 GNU 工程对 Linux 操作系统发展所作出的贡献，一些发行版的发布者把发行版的名字改成"GNU/Linux"，这个名字得到了斯托曼和不少用户的认可，于是沿用至今。不过，"最权威"的人士——托瓦兹本人一直是拒绝"GNU/Linux"这个称呼的，不是出于他对改名的不满，而是他觉得发行版包含的软件并不是全都来自 GNU 工程，而且"GNU/Linux"也不容易记忆和传播。因此，在本书中，如不加特殊说明，Linux 泛指 GNU/Linux 和 Linux 发行版。

1.3.2　常见的 Linux 发行版

Slackware 是世界上第一个 Linux 发行版，发布于 1993 年。在此之后，Debian 和 Red Hat 等发行版相继诞生。目前世界上存在的 Linux 发行版有数百种，其中大多数发行版都借鉴了 Slackware、Debian 和 Red Hat 的思想，或者说是基于他们衍生出来的（当然有些发行版也有全新的设计思想）。根据著名的 Linux 发行版统计网站的统计数据，主流的发行版主要有 Ubuntu、Fedora、Manjaro、Arch Linux 等。其中，Ubuntu、Debian 和 Manjaro 等是较常被使用的 Linux 发行版。本节对 9 个比较出名的、用户评价较高的 Linux 发行版进行简要介绍。

1. Slackware

Slackware 由帕特里克·沃尔克丁（Patrick Volkerding）创建，最初发布于 1993 年，是最古老的 Linux 发行版，20 世纪 90 年代中期，由于没有其他竞争对手，Slackware 一度拥有 80%的市场份额。待 Red Hat 问世后，情况发生了变化。如今，Slackware 的受欢迎程度远不及过去，并不是因为 Slackware 不好，相反它仍然是一个顶级的 Linux 发行版，但是因为 Slackware 是高度可定制的，而不是用户友好的，最终影响了 Slackware 的流行范围。Slackware 没有刻意模仿 Red Hat 那样主要依靠鼠标移动和点击的操作方式，而是尽力保持 UNIX 系统的风格，把系统的控制权尽量多地移交给用户，让他们知道系统的具体执行情况。此外，Slackware 也没有详细的更新计划，一旦新版本完成，就会被自然发布。

　　Slackware 是以简洁性和稳定性为第一要素的高级 Linux 发行版，它自带了流行的软件包以及各个领域中优秀的软件产品，同时通过自身优秀的软件包架构给用户带来了专业级别的灵活性。KISS（Keep it simple, stupid）是 Slackware 坚信的原则，简化一切，让所有软件包提供简洁的（并不简陋的）功能，这令 Slackware 能够保持长期、稳定的发展。考虑到 KISS 原则，Slackware 舍弃了部分复杂的功能，如它的安装方式采用基于文本选项的菜单式交互界面，并没有提供图形用户界面（因为图形化的交互界面不够简洁）。由于 Slackware 有着极其出色的稳定性，它在服务器领域享有很高的声誉，赢得了用户的一致好评。而在桌面领域，Slackware 也始终能吸引一批喜爱它的用户。

2．Debian

　　Debian 的创始人是德国计算机科学家伊恩·默多克（Ian Murdock），他于 1993 年创建了这个系统，当时他还是普渡大学的一名大学生。这个系统一直被认为是最正宗的 Linux 发行版。Debian 主要通过命令行方式来操作，但也提供方便的图形化操作方式。Debian 的优秀很大部分要归功于它的 APT（Advanced Package Tool）软件包管理器，APT 软件包管理器可以从很大程度上解决软件的依赖问题。作为一个遵从开放和分布式开发模式的发行版，Debian 拥有超过 17,000 种不同的软件包，并且伴随着新软件的问世，总会有相应的 deb 包（Debian 软件包格式的文件扩展名）出现。

　　Debian 通常有 3 个发行版：稳定版（可以用在绝大多数地方，包括搭建服务器）、测试版（部分软件还处在测试阶段）和不稳定版（采用最新版的软件，可能会产生兼容性和稳定性方面的问题）。经过不稳定版的测试，测试版较为稳定，也支持不少新技术，可以看作是稳定版的前身。不稳定版为最新的测试版，包含最新的软件包，但是也有相对多的漏洞，适合桌面用户，且版本代号永远是 sid。

3．Red Hat Linux

　　Red Hat Linux 由马克·尤因（Marc Ewing）创建，发布于 1993 年。由于他公司的名字是红帽（Red Hat），因此他直接用这个名字来命名他的 Linux 发行版。尤因发现当时 Linux 发行版（如 Slackware）的安装、配置和软件包管理缺乏易用性，尽管这对高级开发人员而言很容易，但对普通用户来说难度太高了。因此，他把注意力集中在缺少技术能力的用户市场，为用户提供解决方案。Red Hat Linux 的出现推动了 Linux 发行版的商业化发展。与此同时，红帽公司充分认可自由软件思想，红帽公司的软件都遵循 GPL 协议。对于寻求技术支持或帮助的个人或企业，红帽公司为他们提供有偿的技术支持，依托于此，红帽公司在商业界取得了成功，后来成功上市。

　　目前，Red Hat Linux 是最被用户广泛使用的 Linux 发行版。Red Hat Linux 主要有两大系列：Fedora 系列和 Red Hat Enterprise Linux（RHEL）系列。Fedora 系列是社区版，采用最新的 Linux

内核和最新的应用软件。RHEL 系列则比较注重产品的稳定性和可靠性，往往是在 Fedora 系列里经过验证的、可以稳定工作的软件才能进入 RHEL 系列。由于 Red Hat Linux 的影响比较大，所以很多社区或者公司也经常以红帽公司的产品为蓝本，修改并推出自己的 Linux 发行版，如 CentOS Linux 就是 RHEL 的重新编译发行版，几乎和 RHEL 一模一样，所以其稳定性和可靠性也非常出色，常常被用来当作邮件（如 EMOS）或者 NAS 存储系统（如 Openfiler）的专用版。在易用性方面表现非常出色的 Mandrake（现在的 Mandriva）也是根据 Red Hat Linux 修改而来的，其他以红帽公司的产品为蓝本的发行版还有国内的红旗 Linux、中标普华 Linux 等。

4．Ubuntu

Ubuntu 的创始人马克·沙特尔沃思（Mark Shuttleworth）少年得志，大学毕业没多久就把自己创办的公司以近 6 亿美元的价格售出，成为南非最富有的年轻人之一。他创建的 Ubuntu 以惊人的发展速度席卷 Linux 世界，特别是在桌面端，Ubuntu 赢得了很多用户的支持。Ubuntu 每半年就推出一个新版本，还有长期支持（LTS）版本，即使使用 Ubuntu 构建服务器，也不用担心缺少技术支持。

Ubuntu 是一个基于 Debian 开发的新兴 Linux 发行版，自 2004 年 10 月发布第一个版本以来，短短几年，已经跃居为最热门的 Linux 操作系统之一。Ubuntu 开发团队对 Ubuntu 的用户承诺会永远免费，即使是企业级版本也不会追加额外的费用。Ubuntu 社区是目前 Linux 阵营下最为活跃的社区。Ubuntu 在 Debian 的基础之上构建，它不仅继承了 Debian 中大量精选的软件，而且还保留了强大的 APT 软件包管理器，这对于喜爱该工具的用户有着极强的吸引力。Ubuntu 拥有超过 16,000 种丰富的软件资源，可同时满足家庭和商业环境的需求。不仅如此，Ubuntu 在直观性和易用性上也广受好评，它提供了易于使用的图形化安装程序和桌面环境，这让很多用户都选择从 Ubuntu 开始踏入 Linux 的世界。此外，Ubuntu 还提供了一个较好的翻译架构，使得 Ubuntu 具备较好的中文支持。

5．Arch Linux

2002 年，贾德·维内（Judd Vinet）受到 Slackware、CRUX 和 Polish Linux 等发行版的简洁性和优雅性等特性的灵感启发，创建了 Arch Linux。后来，维内为 Arch Linux 编写了 pacman 软件包管理器，用于处理软件和应用程序的安装、更新以及删除等操作。2007 年，贾德退出了 Arch 项目组，由亚伦·戈利费斯（Aaron Griffin）担任项目负责人。2020 年，利文特·波利亚克（Levente Polyak）接替亚伦成为新一任负责人，并持续至今。多年来，Arch Linux 一直在社区爱好者的开发和支持下持续发展。

Arch Linux 是一款自主开发的通用型 GNU/Linux 发行版，并且为适配 64 位计算机进行了专门的优化。Arch Linux 聚焦于系统的简洁和优雅，遵循 KISS 原则，并遵循 DIY（Do it yourself，自己动手）原则。初次安装的 Arch Linux 是一个最小化的基本系统，采用命令行用户界面（没有提供图形用户界面），用户可以根据自己的需求和喜好在此系统上自由地进行系统配置、安装各类软件工具，从而搭建最理想的桌面环境。因此 Arch Linux 适合有一定基础的用户使用（这也是本书首先带领读者学习和使用 Manjaro 发行版的初衷）。Arch Linux 采用"滚动式"更新，因此它并没有和其他发行版一样每隔一段时间就有新的版本发布。相反，只要用户使用简单的命令更新系统，那就能保持最新的版本。

6. Manjaro

Manjaro 是 Arch Linux 的一个衍生版本，用户可以选择一种 Manjaro 提供的桌面环境来安装使用。由于搭配了图形用户界面，Manjaro 降低了用户使用的难度，对新用户较为友好。Manjaro 诞生于 2011 年，是一个较新的发行版。由于 Manjaro 具备精美、稳定、可靠及易用等特性，因此它迅速得到了大量用户的喜爱，很多认同 Arch Linux 哲学、但缺少 Arch Linux 使用经验的新用户都会选择 Manjaro。除了通用计算机平台，Manjaro 还支持 ARM 嵌入式平台。

Manjaro 继承了 Arch Linux 的 pacman 软件包管理器，可以使用 Arch 用户软件仓库（Arch User Repository，AUR）的软件包，而且 Manjaro 还维护着自己的独立软件仓库，这使得 Manjaro 的软件数量很多。Manjaro 还提供了很多特有的系统辅助工具，如硬件检测工具、设置管理器等，给用户带来了"开箱即用"的良好体验。尽管如此，Manjaro 并不仅仅是一个面向新用户的发行版，它还为有经验的用户提供了可配置的安装方式，这些用户同样可以基于 Manjaro 来自由搭建自己的操作系统。

7. Gentoo Linux

Gentoo Linux 是一款极具特色的发行版，用户可以为它配置和优化每一个需要安装的应用程序和软件，使得系统和程序的性能能够达到极致。Gentoo Linux 给予用户自由选择的权利，用户可以用他们想要的方式来定制操作系统，例如如何编译软件、如何安装操作系统、使用哪种窗口管理器等，这一切都得益于 Portage（软件管理工具）。Portage 被认为是 Gentoo 的核心单元，它不仅可以用于安装软件，也可以搜索最新的可用软件包，还可以帮助用户更新操作系统及其所有软件。Portage 的高度灵活性和庞大功能使得它时常被誉为 Linux 下最好的软件管理工具。

Gentoo Linux 是一款基于源代码的发行版，它要求用户利用 Portage，从源代码开始配置和安装每一个系统组件，如 Linux 内核、系统日志、文件系统、网络工具和引导程序等，每一步都由用户来做出选择，从而能最大化发挥系统的性能，这也正符合了 Gentoo Linux 把自由和选择交给用户的初衷。从源代码处安装 Gentoo Linux 有两个优点：一是能让用户深刻体会到 Linux 操作系统"超强的定制性"；二是优化本机编译，大大提高整体性能，CPU 的潜能可以被发挥至极限。当然，由于编译软件（尤其是编译大型软件）很耗时，所以这也成为了 Gentoo Linux 的遗憾之处。和 Arch Linux 类似，Gentoo Linux 同样不适合刚入门的 Linux 用户。

8. Fedora Linux

Fedora Linux 是一款自由开源的 Linux 发行版，它是一个易用、强大、创新的操作系统。

Fedora 由社区维护和发行，社区成员主要由世界各地优秀的开发人员组成，并得到红帽公司的支持。该社区以用户为中心，提倡协作和共享，并以创新作为 Fedora 发行版最主要的特点。Fedora 系列是 Red Hat Linux 的一个重要系列，它主要面向个人用户领域。RHEL 系列则面向企业商用领域。相对于 RHEL 系列，Fedora 系列在设计上更为创新和前卫。最新的开源技术和功能会率先出现在 Fedora 中，因此 Fedora 的更新相对更为频繁，大约每 6 个月就会有新的版本出现。当新技术和新功能趋于成熟，红帽公司会把它们加入到 RHEL 系列中，因此 Fedora 更像是一个"探险者"。对想要在第一时间内体验最新技术的用户来说，Fedora 有着极大的吸引力。需要注意的是，因为 Fedora 侧重关注最新的技术，所以系统稳定性会有所缺失。

9. Deepin

Deepin（深度）是一款由国内的深度开源社区（依托于武汉深之度科技有限公司）打造的、面向桌面端用户的 Linux 发行版。Deepin "本土"的特色令它在国内非常流行，有着广泛的用户基础。深度开源社区积极参与开源运动，并秉持"拥抱开源、回馈开源"的理念，致力于 Linux 在桌面领域的推广。Deepin 的一大特点是它的软件仓库（应用商店），目前它提供近 40,000 种应用软件，其中包含了数十种原创精品软件以及部分国内用户常用的软件，如深度桌面环境、深度录屏、QQ、微信、美图秀秀等，这些都是国内用户在日常工作中几乎都会用到的。

Deepin 更新很快，几乎每隔几周就会有小更新，小更新主要修复软件 bug；每隔 2～3 个月就会有大更新，大更新主要为系统增加新的技术和功能。正因为如此，Deepin 发行版正变得越来越好，Deepin 系统不仅美观易用，而且流畅稳定。目前深度开源社区还在积极开发 Deepin 发行版，并面向国内外用户发布。除中国用户外，Deepin 在欧洲和美洲等地也有大量用户，而且数量上已经比国内用户更多，这也正体现了 Deepin 的含义——对人生和未来的不断追求和探索。

理查德·斯托曼与Linux的故事

从 1990 年到 1993 年，由于 Hurd 内核不断延期，GNU 工程一直处于矛盾状态。一方面，由于对 Hurd 的要求过高，GNU 工程师在设计时好高骛远，把目标从开发一个成熟的操作系统转移到开展操作系统方面的研究；另一方面，据理查德·斯托曼（GNU 工程和自由软件基金会的创始人）描述，他因病没能全身心投入到 Hurd 团队中，导致 GNU 工程中各个部分之间缺乏有效的沟通，影响了开发速度，同时他们也确实低估了 Hurd 内核的开发难度。此时，Linux 内核已经按 GPL 发布而且发展得很快。斯托曼一开始并没有特别关注 Linux，或者说他在主观上一直回避 Linux。但到了 1993 年，这一情况发生了变化。

1993 年，伊恩·默多克开始开发自己的 Linux 发行版——Debian。他认为 Linux 不仅是一套软件，而且还代表了一套完整的开发模式。这种开发模式涉及一个分布式的、通过互联网联系起来的开发队伍，每一个成员提供很小的元件，将它们组装起来就能构成一个整体。这种思想和托瓦兹公开 Linux 内核的思路一样，任何人都可以参与进来，共同创建一个内核。

Debian 的决策过程也是参照 Linux 的，当面临决策时，默多克会和大家讨论，再由他做出最终决定。这种开发方式吸引了很多对 Debian 项目感兴趣的人，其中就包括斯托曼。他从 Debian 开始逐渐了解 Linux，由于 Hurd 内核一直没能发布，Linux 内核正好可以成为 GNU 工程的内核候选。斯托曼的介入对 Debian 的发展很重要，从 1994 年到 1995 年，他的自由软件基金会赞助了 Debian 的早期开发。他的加入让 Debian 项目成为了当时的一个明星项目，各方面的支持开始源源不断地涌入。当然，作为一个理想主义者和顽固主义者，斯托曼和默多克的不少决策并不一致，这在一定程度上影响了整个团队的协调。斯托曼甚至还想把 Linux 的名字修改成 LiGNUx，当然最终没有成为现实，后来改用 "GNU/Linux" 这个相对自然的名字。

KISS原则

　　很多发行版都秉承 KISS 原则。由于 KISS 原则经常被应用在 UNIX 操作系统的设计中，因此也被称为 "UNIX 哲学"。KISS 是 "keep it simple, stupid" 的缩写，意思是 "保持简洁和笨拙"。KISS 原则是指在设计中应注重简约的原则，UNIX 操作系统中的工具就是最好的例子，这些工具只做一件事情，但通过管道将他们连在一起时却能完成许多复杂的工作，当然这也和 UNIX 操作系统的 "文本化协议" 息息相关。单从设计角度上来说，"简洁" 就是一个程序的功能要尽可能地单一，不要想着这个程序能胜任所有工作，到头来却发现一个简单的工作都完成不了，还经常出现 bug。另外，开发人员在技术上的虚荣心也是导致程序复杂度很高的原因。为了展现自己的技术实力，他们经常使用复杂的算法去实现简单的功能，最后出了问题自己也解决不了，修改这种本可以避免的错误就是在浪费时间。所以，需要降低代码复杂度，保持代码简单、有用。难于理解、维护和扩展的代码就是复杂的代码，计算机编程的本质就是控制复杂度。除了程序设计，KISS 原则也应用在软件开发、动画制作、摄影和工程等领域。

第 *2* 章

开始入门：安装和使用 Manjaro

操作系统

　　有很多对 Linux 操作系统感兴趣的人，他们想学习并尝试使用 Linux 操作系统，但是网上的材料很分散，并且很多书籍也只是从理论上介绍 Linux 操作系统，对于应用安装的实战指导相对较少，导致很多爱好者望而却步。理论学习和实际使用的效果无法完全等同，正如红帽公司的认证讲师、考官和架构师、著名 Linux 操作系统专家克里斯托弗·尼格斯（Christopher Negus）所说，"如果不使用 Linux，将无法真正学习 Linux"。可见，想要学习 Linux 操作系统，必须要开始使用它。因此，本章将从最基本的操作开始，一步步带领大家学习 Linux 操作系统，希望大家能从本书的实际应用中学到知识。

　　对大多数计算机用户而言，他们的计算机中都已经安装了 Windows 操作系统，平时工作和学习也都在使用 Windows 操作系统，很多用户对 Windows 操作系统的使用都很熟练。因此，本章依然使用 Windows 操作系统，并在计算机中额外安装一个 Linux 操作系统，使其与计算机中现有的 Windows 操作系统并存。如果读者想要更方便一些，也可以选择把 Linux 操作系统安装在虚拟机（类似于一个应用程序）中，以后再决定是否安装到真实的计算机中。对于缺少安装操作系统经验的读者，笔者更推荐将 Manjaro 操作系统安装在虚拟机中（如果想要安装 Manjaro 操作系统到虚拟机中，读者可以参考本书的附录 A）。作为 Arch Linux 的衍生版，不管是从用户数量还是易用性排名来看，Manjaro 操作系统都是当今比较流行的 Linux 发行版，2018 年在 DistroWatch 网站上 Manjaro 操作系统的每日点击次数（受欢迎程度）排名第一（2018 年 DistroWatch 网站统计的 Linux 发行版受欢迎程度的年度排名如图 2-1 所示），近三年 Manjaro 操作系统的受欢迎程度也排名前列。因此，本章选择安装 Manjaro 发行版作为起点。在后面的描述中，如果未加特殊说明，"Manjaro"就是指"Manjaro 发行版"。

排名	发行	HPD*
1	Manjaro	3778
2	Mint	2495
3	elementary	1708
4	MX Linux	1694
5	Ubuntu	1506
6	Debian	1259
7	Solus	916
8	Fedora	900
9	openSUSE	768
10	Zorin	642
11	Antergos	614
12	CentOS	596
13	Arch	580
14	ReactOS	547
15	Kali	514

图 2-1　2018 年 DistroWatch 网站统计的 Linux 发行版受欢迎程度的年度排名

2.1　安装 Manjaro 操作系统

Manjaro 提供了用户友好的安装程序、管理图形驱动程序的实用程序、预配置的桌面环境和一些有用的附加功能。当然，Manjaro 受到广泛欢迎的原因还有很多，对比 Ubuntu、Debian 等发行版，Manjaro 的优点主要有以下 4 点。

- 硬件支持：Manjaro 对硬件的支持要比其他发行版更好，还提供图形化操作界面。自带的 mhwd（硬件检测工具）可以非常方便地安装各种驱动程序，如 NVIDIA 显卡驱动等。
- 内核管理：Manjaro 自带图形化的内核管理工具，方便用户管理与升级内核。相比而言，Ubuntu 需要使用 PPA 安装软件才可以图形化地管理内核。
- 软件资源：Manjaro 继承了 Arch Linux 的 AUR 软件库，Manjaro 的软件库要比 Ubuntu 的软件库丰富得多，几乎不需要添加额外的软件源。无论安装什么软件，利用图形软件安装工具或者 pacman 命令都可以直接安装，而且几乎都能安装上最新版本。
- 桌面环境：Manjaro 官方提供了 KDE Plasma、Xfce 和 GNOME 等版本，社区提供了 Budgie、Cinnamon、i3 和 Mate 等版本，不同桌面环境切换起来也很简单。

2.1.1　安装前的准备工作

在安装操作系统之前，我们还需要做一些准备工作。首先，进入 Manjaro 官网下载 Manjaro 操作系统，各版本的下载页面如图 2-2 所示。

目前官网上有 Xfce 版本、KDE Plasma 版本和 GNOME 版本，不熟悉 Linux 的读者可能会觉得有些莫名其妙，这些都是什么意思呢？其实简单来说，不同版本的本质都是一样的（6.4 节会详细介绍），只有桌面环境（通俗来说是图形界面或者用户界面）的不同。本章以 Xfce 版本为例来安装 Manjaro，读者也可以自行选择安装其他版本（界面截图、菜单程序位置会有所差异）。

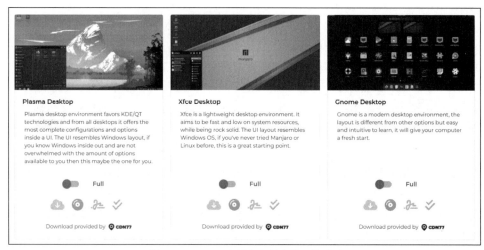

图 2-2   Manjaro 官网上各版本的下载页面

官网除了提供普通版（Full），还提供精简版（Minimal），这里我们下载普通版的 Manjaro Xfce。下载完成后，就会得到一个 ISO 镜像文件：manjaro-xfce-xxxxxx.iso（xxxxxx 为版本号，由于镜像更新的原因，读者下载到的文件版本号会有所不同）。我们可以采用刻录到光盘或者烧写到 U 盘的方式来启动它。就目前而言，U 盘启动更方便快捷，因此我们就用这个方式来安装 Manjaro。接下来，需要准备一个 U 盘（推荐存储大小为 4 GB 及以上），以及一个烧写软件 USBWriter。读者可以在搜索引擎中查找并下载 "USBWriter"。部分较新的计算机可以识别 U 盘上的文件，因此可以把 ISO 镜像中的文件提取后拷贝到 U 盘根目录，这样就可以跳过烧写的步骤。

在 USBWriter 软件的 "Source file" 处选择刚刚下载好的 ISO 文件，"Target device" 处选择 U 盘（此处笔者的 U 盘为 E 盘）盘符，然后点击 "Write" 即可，USBWriter 软件的操作界面如图 2-3 所示。注意，该操作会清除 U 盘上的所有数据，请提前备份好 U 盘中的数据。

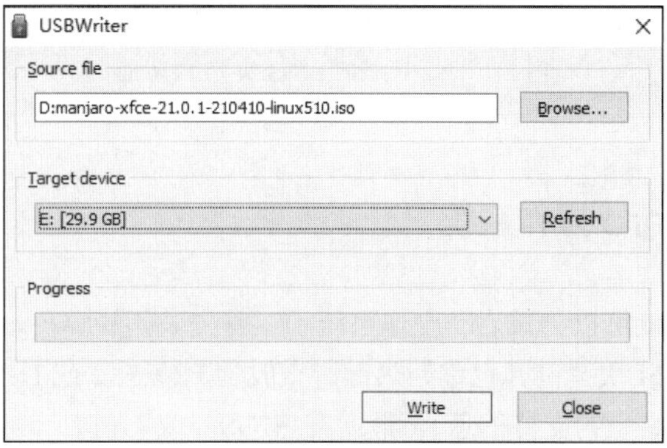

图 2-3   USBWriter 软件的操作界面

BIOS和UEFI

安装操作系统之前,有两个概念需要大家理解:一个是 BIOS,另一个是 UEFI。BIOS(Basic Input Output System,基本输入输出系统)是固化在计算机主板上的、只读存储芯片中的一组程序,它控制计算机上的所有硬件资源,主要负责硬件设备的初始化、检测、调用以及操作系统的启动等。在按下用户计算机电源键后快速按回车键、F2 键或者 Delete 键便可以进入 BIOS (不同品牌的计算机的操作方法可能不同)。

BIOS 诞生于 20 世纪 70 年代,它运行在 16 位实模式下。随着主流计算机的操作系统升级为 32 位和 64 位,BIOS 的设计框架和基本功能已经无法满足计算机更多的启动要求,因此 UEFI 应运而生。UEFI(Unified Extensible Firmware Interface,统一可扩展固件接口)是由 UEFI 论坛发布的计算机固件接口标准,负责计算机启动后的硬件启动、系统诊断,以及启动操作系统。相对于 BIOS,UEFI 的主要优势在于可以支持大容量(2 TB 及以上)硬盘、支持 UEFI 用户交互界面、开机检测时间较短、固件代码更易维护等。目前大多数计算机都已经用 UEFI 来代替 BIOS。

不同主板的 BIOS 和 UEFI 界面差别很大,如图 2-4 所示,但是一般主板都提供 Legacy (传统方式,即 BIOS 方式)和 UEFI 两种启动方式,用户可以自由切换。当然,一旦选定启动方式,后续计算机就会以选定的方式启动。对于已经安装操作系统的计算机,建议使用默认启动选项,不要随意切换,否则会导致已有的操作系统无法启动。

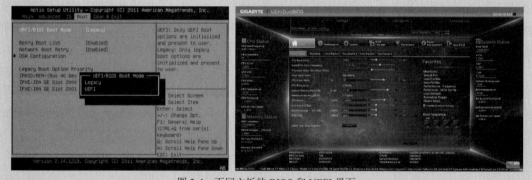

图 2-4 不同主板的 BIOS 和 UEFI 界面

2.1.2 安装 Manjaro 操作系统

U 盘烧写完成后,就可以尝试启动操作系统了。首先关闭计算机,然后再启动,在出现开机画面时,按 BIOS/UEFI 快捷键(也称为热键,一般为 F2、F12 或 Delete 等键,如果不确定,请查看计算机制造商网站上的支持信息),最后在 BIOS (或 UEFI)设置中选择 U 盘启动就可以了。如果快捷键不起作用，就可以先启动 Windows 操作系统（假设为 Windows 10），在"开始"菜单点击"设置"，选择"更新和安全"，点击"恢复"菜单，然后点击"高级启动"选项下面的"立即重新启动"来重启计算机。在启动后的菜单上选择"疑难解答"，点击"高级选项"，选择"UEFI 固件设置"，然后点击"重启"，强制重新启动到 BIOS/UEFI，最后再选择 U 盘启动。需要注意的是，一定要确保 BIOS/UEFI 中的安全启动（Secure Boot）选项关闭，否则将无法引导 U 盘系统（只要是正常使用计算机，关闭安全启动选项不会影响系统安全性。如果计算机使用了磁盘加密功能，就需要在 Windows 操作系统的"设置"中关闭"设备加密"选项）。引导成功后，就可以看到 Manjaro 的启动界面，如图 2-5 所示。

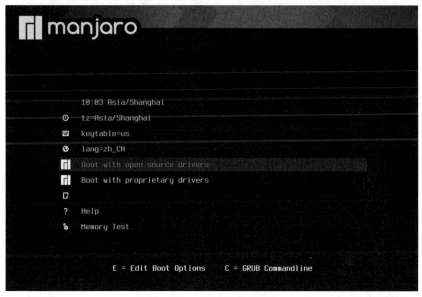

图 2-5　Manjaro 的启动界面

在这里，需要更改两个配置（通过按回车键更改）：

```
tz=Asia/Shanghai          //选择时区为上海
lang=zh_CN（中文）         //选择语言为中文
```

然后选择"Boot with open source drivers"选项（如果读者计算机有独立显卡，也可以选择"Boot with proprietary drivers"选项），Manjaro 就会开始启动，加载系统组件，Manjaro 的系统加载界面如图 2-6 所示。

等待系统加载完成后，就可以进入操作系统了。首先我们可以看到 Manjaro 的欢迎页面，如图 2-7 所示，这个就是 live 系统（也称为体验系统），读者可以先试用一下这个系统，然后再决定是否将 Manjaro 正式安装到计算机上。如果关闭了欢迎页面，可以点击桌面上的"Install Manjaro Linux"来安装系统。

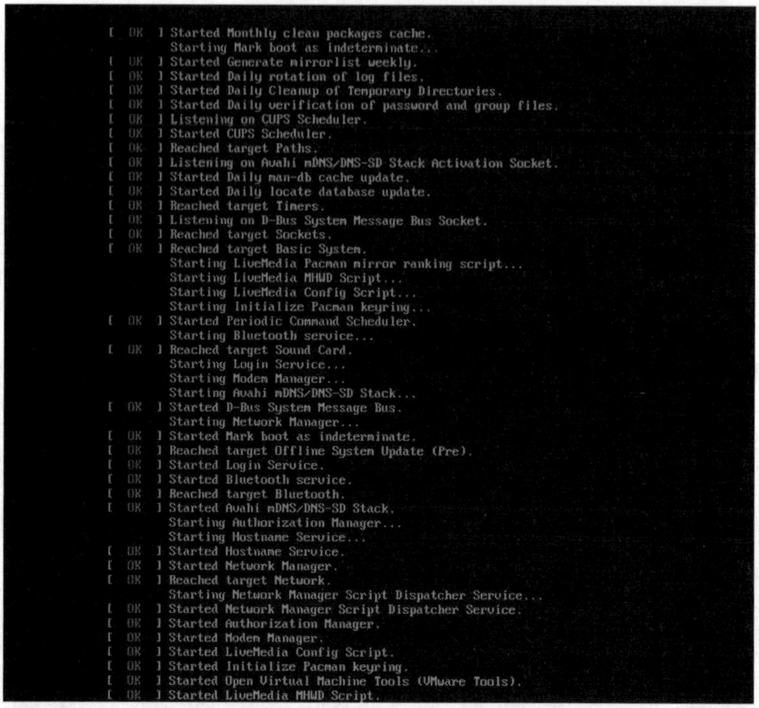

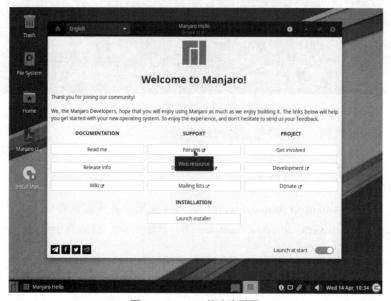

图 2-6　Manjaro 的系统加载界面

图 2-7　Manjaro 的欢迎页面

　　如果读者遇到加载时间过长而无法成功加载的问题（页面显示"A start job is running for LiveMedia MHWD Script"），很有可能是显卡驱动的问题，这时只需要在选择"Boot with open source drivers"选项时同时按 E 键，将命令中的 driver=free 改成 driver=intel，并在后面加上 xdriver=mesa acpi_osi=! acpi_osi="Windows 2009"，然后依次按 Ctrl+X 组合键或者 Ctrl+F10 组合键再启动系统，就可以解决显卡驱动的问题，修改启动参数的界面如图 2-8 所示。

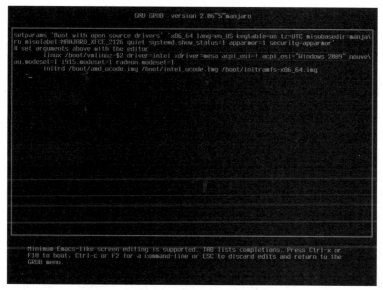

图 2-8　修改启动参数的界面

安装一个新的操作系统，可能会看到一些陌生的专业词汇，比如分区、文件系统等。本节将简要介绍一些必备的理论知识，篇幅不会太长。这些信息会在系统安装时用到，第 4 章将会详细介绍这些术语的具体内容。

（1）分区（partition）。硬盘分区实质上是对硬盘的一种格式化，格式化后才能使用硬盘保存各种信息。一块硬盘可以被分割成多个分区，从 Windows 操作系统的角度来看，就是 C:、D:和 E:等。在 Linux 操作系统中，硬盘被称为/dev/sda，注意，这里的 a 是指第一块硬盘的意思，一般一台计算机有一块硬盘。如果有第二块、第三块硬盘，则被命名为/dev/sdb、/dev/sdc，依此类推。在 Linux 操作系统中，U 盘也被以类似方式命名。不同于 Windows 操作系统，Linux 操作系统中的分区用数字来表示，如硬盘/dev/sda 分了 3 个区，这 3 个区分别命名为/dev/sda1、/dev/sda2 和/dev/sda3。

（2）分区表（partition table）。分区数据存放在硬盘的分区表中。硬盘分区的方式有 MBR（主引导记录）分区和 GPT（GUID 分区表）分区两种。MBR 一共支持 4 个分区，如果用户的计算机硬盘分区数量不超过 4 个，那么可以把它们都划分为主分区。如果计算机硬盘分区数量超过 4 个，那么最多只能有 3 个主分区，还有 1 个要划分为扩展分区，通过把扩展分区划分为若干个逻辑分区，可以让分区数量突破 4 个的数量上限。但是，这毕竟只是一种妥协方案，GPT 技术改进了这个缺点。GPT 可以支持多达 128 个分区，而且每个分区最大支持 18 EB（1 EB 相当于 10 亿 GB）的空间，为未来的超大空间硬盘预留了充足的空间。如果用户购买的计算机预装的是 Windows 早期的操作系统（Windows 7 及之前），那么就采用 MBR 分区方案；如果用户购买的计算机预装的是较新的操作系统（Windows 10 及之后），那么就采用 GPT 分区方案。为了保证系统更好的兼容性，即使操作系统是较新的版本，Linux 发行版也能同时支持两种分区方案。

（3）文件系统（file system）。硬盘在完成分区后还不能立即使用，必须要执行格式化操作来创建文件系统。文件系统会对各类数据进行分类，把数据组织成一个个独立的文件，这样就方便对文件数据进行控制和管理（如存储、修改、检索和保护等）。Windows 操作系统主要使用的文件系统有 FAT、FAT32、NTFS 等，Linux 操作系统主要使用的文件系统有 ext2、ext3、ext4等。当然文件系统有很多开源实现，因此用户可以很方便地在 Linux 操作系统上安装这类工具，并以此来支持几乎所有的主流文件系统。

（4）根目录（root directory）。Linux 操作系统的文件系统采用树型结构来管理文件，它类似于倒着生长的大树，目录的最顶层称为"根目录（/）"，所有的次级目录和文件都位于根目录之下。硬盘及分区信息、显示器、键盘、I/O 接口等计算机的硬件设备也需要"挂载"（mount）到根目录（或者根目录下的子目录）才能被访问。在根目录下，有很多有用的目录，如存放引导加载程序相关文件的目录（/boot）、存放用户可使用的系统命令程序的目录（/bin）、存放系统管理员（超级用户）可使用的系统命令程序的目录（/sbin）、存放普通用户个人文件和数据的家目录（/home）、存放程序配置文件和程序脚本的目录（/etc）等。

了解了以上知识，就可以开始安装 Manjaro 了。如果读者对直接在计算机上安装操作系统还有所犹豫，也可以在虚拟机中安装 Manjaro，具体方法可以参考附录 A。

现在就可以双击桌面上的"Install Manjaro Linux"来安装系统了。我们的目标是安装一个和 Windows 操作系统（这里默认为 Windows 10）并存的 Linux 操作系统，也就是安装一个双系统，在计算机启动时可以由用户自由选择从哪个系统启动。开启安装程序后，可以看到 Manjaro 的安装程序界面，如图 2-9 所示。

图 2-9　Manjaro 的安装程序界面

接下来分别设置位置、键盘等信息。由于这些操作很简单，此处不再赘述。

之后需要对计算机的硬盘进行分区，磁盘分区界面如图 2-10 所示。首先要确保目前的硬盘还有足够的可用空间，我们将会从中划分出一块空间来安装 Manjaro。选择"并存安装"选项，然后选择分区（一般情况下分区包含 Windows 10 的启动分区、保留分区、C 盘、D 盘，依此类推，读者可以根据分区大小自行判断），这里可以尝试把 D 盘的空间缩小（读者也可以自行选择，建议不要改动 C 盘，具体依照自己的计算机情况而定），可以拖动红色区域来改变分区大小（建议至少保证分区大小为 15～20 GB），然后把这些空间用来安装 Manjaro。完成硬盘分区的设置后，点击"下一步"。

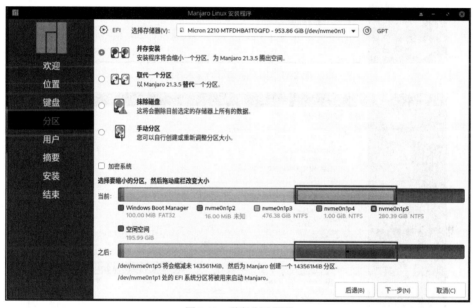

图 2-10　磁盘分区界面

注意，在缩小分区的时候一定要确保目前的 Windows 操作系统中有足够可用的硬盘空间，否则可能会造成 Windows 无法启动的情况。如果读者无法确定硬盘的具体情况，可以先进入 Windows 操作系统，在系统自带的"磁盘管理"程序中压缩出一块空的硬盘空间，然后直接选择这一块硬盘空间（可根据空间大小确定）来安装 Manjaro。

下一步就需要输入系统的用户名和密码，用户名和密码输入界面如图 2-11 所示。注意，读者要牢记密码，后面登录系统时会用到，可以设置与管理员账户相同的密码。然后点击"下一步"，可以看到安装摘要界面，如图 2-12 所示，请读者仔细核对各项信息，确认无误后再点击"安装"。

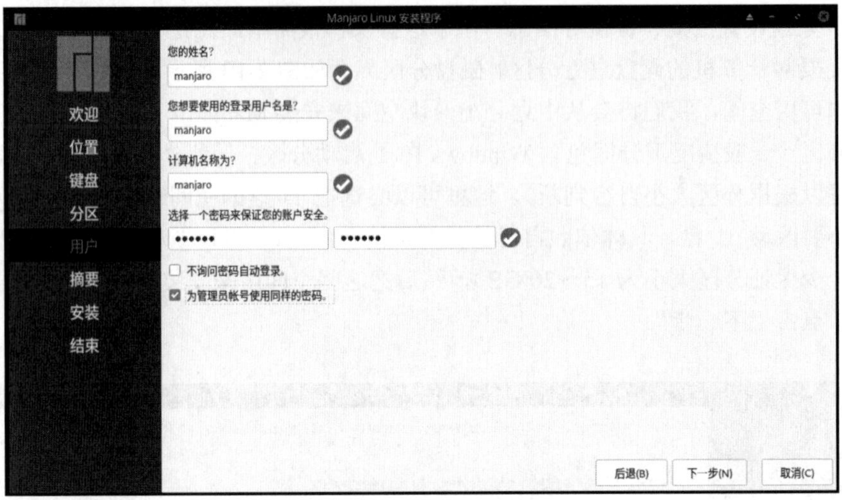

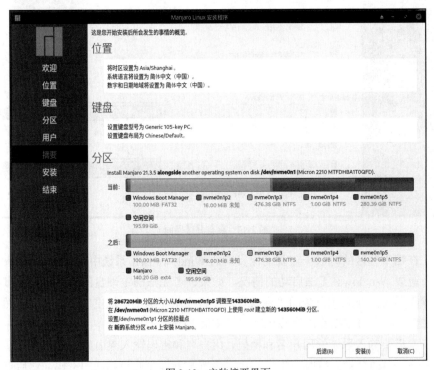

图 2-11　用户名和密码输入界面

图 2-12　安装摘要界面

　　系统安装的时间跟计算机的处理速度相关，安装进度界面如图 2-13 所示，一般需要 10～20 分钟。由于选择了用中文安装，因此系统会下载必要的中文语言包，如果网速不好，那么安装可能需要较长的时间。在等待安装时，用户仍然可以继续体验系统。安装完成后，会出现相关提示信息。

图 2-13 安装进度界面

2.2 使用 Manjaro 的桌面应用

接下来,我们将会为读者介绍 Manjaro 的基本操作。本节主要围绕一些常见的操作展开,包括浏览网页、使用办公软件、添加和删除软件等,让读者能够快速掌握 Linux 操作系统的桌面应用。

系统安装完成后,重启计算机,就会看到选择操作系统的界面,在这里可以选择"Windows 操作系统",也可以选择"Manjaro 操作系统",此处我们选择启动"Manjaro 操作系统"。接下来,系统提示输入用户名和密码,此时输入安装时设置的账号和密码,成功进入系统之后就可以看到 Manjaro 的桌面,如图 2-14 所示。

图 2-14 Manjaro 的桌面

对熟悉 Windows 操作系统的读者而言，该系统应该是比较容易使用的，整个桌面环境的操作方式和 Windows 操作系统的操作方式差不多，摸索一段时间后就可以很快适应。点击屏幕左下角的图标就可以开启应用程序菜单（也可以称为开始菜单），里面包含了系统已默认安装的各类软件。从图 2-14 中可以看到，已经有 5 个应用软件在"收藏夹"菜单中。用户可以自由将常用的应用软件添加到该菜单中，以便快速打开这些软件。接下来，先介绍一下这 5 个应用软件。

（1）终端模拟器（terminal emulator）

以前的计算机一般为大型机或小型机，多个用户可以通过终端（terminal）连接登录到计算机主机上，实现对计算机的控制及操作。随着个人计算机、笔记本电脑的普及，现在都是一人独占整台计算机，因此也就无需控制台和终端等设备了，但是这些概念在 Linux 操作系统中被保留了下来。终端模拟器（虚拟终端）就是对早期终端这个硬件设备的软件仿真，Linux 操作系统的用户通过它来操作计算机。本质上，终端模拟器只是仿真了硬件，因此还需要软件程序来实现交互，这个软件程序就是 Shell。用户在 Shell 中输入命令完成操作，所以 Shell 实际上就是命令解析器。

（2）文件管理器

文件管理器是 Linux 的必备工具之一。顾名思义，文件管理器就是用于管理文件的工具，有基于控制台的文件管理器（在终端模拟器中使用命令来交互），也有图形化的文件管理器。文件管理器一般提供复制文件、移动文件、删除文件、整合目录树等基本功能，还有一些如搜索文件、压缩文件、解压文件等高级功能，可根据不同的开发功能而定。一款好用的文件管理器能够让日常工作更有效率。

（3）Web 浏览器

Web 浏览器是用户进入互联网的主要入口。Web 浏览器用于访问万维网（World Wide Web，WWW）上的各类信息和数据资源，访问的信息既可以是文本、图片等静态资源，也可以是视频、声音、动画等多媒体资源。由于资源一般都需要依托于网页，因此 Web 浏览器也被称为网页浏览器。用户不仅可以通过 Web 浏览器浏览资源，还可以通过它来上传或下载文件。目前，流行的浏览器有微软公司的 Edge 浏览器、谷歌公司的 Chrome 浏览器、苹果公司的 Safari 浏览器、Mozilla 基金会的 Firefox 浏览器等。其中，Manjaro 自带 Firefox 浏览器。

（4）邮件阅读器

邮件阅读器可以让用户脱离浏览器的束缚，更方便地收发邮件。此外，邮件阅读器还提供一些附加功能。邮件阅读器的种类很多，Manjaro 使用的是 Mozilla 基金会的电子邮件客户端 Thunderbird。Thunderbird 是一款免费、开源的电子邮件客户端，为用户提供新闻订阅、即时通信、日历等功能，配置简单，且定制自由。Thunderbird 的核心准则之一是使用和推广开放标准，使用户拥有自由和可选择的沟通方式。

（5）添加/删除软件

添加/删除软件这个应用实际上就是 Manjaro 的软件包管理器，一般位于"设置"中。它具有一个用户友好的图形操作界面，实际上就相当于 pacman（Arch Linux 的包管理器，在 5.3 节中会有详细介绍）的图形化软件。通过这个软件，用户可以非常方便、有效地添加或删除软件（应用程序）。这个软件还可以自动检查软件更新，用户可以自由选择是否需要更新。如果用户安装的是 Xfce 和 GNOME 版本的 Manjaro，那么系统默认安装的是 pacmac 软件包管理器；如果用户安装的是 KDE 版本的 Manjaro，那么系统默认安装的是 Octopi 软件包管理器。这两种软件包管理器在界面呈现和使用方式上稍有不同。

2.2.1 Firefox 浏览器

Web 浏览器是最基本的上网工具，与 Windows 操作系统自带的 IE 浏览器、Edge 浏览器类似，Manjaro 自带的是 Mozilla 基金会的 Firefox 浏览器，如图 2-15 所示。

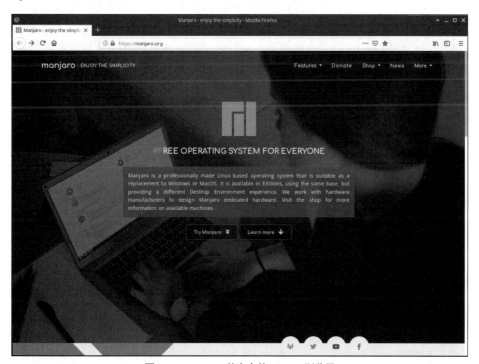

图 2-15　Manjaro 基金会的 Firefox 浏览器

Firefox 浏览器是由 Mozilla 基金会开发的一款开源的自由软件，向用户免费发布。Mozilla 基金会是一个创建于 2003 年的非盈利组织，主要负责 Mozilla 项目的日常管理，并致力于促进互联网的开放和创新，他们的宣言是"捍卫一个健康的互联网"。Mozilla 项目包含多个软件项目，Firefox 浏览器是最主要的一个项目。Firefox 浏览器是一款轻量、快速、注重用户隐私且开源的浏览器，它不仅支持 Windows、macOS、Linux 等计算机桌面平台，也支持安卓、iOS 等智能移动平台。Firefox 以用户为中心，旨在为用户提供良好、轻松、安全的上网体验。Firefox 浏览器的主要特性如下：

- 标签式浏览，使网上冲浪更便捷；
- 禁止弹出式窗口，免除广告烦恼；
- 不占用过大的计算机内存；
- 扩展管理，方便用户添加各类实用功能；
- 提升性能，使网页加载更快速；
- 注重上网安全，保护用户隐私。

依靠这些特色与优点，Firefox 浏览器受到了用户的好评。Mozilla 基金会也将无惧挑战，继续以社区协作的方式开发 Firefox 浏览器及其他项目，为实现互联网的开放、安全和平等互利贡献力量。

入口之争：Web浏览器

　　Web 浏览器是网络的入口，也是操作系统必备的一款软件。尽管互联网已经诞生了好多年，但是在浏览器出现之前，上网用的浏览器却还停留在命令行操作界面模式，一个通用命令行模式的浏览器如图 2-16 所示，利用互联网来上传和下载数据依然是一件麻烦事。

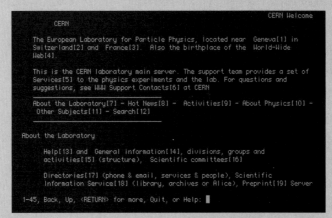

图 2-16　一个通用命令行模式的浏览器

　　Mosaic 浏览器的出现改变了这种局面，它通过对 HTML 添加一个 img 标签的方式，让浏览器能够具备图像处理的能力。Mosaic 浏览器由一位年轻的科学家马克·安德森（Marc Andreessen）领导的团队所完成，第一个正式版本 Mosaic 1.0 于 1993 年 4 月推出，该版本支持 X Window 系统，可运行在 UNIX 和 Linux 平台。由于浏览器的图形显示功能在当时是革命性的，因此 Mosaic 浏览器一经发布就受到用户的高度关注。不仅如此，随后 Mosaic 浏览器的更新版本也支持 Windows 和 macOS 操作系统，使得 Mosaic 浏览器迅速传播开来。

　　1994 年 4 月，吉姆·克拉克（Jim Clark）和安德森一起创立了网景公司（Netscape，成立初期叫作马赛克通信公司），并在不久后发布了网景浏览器（Netscape Navigator），网景浏览器 1.0 的用户界面如图 2-17 所示，哪怕以现在的眼光来看，网景浏览器也是一个非常现代化的产品。网景浏览器并非开源软件,它对个人用户的非商业用途采用免费许可,不过商业用途需要支付许可费。尽管如此,网景浏览器还是获得了大量用户并成功占领了浏览器的市场,这也使得网景公司快速实现了盈利。接着,网景公司很快就上市了,并且取得了巨大的成功,安德森在 24 岁时就成为了"美国最富有的年轻人"。

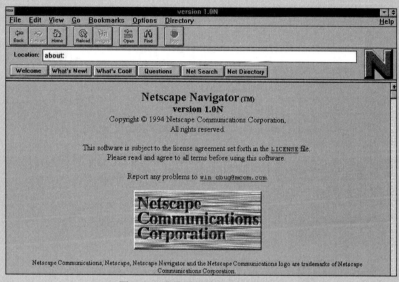

图 2-17 网景浏览器 1.0 的用户界面

1995 年 8 月,就在网景公司上市后不久,微软公司发布了 Windows 95 操作系统,随后,微软公司的第一款浏览器——IE 浏览器(Internet Explore)也诞生了,由于它和操作系统集成在一起,所以相当于是免费的。IE 1.0 的功能很不完善,运行也较为卡顿,无法和当时的网景浏览器相提并论,也就没有得到人们的认可。1995 年 11 月,微软发布了 IE 2.0,但它只比 IE 1.0 有微弱的提升,并没有掀起波澜。尽管如此,微软公司已经决定把 IE 浏览器置于公司的核心发展战略地位,并投入了更多的力量来改进它,希望能够争夺浏览器市场。此时,网景浏览器正处于巅峰。

不过,随着时间的推移,IE 浏览器的性能也在慢慢提升,越来越多的 Windows 用户开始使用 IE 浏览器。1996 年,靠着拥有 PC 平台绝对统治地位的 Windows 95,以及和网景浏览器 3.0 性能相差不大的 IE 3.0,微软公司的 IE 浏览器逐渐崛起。由于 IE 浏览器免费,而网景浏览器对商业用途收费,因此在性能相近的情况下,很多用户不再使用网景浏览器,网景浏览器的市场份额也从最高峰的 90% 开始慢慢下滑,浏览器之间的"战争"已悄然而至。

1998 年,微软公司发布了 Windows 98,Windows 98 集成了最新的 IE 4.0,两者捆绑销售。面对微软公司咄咄逼人的攻势,网景公司试图控告微软公司采取了不正当的竞争手段,试图利用反垄断法来寻求公正,但政府的调查旷日持久,公司体量上的巨大差距也导致"拖不起"的网景公司的股票价格持续下滑。

　　1998 年年初，网景公司大规模裁员，导致网景浏览器的稳定性也逐步下降，人们对网景浏览器的印象趋于负面。当年，网景浏览器的市场占有率下滑到 50% 多，到次年，微软公司的浏览器市场占有率就超过了网景浏览器的市场占有率。1998 年 11 月，网景公司被美国在线公司（American Online，AOL）收购。在 2000 年后，尽管美国在线公司发布了网景浏览器的 6.0 和 7.0 版本，但是网景浏览器的性能不佳，市场份额也小到了几乎可以忽略的地步。到 2007 年底，美国在线公司决定停止对网景浏览器的开发，并于 2008 年 3 月 1 日起停止对网景浏览器的安全更新和技术支持，网景浏览器中止提供服务的通知页面如图 2-18 所示。这场旷日持久的"浏览器大战"以 IE 浏览器的胜利而告终。

图 2-18　网景浏览器中止提供服务的通知页面

　　1998 年 1 月，为了挽回市场，在与微软公司的 IE 浏览器竞争失利以后，网景公司宣布旗下所有软件的后续版本皆免费，并开放网景浏览器 4.0 的源代码，同时在 2003 年正式成立了非营利组织 Mozilla 基金会。2005 年，Mozilla 基金会建立了 Mozilla 公司，开发了两个产品，一个是 Firefox 浏览器（1998 年开始，Mozilla 基金会开始基于 Gecko 渲染引擎来开发浏览器，最初命名为 Phoenix，之后改名为 Firebird，最后才命名为 Firefox）；另一个就是 Thunderbird 电子邮件阅读器。

　　第一个正式的 Firefox 0.8 发布于 2004 年 2 月，紧接着他们在 2004 年 11 月 9 日发布了 Firefox 1.0，Firefox 2.0 和 Firefox 3.0 分别于 2006 年 10 月和 2008 年 6 月问世。Firefox 浏览器每个大版本的更新都带来了很多新的特性，同时其性能也得到了提升，此时 IE 浏览器的性能却开始停滞。在 IE 6.0 发布后，微软公司逐步减少了在 IE 浏览器上的开发投入，导致用户怨声载道，这也让 Firefox 浏览器得以在性能和功能上超过 IE 浏览器。从很多角度上看，Firefox 浏览器都领先于 IE 浏览器，也确实再次得到了很多用户的认可。当然，由于当时的 Windows XP 风头强劲，各大银行、政府甚至企业网站也只支持 IE 浏览器，因此 IE 浏览器还是成为了支持 Web 标准的浏览器。于是，缺乏根本优势的 Firefox 浏览器还是没能扭转局势。2008 年，Firefox 浏览器占有 30%的市场份额，而 IE 浏览器的市场份额超过 60%。

　　这一局面在谷歌公司发布 Chrome 浏览器的时候改变了。Chrome 浏览器发布于 2008 年 9 月，它的出现给浏览器市场注入了新的能量。在当时，IE 浏览器和 Firefox 浏览器在更新时过于注重新功能的添加，而忽视了软件的优化，导致浏览器越来越"臃肿"，既加大了开发难度，又降低了用户体验。因此，Chrome 浏览器一经问世，就以其简洁和快速的主要特色，吸引了众多用户的下载和体验。当然，快捷而轻巧只是 Chrome 浏览器在用户体验上的一个优势，最重要的是，谷歌公司将 Chrome 浏览器开源了，该开源项目是 Chromium 项目。相较于同样是开源软件的 Firefox 浏览器，采用 BSD 开源协议的 Chrome 浏览器在限制上要少得多，因此它更容易受到开发人员的喜爱。开发人员可以随意修改源代码，增删功能。如果有需要，开发人员也可以基于它来开发自己的浏览器（即使是商业化的浏览器）。目前很多浏览器，如 360 浏览器、Opera 浏览器、百度浏览器、傲游浏览器等都是基于 Chromium 项目开发的，同时使用了 Chromium 项目的静态和动态渲染引擎。

　　2010 年 7 月，Chrome 浏览器已经抢占了接近 10%的市场份额。2012 年，Chrome 浏览器正式以 33.8%的市场占有率成功取代了 IE 浏览器的霸主地位。经过近十多年的发展，Chrome 浏览器已经成为市场份额最高的桌面浏览器和移动浏览器。根据 NetMarketShare 调查机构 2019 年 5 月发布的数据报告，Chrome 浏览器的位置稳固，全球市场份额高达 67.90%；紧随其后的是 Firefox 浏览器，市场份额为 9.46%；然后是 IE 浏览器，占 7.70%的市场份额。这三大浏览器（三大浏览器的图标如图 2-19 所示）占据了 85%左右的浏览器市场份额，有着很庞大的用户基数。另外，微软公司最新发布的 Edge 浏览器（Windows 10 中的内置浏览器，旨在替代 IE 浏览器，最新发布的 Edge 浏览器内核已经更换成 Chromium 内核）排在第四位，占 5.36%的市场份额。

图 2-19　Firefox 浏览器、Chrome 浏览器和 IE 浏览器的图标

　　网景浏览器是一款革命性的浏览器，它以优异的性能和良好的用户体验赢得了市场。IE 浏览器通过竞争，从网景浏览器手里夺取了市场占有率第一的"宝座"。再后来，IE/Edge 浏览器的份额被 Firefox 浏览器和 Chrome 浏览器蚕食，形成了目前的"一大二小"之势。如今，IE 浏览器也已经正式退出历史的舞台，但是浏览器的"战争"远未结束，随着最新的 Firefox Quantum 浏览器的发布，Firefox 浏览器又赢回了部分市场和用户。尽管未来无法预测，但是合理竞争可以给世界带来更好的浏览器，对用户而言这永远是最好的结果。

2.2.2 办公软件（LibreOffice）应用

办公软件对操作系统而言是非常重要的。在 Windows 操作系统中，Microsoft Office 套件非常普及，几乎所有用户都用过。不过，Microsoft Office 只能安装在 Windows 操作系统中，并不支持 Linux 操作系统。LibreOffice 是一款跨平台的办公软件，兼容 Linux 操作系统、Windows 操作系统和 macOS 操作系统，在功能上类似于 Microsoft Office。因此，很多 Linux 操作系统的用户都会使用它来辅助办公。此外，LibreOffice 是支持免安装使用的便携版软件（可以直接在 U 盘上运行，实现移动办公），对频繁在不同计算机、不同操作系统中编辑文档的用户来说，这是一个非常大的便利。

LibreOffice 是一个免费的、功能全面的办公生产套件，同时它也是一个开源软件，可以被免费下载、使用和分发。LibreOffice 的文件格式是开放文档格式（open document format，ODF），开放文档格式是一种开放的、被多个国家采用的标准格式，也是一种发布和接受文档的标准文件格式。LibreOffice 也可以打开或保存一些其他格式的办公文件，包括部分版本的 Microsoft Office 文件。LibreOffice 套件包括 6 大组件：Writer、Calc、Impress、Draw、Base 和 Math，如图 2-20 所示。

图 2-20 LibreOffice 的 6 大组件

（1）Writer（文字处理）

Writer 是一个功能强大的文字处理工具，可以用来创建信件、图书、报告、新闻稿、小手册和其他文档。用户可以将 LibreOffice 其他组件中的图形和对象插入到 Writer 文档中。Writer 可以将文件导出为 HTML、XHTML、XML、Adobe PDF 格式以及几种版本的 Microsoft Word 文档格式，Writer 还可以连接电子邮件客户端。

（2）Calc（电子表格）

Calc 是一个高级电子表格处理程序，具有高级分析、图表绘制和决策形成等功能。它具备 300 多种用于财务、统计和数学运算的功能，它的方案管理器可以进行"假设"分析（what if 分析）。Calc 能生成 2D 和 3D 图表，这些图表可以在其他 LibreOffice 文档中使用。Calc 支持打开或修改 Microsoft Excel 表格文件，并且以 Excel 格式来保存它们。Calc 还能以多种格式导出电子表格，例如逗号分隔值（CSV）格式、Adobe PDF 格式和 HTML 格式。

（3）Impress（演示文稿）

Impress 提供丰富的多媒体演示工具，例如特效、动画和绘图等工具，可以和 Draw 组件和 Math 组件的高级图形功能集成在一起。Impress 通过使用艺术字来编辑文本特效、声音特效和视频特效，可以进一步增强幻灯片的演示效果。Impress 不仅可以与 Microsoft PowerPoint 文件格式兼容，而且还可以将文件保存成其他图像格式。

（4）Draw（矢量绘图）

Draw 是一个矢量绘图工具，可以用来制作简单的图表、流程图和复杂的 3D 艺术插图等，它的智能连接器功能允许用户自定义连接点。用户可以使用 Draw 创建图形，这些图形可以直接在所有 LibreOffice 组件中使用。用户还可以创建自己的剪贴画，然后将剪贴画添加到图片库中。Draw 支持导入多种常见格式的图像，也支持保存为 20 多种格式（如 PNG、HTML 和 PDF 等格式）的图像。

（5）Base（数据库）

Base 是一款功能完整的数据库前端，可以满足普通用户和企业用户对数据库的需求。Base 基于关系型数据库 HSQL 开发而成，它不追求复杂的功能，努力做到简单、易用。用户可以轻松用它来创建和编辑表单、表格、查询、报表等，实现如资产、发票、销售订单等数据的管理与维护。此外，Base 还给入门级用户提供了各种助手工具、预定义模板等功能。不仅如此，用户可以把 Base 和 Writer、Calc 等软件结合使用，如建立通讯录数据库、维护邮件数据等。用户也可以通过内置的驱动程序把 Base 和目前流行的数据库（如 MySQL、Microsoft Access、PostgreSQL 等）进行连接。

（6）Math（公式编辑器）

Math 是 LibreOffice 套件的公式（方程）编辑器。用户可以使用它来创建复杂的公式或方程，公式中可以包含标准字符集所没有的符号或特殊字符。Math 可以用于在其他文档（如 Writer 文档和 Impress 文档）中创建公式，也可以作为一个单独的工具独立使用。用户可以使用数学标记语言（MathML）格式将公式保存为文件，该文件可以嵌入网页中或其他非 LibreOffice 创建的文档中。

LibreOffice发展简介

LibreOffice 源自 OpenOffice。OpenOffice 是为 GNU/Linux 操作系统设计的办公套件，遵循 GPL 协议。OpenOffice 项目使用的是 Sun Microsystems 公司于 2000 年 10 月在开源社区发布的 StarOffice 软件的源代码。OpenOffice 1.0 于 2002 年 4 月 30 日发布。OpenOffice 的主要更新包括 2005 年 10 月的 2.0 版和 2008 年 10 月的 3.0 版。2010 年 1 月底，甲骨文公司（Oracle Corporation）收购了 Sun Microsystems 公司。

2010 年 9 月，开发和推广 OpenOffice 的志愿者社区宣布了项目结构的重大变化。在由 Sun Microsystems 公司作为创始人和主要赞助商的十年发展之后，该项目成立了一个脱离于 Sun Microsystems 公司的独立基金会，将其命名为文档基金会（The Document Foundation，TDF），以实现原始章程中的独立承诺（一个独立的基金会能够避免代码开发与项目发展中受到甲骨文公司商业利益的限制）。这个基金会是新生态系统的基石，在这个新生态系统中，无论是个人还是组织，都可以为这个真正自由的办公套件提供帮助并从中受益。因为无法从甲骨文公司获得 OpenOffice.org 这个商标，所以文档基金会将该产品命名为LibreOffice，延续了 OpenOffice 的版本号，LibreOffice 3.3 于 2011 年 1 月发布。目前的最新版本是 LibreOffice 6.3。

目前，OpenOffice 和 LibreOffice 各自发展。甲骨文公司在收购 Sun Microsystems 公司的一年之后，便停止开发 OpenOffice。最后，Apache 软件基金会支持 OpenOffice 的开发，现在 OpenOffice 被称为 Apache OpenOffice。Apache OpenOffice 可用于多个操作系统中，如 Linux 操作系统、Windows 操作系统、macOS 操作系统、UNIX 操作系统和 BSD 操作系统。除了 Open Document 格式，Apache OpenOffice 还支持 Microsoft Office 文件格式。LibreOffice 在文档基金会的支持下发展良好，更新也比较频繁。许多 Linux 发行版都将 OpenOffice 替换成 LibreOffice，将其当作默认的办公应用程序。LibreOffice 适用于 Linux 操作系统、Windows 操作系统和 macOS 操作系统，这使得它在跨平台环境中易于使用。不过，在办公软件市场，Microsoft Office 依然是市场占有率最高的办公软件，而且遥遥领先于其他开源办公软件，包括 OpenOffice 和 LibreOffice 等。

2.2.3　添加/删除软件

尽管 Manjaro 操作系统自带了很多办公、上网、娱乐等软件，但是总会有一些软件需要用户自己安装。不同于 Windows 系统在网上搜索、下载和安装各类软件，Linux 操作系统一般都自带供用户使用的软件仓库（类似于软件商店）。Manjaro 上常用的基本软件都可以通过"添加/删除软件"来安装，如多媒体播放器、Web 浏览器和游戏等。Manjaro 自带软件库的软件是很丰富的，日常的使用便足够了，我们可以自行探索并尝试安装一些软件（安装软件时需要输入安装时设置的密码，如图 2-21 所示，安装完成后可以在开始菜单的相应类目中找到安装的软件），2.3 节将会介绍并安装部分常用软件。同样，卸载软件也可以用这个程序来完成。

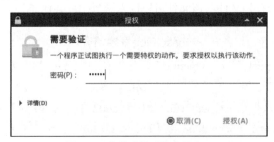

图 2-21　软件安装时的密码验证

2.2.4　终端模拟器

前面介绍过，终端模拟器是对"终端"这一硬件设备的仿真和模拟，因此通过终端模拟器用户就可以与操作系统进行交互，完成各类操作。终端模拟器有时也被称为虚拟终端、终端仿真器等，它有很多具体的实现，如 xterm、Konsole、GNOME Terminal、Terminator 等。尽管终端模拟器的数量众多，但终端模拟器本质上只做一件事情，那就是运行 Shell。Shell 提供命令行界面（Command Line Interface，CLI），用户通过键盘输入各种命令，Shell 把命令传递给操作系统内核以执行操作。很多 Linux 发行版都默认安装了来自 GNU 工程的 Bash，它是被广泛使用的一款 Shell。Bash 是 Bourne Again Shell 的简称，它是 UNIX 操作系统上的 Shell 程序的增强版。

命令是一种高效的操作方式，我们可以通过命令实现很多功能，如用户维护、磁盘管理、文件操作、进程管理等。图 2-22 展示了通过 screenfetch 命令打印出的系统基本信息。常用的 Linux 命令有很多，熟练使用 Linux 命令可以有效地完成大量工作，极大地提高工作效率。第 3 章将详细介绍 Linux 基本命令的使用方法。

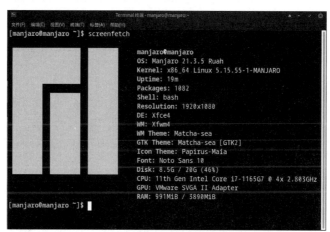

图 2-22　通过 screenfetch 命令打印出的系统基本信息

控制台、终端与Shell

　　在微型计算机诞生之前，计算机的主机非常庞大，也非常昂贵，因此需要很多人共用一台计算机。此外，计算机提供一个直接控制机器的控制台（console），在上面除了有很多按键、按钮，还有显示设备，类似于现代计算机的键盘和显示器。控制台只能由一位用户操作，其他用户想要同时使用计算机时，就必须通过主机上的串口连接额外的输入输出设备，这个外接设备也就是终端（terminal）。用户可以通过终端登录到计算机主机上，完成各类操作。一个终端主要包含显示器（早期是打字机）和键盘，图 2-23a 展示了 PDP-7 所用的终端（电传打字机），图 2-23b 展示了 IBM 3279 彩色显示终端。

（a）PDP-7 所用的终端（电传打字机）　　　（b）IBM 3279 彩色显示终端

图 2-23　早期终端

控制台是计算机的一部分，它是计算机的基本设备之一，而终端则是外加的设备，根据实际用户的情况，终端的数量可能有多个。除了计算机主机开机启动时控制台的权限略高之外，两者都可以用于控制计算机，因此控制台有时也被模糊地统称为终端。随着个人计算机时代的到来，一台计算机不再被多个用户同时使用，因此传统意义上的终端设备也就不复存在。控制台和终端等名称也慢慢演化成为软件概念，这也是 Linux 操作系统中有终端模拟器（虚拟终端）这一概念的原因。在 Linux 操作系统中，用户可以用 Alt 键+F1 键/F2 键/F3 键/F4 键/F5 键/F6 键来切换 6 个不同的虚拟终端，虚拟终端间互不干扰，就像是有 6 个用户通过 6 台终端设备在使用计算机一样。

和终端模拟器一样，Shell 也是软件的概念，它负责完成人机交互的任务。用户所输入的每一条命令都相当于在运行一个程序，它实际上是由 Shell 处理的，Shell 把这些命令转交给操作系统的内核，在内核执行完成后 Shell 再把结果打印出来（如果需要的话）。Shell 有很多实现方式，目前流行的有 Bash、Csh、Zsh 和 Fish 等。由于不同的 Shell 有不同的外观和交互方式，这会给用户带来差异化的体验。不同的 Shell 对于命令的程序脚本语法会略有不同。

2.3　一些常用软件的安装

Manjaro 本身有着丰富的功能，也自带一些软件和工具。但是不论如何，这些已有的功能和软件（程序）不可能满足所有用户的需求，因此在系统上安装用户需要的额外应用软件是必备的功能。本节以常用的软件安装步骤为例，重点向读者介绍如何在 Manjaro 上安装应用软件。需要读者注意的是，由于 Manjaro 的软件更新很频繁，所以在安装软件之前，请读者先在"终端模拟器"中使用"sudo pacman -Syu"命令更新系统，然后再安装各类软件。

2.3.1　安装和配置拼音输入法

中文输入法是必备的工具，目前 Linux 操作系统对中文的支持已经比较完善了。在 Manjaro 中，默认安装了 Fcitx 输入法，可以直接输入中文。当然，很多用户会倾向于使用 IBus。IBus（Intelligent Input Bus）是 Linux 操作系统中一个比较好用的输入法，是下一代输入法框架。该项目现在托管于谷歌代码平台，能满足大多数语言文字的输入需求，由多个国家的开发人员共同维护。在安装 IBus 之前，首先要卸载 Fcitx 输入法（如果之前安装系统时没有安装 Fcitx 输入法，那么可跳过这一步）。在"添加/删除软件"中搜索 Fcitx，点击"移除"，最后点击"应用"即可卸载，如图 2-24 所示。

接下来安装 IBus 首选项，需要在"添加/删除软件"中搜索 IBus，安装"IBus 首选项"，同时勾选并安装一些拼音输入法，如"libpinyin""SunPinyin"等，如图 2-25 所示。

图 2-24 在添加/删除软件中移除 Fcitx 输入法

图 2-25 在添加/删除软件中安装 IBus 首选项

点击"应用",安装完成后,打开终端模拟器,输入以下命令打开.xprofile 文件:

```
mousepad ~/.xprofile          //打开.xprofile 文件
```

打开.xprofile 文件后,在结尾处输入以下 4 行内容,保证 IBus 与 GTK、QT 等应用相互融合,并具有自启动功能:

```
export GTK_IM_MODULE=ibus          //在文件末尾加入这些内容即可
export XMODIFIERS=@im=ibus
```

```
export QT_IM_MODULE=ibus
ibus-daemon -x -d
```

保存并关闭文件，然后注销桌面或重启系统。之后，就可以在"设置"中找到 IBus 首选项，在"输入法"中添加中文（如图 2-26a 所示），也可以在"常规"中设置快捷键等内容（如图 2-26b 所示）。

（a）在输入法中添加中文 （b）在"常规"中设置快捷键

图 2-26 在 Manjaro 中设置中文

完成安装和设置工作完成后，就可以在 Manjaro 中输入中文了，如图 2-27 所示。

图 2-27 在 Manjaro 中输入中文

2.3.2 安装下载工具

对需要从网上获取文件和软件的用户来说，安装下载工具是很重要的。Linux 操作系统中有很多下载工具。qBittorrent 是一款开源的轻量级下载工具，它支持多种操作系统，如 Windows 操作系统、Linux 操作系统和 macOS 操作系统等。qBittorrent 具有图形操作界面，简洁而美观，支持比特流下载和磁力链接下载等功能。qBittorrent 的主要特点有智能优化下载速度、文件断点续传、多文件同时下载、加密传输、设置下载优先级等。此外，qBittorrent 还自带搜索引擎，用户可以直接在搜索栏中搜索和下载资源。想要安装 qBittorrent，同样只要在"添加/删除软件"中搜索 qBittorrent 并安装即可，如图 2-28 所示。

图 2-28 在添加/删除软件中搜索 qBittorrent 软件

安装完成后，可以在系统应用程序菜单中找到 qBittorrent 软件。使用 qBittorrent 下载文件很方便，用户只需要先找到要下载文件的.torrent 文件，即种子文件（简称为种子），qBittorrent 就会帮助用户下载该文件，如图 2-29 所示。随着种子数的增多，下载速度也会越来越快。

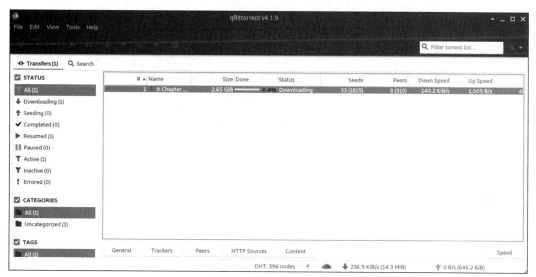

图 2-29 使用 qBittorrent 下载文件

2.3.3 安装视频播放器

Kodi（以前被称为 XBMC）是一款跨平台的开源视频播放器，由非盈利的 XBMC 基金会管理，开发人员来自世界各地，Kodi 支持 70 多种语言。Kodi 允许用户播放和查看大多数流媒体，如来自互联网的视频、音乐、播客，以及来自本地和网络存储媒体的常见数字媒体文件。Kodi 诞生于 2003 年，最初运行在 Xbox 游戏主机上，目前已经发展成为一款独立自由的软件，可以在 Windows、Linux 等计算机操作系统和 Android、iOS 等移动端操作系统上运行。如果需要安装 Kodi，同样只需要通过"添加/删除软件"搜索 Kodi（如图 2-30 所示）并安装即可。安装完成后，同样可以在系统应用程序菜单中找到 Kodi，它的播放效果如图 2-31 所示。

图 2-30 在添加/删除软件中搜索 Kodi

图 2-31 Kodi 的播放效果

如果用户不喜欢 Kodi，也可以安装 KMPlayer、SMPlayer 等功能强大的播放器，安装方法也是一样的，此处不再一一赘述。

2.3.4 安装通信软件 QQ

尽管 Majaro 有着丰富的软件，但是依然不具备一些 Windows 软件，这些 Windows 软件（如 Microsoft Office、QQ、迅雷等）也没有办法被完全替换，这个时候最好的办法是使用 Linux 操作系统中的 Windows 操作系统。Linux 操作系统不是一切，我们并不希望也不应该让 Linux 操作系统取代 Windows 操作系统，它们应该是和谐共存的。不管出于什么目的，学习和使用 Linux 操作系统都应该是补充而非取代已有的操作系统，安装双系统也是这个道理。尽管如此，为了能方便地使用 Linux 操作系统，我们还是需要把能用得到且支持 Linux 操作系统的软件安装到系统中。

QQ 是目前国内用户数量最多的一款通信软件。在 Windows 操作系统中，基本上用户安装的第一款软件就是 QQ。但是对 Linux 操作系统的用户而言，QQ 的安装和使用却是非常麻烦的。腾讯公司曾经推出过 QQ for Linux，不过软件更新很缓慢（2019 年更新到 QQ for Linux 2.0，软件功能依然很简单）。因此，要在 Linux 操作系统中使用具备完整功能的 QQ，只能通过一些非常特殊的手段，如 Wine、虚拟机等方式。在 Manjaro 中，QQ 是可以被直接安装和使用的。当然，这还得感谢武汉深之度科技有限公司（以下简称为深度科技公司）的努力。事实上，深度科技公司也是基于 Wine 软件（有关 Wine 的内容请阅读本书 8.1 节），并根据 QQ 的运行环境，开发了兼容 Deepin 的 deepin-wine 系列软件，主要包含 QQ、TIM 等。

如果需要安装 QQ，需要打开"添加/删除软件"，在设置（点状图标██）的"首选项"中启用 AUR 支持（如图 2-32a 所示），然后搜索关键词"qq.im"，就可以找到"deepin-wine-qq"（如图 2-32b 所示），下载并安装 QQ。

（a）启用 AUR 支持的界面 （b）搜索 deepin-wine-qq 的界面

图 2-32 下载并安装 QQ

安装完成后，会在系统菜单的"互联网"类别中显示 QQ，如图 2-33 所示。当然，这种安装方式只能算是折中方案，由于没有官方技术支持，因此第三方公司定制的运行环境依然会有一些问题，如字体有点模糊、程序长时间运行容易崩溃等，这些问题只能期待深度科技公司的开发人员持续地更新和解决。

图 2-33 QQ 在 Manjaro 中的运行界面

QQ for Linux

　　QQ 在国内很流行，它不仅可以用于社交聊天，也可以用于辅助办公，因此有数以亿计的用户规模。QQ 最初仅支持 Windows 操作系统，这对 Linux 操作系统的用户来说很不友好。多年来，Linux 操作系统的用户一直在想办法让 QQ 运行在 Linux 操作系统上，但是效果并不好。毕竟 QQ 并不是开源软件，无法通过修改代码来进行移植，只能通过一些"取巧"的办法。然而，这种方法往往只能让 QQ 勉强在 Linux 操作系统上运行，工作状态极不稳定。直到近三四年，通过深度科技公司以及众多软件爱好者的努力，WineQQ（Deepin 的 QQ 也是 WineQQ 的一种实现）日渐成熟稳定，在 Linux 操作系统上使用 QQ 总算不是一个大问题了。

　　实际上，腾讯公司官方早在 2008 年就发布了 QQ for Linux 1.0，但其功能简陋，稳定性也很差，而且在 2009 年之后就再也没有更新过。2019 年 10 月 24 日，也就是在程序员节这一天，腾讯公司出乎意料地发布了 QQ for Linux 2.0.0 Beta，距离上一次版本更新已经过去了 10 年。2020 年 4 月，QQ for Linux 又更新到了 2.0.0 Beta2，QQ Linux 版 2.0.0 Beta2 的官网下载页面如图 2-34 所示。

图 2-34　QQ Linux 版 2.0.0 Beta2 的官网下载页面

　　QQ for Linux 目前支持 x64（x86_64、amd64）、arm64（aarch64）、mips64（mips64el）3 种架构，每种架构分别支持 Debian 系列、Red Hat 系列、Arch Linux 系列、其他发行版中的一种或几种格式的安装包（未来可能会继续扩充）。不过这一版本 QQ 的功能还相对比较简单，登录界面不支持手动输入账号和密码，只能通过手机 QQ 扫描二维码来登录。该版本的 QQ for Linux 是经典简洁的界面，除了"表情""图片""截图""文件"4 个按钮，就没有其他功能了，缺少了很多 QQ 必需的功能。

不过，毕竟是官方出品的软件，软件的稳定性还是很好，截图、文件发送等功能也可以正常工作。我们也期待它能经常更新、添加更多功能，给 Linux 操作系统的用户带来更多使用上的便利。如果读者需要在 Manjaro 中安装这个版本，那么可以选择通过下载列表里的 pacman 链接下载并安装文件（安装方式将会在 6.4.5 节中进行介绍）。

通过以上介绍可以看到，利用"添加/删除软件"能够方便地安装各个有用的软件和工具，本书就不再一一列举，读者可以根据自己的需求查找并安装需要的软件。在安装过程中，"添加/删除软件"能为我们自动下载必要的依赖关系，我们只需要勾选对应的选项就可以。利用自带软件库安装软件的方式十分简单，即使不去网上费心查找各种软件安装包，也几乎不会出错。

尽管如此，还是会有一些额外的软件不在官方提供的软件库中，这个时候就需要去网上自行下载并安装这些软件。由于 Linux 操作系统的特殊性，因此在 Linux 操作系统中安装软件的方式有很多，有一些安装方式还需要用户具备较高的技术基础，7.2 节将对该部分内容做详细介绍。

第 *3* 章

学习命令：开始了解 Linux 操作系统

在终端模式下，用户经常使用 Linux 命令来监控系统的状态，执行各类操作，如浏览目录、操作文件等。在早期的 Linux 版本中（包括早期的 UNIX 和 MS-DOS 操作系统），由于不支持图形化的操作，所以用户基本上都是通过命令行的方式与系统进行交互。尽管现在的操作系统都具备了图形化的操作界面，但是由于命令行具备简洁、快速、可批量操作等特点，命令行的交互方式依然十分重要，因此掌握常用的 Linux 命令是很有必要的。

本章将对 Linux 操作系统的常用命令进行介绍，读者可以根据实际情况有选择性地阅读，不需要特意记忆。一开始输入 Linux 命令可能会让读者感到比较生疏，随着使用次数的增多，读者会越来越熟练，自然而然就记住这些常用命令了。当然，Linux 操作系统的常用命令远远不止本章所介绍的这些，在读者学完本章内容、有了一定基础后，就可以更加轻松地学习各类 Linux 命令了。Linux 操作系统常用命令的分类汇总可以参考本书附录 C。

3.1 基本命令与使用

尽管 Linux 操作系统的图形用户界面更直观，操作也更方便，但是管理 Linux 操作系统最高效的工具依然是命令行界面。命令是一种通用型的工具，不同的图形用户界面操作各异，但是各种命令在任何 Linux 发行版（包括各类 UNIX 操作系统）中都保持一致，仅在部分参数上略有不同。此外，熟练使用命令不仅可以更快速地管理一些常规的系统，还可以通过脚本批量化地自动完成一些重复作业，大大提高效率。

使用命令行工具可以完成文件和目录的创建、修改、删除等操作，也可以完成包括网络、软件安装、进程管理等系统管理操作，几乎涵盖了使用计算机的方方面面。命令行工具不仅灵活多样，而且十分强大。有一些在图形环境下无法完成的复杂操作，可以通过命令的组合、运算、重定向和管道等操作来完成，让"不可能的任务"成为可能，这也体现了 Linux 操作系统的精髓。

学习 Linux 时，不能求快求全，而应循序渐进，先从基础简单的常用命令开始，再通过一些背景和原理说明，加深对命令行及其使用场景的印象。本章将会主要介绍一些常用的基本命令和相关工作。读者可以顺序阅读，也可以选择性地阅读。需要说明的是，本章只会介绍一些常用命令，更多的命令及其用途将在本书后续章节的实际应用中进行介绍。

正如 2.2 节所介绍的，打开开始菜单的"终端模拟器"，就可以输入命令。终端模拟器在非正式的情况下也可以被称为 Shell（现在我们知道两者其实还是有所差异的），它负责接收用户从键盘输入的命令。目前我们所使用的 Shell 是 bash。在 bash 会话中，我们可以使用上、下方向键来浏览以前执行过的命令的历史记录，可以使用 Ctrl+R 键进行搜索，还可以使用命令自动补全的功能。命令自动补全的功能让我们只需要输入一个命令的前几个字母，然后按 Tab 键，bash 就会帮我们自动补全该命令。当补全命令的可能性大于 1 种，就可以两次按 Tab 键罗列出所有可能的命令，十分方便。命令自动补全的功能也适用于补全命令后面的文件名或变量等操作。

打开终端模拟器，会先看到用户名和计算机名称，然后是"$"提示符，在它后面就可以输入命令。在 Linux 操作系统中，提示符有两种，一种是"$"，另一种是"#"。"$"代表用户的身份是普通用户，普通用户具有普通用户权限。"#"则代表用户是根用户（也被称为管理员或超级用户），根用户具有管理员（超级用户）的权限。普通用户可以通过在命令前加上 sudo 命令来临时获得管理员（超级用户）的权限。关于用户的详细说明，读者可以参考本书 3.2.1 节的相关内容。

当我们输入一个命令，按回车键，终端模拟器界面就会打印出该命令的执行结果。此处，我们以 ls 命令为例，其执行结果如图 3-1 所示。

图 3-1　ls 命令的执行结果

ls 命令用于在 Shell 中打印出当前目录（~代表用户的家目录，系统默认会先打开家目录，4.1 节会详细介绍有关目录的相关内容）下所有文件的名称（按首字母升序排列），目前笔者的家目录下面有公共、模板、视频、图片、文档、下载、音乐、桌面这些内容。如果想要得到更多信息，就需要在命令后面加上参数（也称为选项，选项和命令之间要用空格隔开），命令的参数会改变命令的执行结果。用户也可以用参数指定操作的对象，如文件、目录、设备等。除了指定操作的对象，使用参数时还需要在参数前面加上一个或两个短横线。一个命令后面可以添加多个参数。下面描述了给 ls 命令加上不同参数后的效果。

- ls /：列出根目录"/"下的文件清单。如果给定一个参数，那么命令行会把该参数当作命令行的工作目录。
- ls -a：列出包括隐藏文件（以.开头的文件）在内的所有文件。
- ls -h：以 KB、MB 或 GB 为单位来显示文件的大小，而不是以字节来显示。
- ls -al：类似 ls -a -l 的输入方式，将 ls -l 和 ls -a 合并在一起打印文件清单。

■ ls -l：列出一个更详细的文件清单，该命令的输出信息如图 3-2 所示。

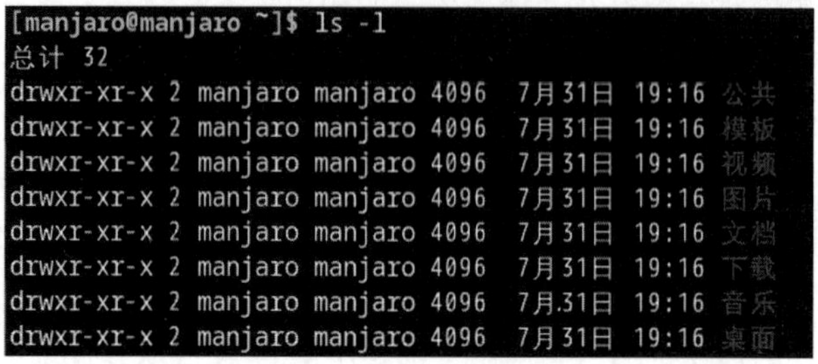

```
[manjaro@manjaro ~]$ ls -l
总计 32
drwxr-xr-x 2 manjaro manjaro 4096 7月31日 19:16 公共
drwxr-xr-x 2 manjaro manjaro 4096 7月31日 19:16 模板
drwxr-xr-x 2 manjaro manjaro 4096 7月31日 19:16 视频
drwxr-xr-x 2 manjaro manjaro 4096 7月31日 19:16 图片
drwxr-xr-x 2 manjaro manjaro 4096 7月31日 19:16 文档
drwxr-xr-x 2 manjaro manjaro 4096 7月31日 19:16 下载
drwxr-xr-x 2 manjaro manjaro 4096 7月31日 19:16 音乐
drwxr-xr-x 2 manjaro manjaro 4096 7月31日 19:16 桌面
```

图 3-2 ls –l 命令的输出信息

ls -l 命令显示了有关文件的若干列信息。第一列是由 10 个字符组成的字符串。字符串的第一个字符表示文件类型，主要有以下 5 种文件类型：-表示普通文件；d 表示目录文件；l 表示符号链接；b 表示块设备；c 表示字符设备。接下来在字符串的 9 个字符中，以 3 个字符为一组，代表文件的权限，共 3 组，其中第 1 组表示用户权限，第 2 组表示用户组权限，第 3 组表示其他用户权限。文件权限总共有 3 种：r 表示文件可读；w 表示文件可写；x 表示文件可执行。此外，-则表示无此权限。例如在图 3-2 中，"drwxr-xr-x"表示用户对目录文件可读可写可执行；用户组对目录文件可读可执行，但没有写权限；其他用户对目录文件可读可执行，但也没有写权限（关于权限管理相关的命令，读者可以参考 3.3.2 节）。后面 7 列信息显示的依次是第一级子目录数（若是普通文件，显示的是链接数）、所属用户、所属组、文件（目录）大小、生成日期、生成时间和文件名称。

到这里，大家应该了解到，只需要将命令输入到提示符后面，终端就会打印出我们想要的信息，如果再加上一些参数，就会让输出信息更加精确。在一般情况下，命令都会有参数，而参数的选择很多，且参数值随命令和需求的不同也相应发生着变化。因此，要想灵活搭配各种参数、执行自己想要的功能，需要长时间的经验积累。绝大多数命令可以通过输入-h 或者--help 来获取帮助。如果想要得到任意一个命令的详细帮助，就可以使用如下的 man 命令：

```
$man ls   //打开 ls 命令的说明手册
```

不同 Linux 发行版的命令数量不一样，但在各类 Linux 发行版中最少的命令也有 200 多个。命令在不同的发行版里基本都是一样的。熟练使用命令是成为 Linux 操作系统的高级用户甚至专家级用户的必备技能，当然，这是一个学习积累的过程。因此，本节主要介绍一些比较重要且使用频率高的命令，让读者具备初步使用 Linux 操作系统的能力。接下来，给大家介绍操作系统常用的基本命令，如表 3-1 所示，常用命令可分为系统控制命令和系统管理命令。

表 3-1 常用的基本命令

说明	常用命令
系统控制命令	login、shutdown、halt、reboot、chsh、exit、last
系统管理命令	df、top、free、kill、mount、umount

3.1.1 系统控制命令

启动计算机后，用户可以通过个人账户登录计算机，获得操作系统的控制权限，之后就可以控制计算机进行操作。本节将为读者介绍计算机的系统控制命令，包括关机、重新启动、账户切换等操作。

1．login 命令

系统登录是使用操作系统的第一步，所谓登录，其实就是输入用户名和密码来进入系统。如果选择图形界面的方式来登录系统，就可以通过登录管理器的文本框输入以上信息；如果选择用命令行模式来登录系统（通过按 Alt+F2 组合键一直到 Alt+F6 组合键，可以切换到不同的虚拟终端。若读者是用虚拟机运行的，则需要按 Ctrl+Alt+Fn 组合键），就可以看到"login:"提示符，这实际上就是系统默认运行的 login 命令。login 命令的作用是切换用户或登录到远程服务器等，该命令如表 3-2 所示。输入用户名后，按回车键，在"Password"后输入密码（不会显示密码，甚至光标都不会移动），即可登录系统。登录系统后，可以通过界面显示查看登录的具体时间以及使用的终端模拟器。

表 3-2 login 命令

作用	格式	主要参数
login 命令的作用是登录系统，它的使用权限是所有用户	login [用户名] [options]	-p：保留环境变量参数 -h：指定远程服务器的主机名 -V：显示当前使用的软件版本号 注：[options]代表该选项是可选的参数，下同

2．shutdown 命令

shutdown 命令的作用是安全地将系统关机，如表 3-3 所示。shutdown 命令支持定时关机、重新启动等操作，功能非常丰富。shutdown 命令的部分参数用法如下：

```
$shutdown -h now      //命令计算机马上关机
$shutdown -h +100     //命令计算机 100 分钟后关机
$shutdown -r 20：00    //命令计算机晚上 8 点重新启动
```

如果用户在执行 shutdown 命令后，不添加任何参数，那么系统默认会在 1 分钟后关机。

表 3-3 shutdown 命令

作用	格式	主要参数
shutdown 命令的作用是关闭计算机，它的使用权限是所有用户	shutdown [options]	-k：并不是真正的关机，只是将警告信号告知给每位登录用户 -h：关机后关闭电源 -r：重新启动计算机 -c：取消定时关机操作 --show：显示定时关机信息（如果有的话）

3．halt 命令

halt 命令的作用是关闭系统，如表 3-4 所示（需要在命令前加上 sudo 命令来临时获取管理员权限）。在执行 halt 命令时，会杀死应用进程，执行 sync（将存于缓存中的资料强制写入硬盘中）系统调用，完成文件系统的写操作后内核就会停止。

表 3-4　halt 命令

作用	格式	主要参数
halt 命令的作用是关闭系统，它的使用权限是超级用户	halt [options]	-n：在关机前不做将内存资料写回硬盘的动作 -f：强制系统立刻执行关机操作 -p：系统停止后关闭电源 -reboot：关机后重新启动计算机

4．reboot 命令

reboot 命令的作用是重新启动计算机（同样需要在命令前加上 sudo 命令来临时获取管理员权限），如表 3-5 所示。

表 3-5　reboot 命令

作用	格式	主要参数
reboot 命令的作用是重新启动计算机，它的使用权限是超级用户	reboot [options]	-w：并不是真正的重启或关机，只是写入 wtmp（/var/log/wtmp）日志记录 -p：系统停止后关闭电源 -d：关闭系统，但不留下日志记录 -help：打印帮助文档

5．chsh 命令

前面介绍了 Linux 操作系统中有多种 Shell，一般默认的是 Bash，如果想更换 Shell 类型，那么可以使用 chsh 命令，如表 3-6 所示。先输入账户密码，然后输入新的 Shell 类型，如果操作正确，系统就会显示 "Shell change"。普通用户只能修改自己的 Shell，超级用户可以修改全体用户的 Shell。例如要想查询系统提供哪些 Shell，可以执行以下命令：

```
$chsh -l      //显示系统提供的所有Shell的名称
```

表 3-6　chsh 命令

作用	格式	主要参数
chsh 命令的作用是更换 Shell，它的使用权限是所有用户	chsh [options] [用户名]	-l：显示系统提供的所有 Shell 的名称 -s：指定需要更换的新 Shell 的名称 -h：打印帮助文档

6．exit 命令

exit 命令的作用是退出目前的 Shell，如表 3-7 所示。执行 exit 命令可使 Shell 以指定的状态值退出。若不设置状态值参数，则 Shell 将以预设值退出。状态值 0 代表执行成功，其他值代表执行失败。

表 3-7　exit 命令

作用	格式	主要参数
exit 命令的作用是退出目前的 Shell，它的使用权限是所有用户	exit	exit 命令没有参数，运行后会关闭终端模拟器

7．last 命令

last 命令的作用是显示近期用户或终端的登录情况，如表 3-8 所示，它的使用权限是所有用户。last 命令的部分参数用法如下：

```
$last -p today        //显示今天登录过系统的用户信息
$last -p 2021-12-02   //显示 2021 年 12 月 2 日登录过系统的用户信息
```

表 3-8　last 命令

作用	格式	主要参数
last 命令的作用是显示近期用户或终端的登录情况	last [options]	-n：指定输出记录的条数 -f file：指定文件 file 作为记录文件 -F：打印用户登录系统的完整日期和时间 -p time：打印出在时间 time 登录的用户信息 -x：显示系统关闭、用户登录和退出的历史信息

3.1.2　系统管理命令

系统管理命令主要涉及对计算机主要组件的管理，如磁盘空间管理、进程管理和存储设备管理等。

1．df 命令

df 命令的作用是报告文件系统的空间使用情况，包括文件系统的总容量、已使用空间、空闲空间等，如表 3-9 所示。由于用户的硬盘在分区后，都会进行格式化，以创建文件系统，因此使用 df 命令也就可以看出硬盘的空间使用情况了。例如要想查看 sda 硬盘第 1 个分区的空间使用情况，可以使用如下命令：

```
$df /dev/sda1 -h        //以方便用户阅读的格式打印出 sda 硬盘第 1 个分区的空间使用情况
```

Linux 操作系统中包含很多文件系统，除了硬盘分区，还有临时文件系统等类型，如果不指定具体的文件系统，那么所有文件系统的使用情况都会被报告出来。需要注意的是，只有挂载的文件系统才会被报告出来。

表 3-9　df 命令

作用	格式	主要参数
df命令的作用是检查文件系统的空间使用情况，它的使用权限是所有用户	df [options] [文件名]	-a：检查所有文件系统，包含虚拟文件系统、无法访问的文件系统等 -B size：以 size 为单位打印结果，常用的单位有 K、M、G、T 等 -h：以方便用户阅读的格式打印文件系统的空间使用情况 -P：使用 POSIX 规范打印结果 -T：显示文件系统类型

2．top 命令

多任务是 Linux 操作系统的一个特点。实际上，Linux 内核是通过进程来实现这个功能的，在一般情况下，每个任务都会对应一个进程。内核负责维护每个进程，确保它们有序运行。每个进程都会被分配进程号（PID），我们可以通过进程号来管理进程。在众多进程管理命令中，top 命令是很常用的一个进程管理命令。top 命令是 Linux 操作系统中常用的性能分析工具，能够实时显示系统中各个进程的资源占用状况，如表 3-10 所示。

表 3-10　top 命令

作用	格式	主要参数
top 命令的作用是显示执行中的程序进程，它的使用权限是所有用户	top [options]	-d time：指定刷新的间隔 time，以秒计算 -S：累积模式，会将已完成或消失的子进程的 CPU 时间累积起来 -s：使 top 命令运行在安全模式下 -i：不显示任何闲置或僵尸进程

top 命令提供了当前运行系统的实时信息，所有数据都是动态的，这些信息主要包含系统运行信息概要和系统进程信息汇总表。图 3-3 展示了 top 命令的显示信息。

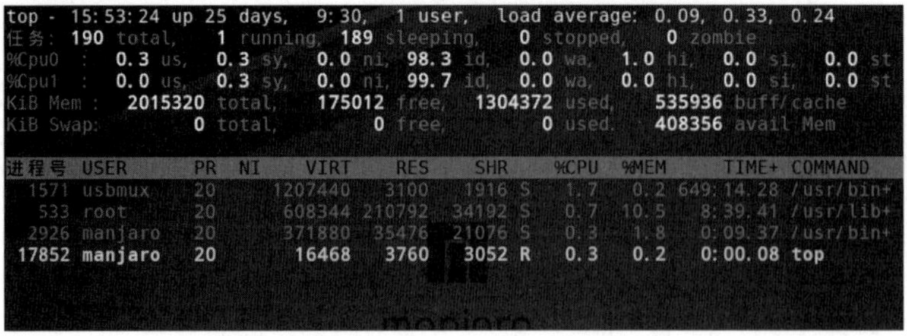

图 3-3　top 命令的显示信息

在图 3-3 中，第一行依次表示信息的当前时间（15：53：24）、系统运行时间（up 25 days, 9：30，即笔者的系统已经运行了 25 天 9 小时 30 分钟）、当前登录系统的用户数（1 user，即有 1 个用户登录系统）和平均负载（load average 后面分别是系统在当前 1 分钟内、5 分钟内、15 分钟内的平均负载情况）。第二行显示的当前运行的进程总数和进程分类统计。第三行和第四行（笔者是双核处理器，因此是两个 CPU）显示的是目前 CPU 的使用情况。第五行显示物理内存的使用情况。第六行显示交换分区的使用情况。第七行显示的项目最多，下面进行详细解释。

- 进程号（PID）：进程标识号。
- USER：进程所有者的用户名。
- PR：进程的优先级。
- NI：进程的优先级数值，负数表示高优先级，正数表示低优先级。
- VIRT：进程所使用的虚拟内存的数量，以 KB 为单位。
- RES：进程所使用的物理内存的数量，以 KB 为单位。
- SHR：进程所使用的共享内存的数量，以 KB 为单位。
- %CPU：从上次刷新到目前进程所占用的 CPU 时间百分比。
- %MEM：进程所使用的物理内存占总内存的百分比。
- TIME＋：进程启动后占用的 CPU 时间总计。
- COMMAND：进程所对应的命令的名称。

在执行 top 命令的过程中，还可以使用一些交互命令来实现其他参数的功能，这些命令可以通过以下快捷键来启动。

- <空格>：立刻刷新。
- h 或？：打印帮助文档。
- K：终止一个进程。根据系统提示，输入需要终止的进程号，之后再次按回车键（默认给该进程发送终止信号值 15），就可以结束该进程。
- P：根据 CPU 使用百分比的大小进行排序。
- T：根据时间或者累计时间排序。
- d：设置刷新的时间间隔。
- i：切换空闲/非空闲任务。
- q：退出 top 命令。
- M：根据使用内存的大小进行排序。

可以看到，top 命令功能非常强大，它可以方便用户检查系统的运行负载情况。top 命令不仅会被用来管理本地系统，而且也常常被用于监控远程服务器的负载。

3. free 命令

free 命令的作用是查看计算机内存使用情况的主要命令，如表 3-11 所示。通过 free 命令，用户可以了解当前系统的物理内存、交换（swap）内存、内核缓存的使用情况，包括总共可用的内存空间、已使用空间和未使用空间。例如要想每 5 秒更新一次内存使用情况，可以使用如下命令：

```
#free -h -s 5        //每 5 秒更新一次内存使用情况，按 Ctrl+C 组合键可以退出
```

表 3-11　free 命令

作用	格式	主要参数
free 命令的作用是显示内存的使用情况，它的使用权限是所有用户	free [options]	-k -m -g：分别以 KB、MB、GB 为单位显示内存使用情况 -h：以方便用户阅读的格式显示内存使用情况 -s delay：指定每隔一定的 delay 时间显示一次内存使用情况

4．kill 命令

kill 命令的作用是终止（也称"杀死"）一个进程，如表 3-12 所示。它的工作原理是通过向进程发送"进程停止工作"相关的特殊信号来终止进程。kill 命令的效果和在 top 命令的交互命令 K 的效果是类似的。终止进程的信号有很多，常用的信号有以下 5 种。

- 信号 1：把进程挂起。
- 信号 2：中断进程。
- 信号 9：把进程杀死，保留使用，在其他信号都无效时才启用它。
- 信号 15：终止进程，如果不用-s 参数指定，则默认使用它。
- 信号 19：停止（暂停）进程。

想要终止进程，只需要把进程号作为参数加在 kill 命令之后就可以了。例如我们可以通过以下方式创建一个进程并终止它。

```
$nano &              //在后台创建 nano 进程，将会返回进程号，笔者返回的是 1608
$kill -s 2 1608      //终止 1608 号进程，读者可根据返回信息修改进程号
```

表 3-12　kill 命令

作用	格式	主要参数
kill 命令的作用是中止一个进程，它的使用权限是普通用户	kill [options] pid （pid：需要中止的进程号）	-s signal：指定发送的信号 signal -l：打印可用的信号的名称列表

5．mount 命令

如果用户在 Linux 操作系统上新增了一个存储设备，那么需要把它挂载到文件系统的某个目录，才可以对它进行访问操作。近年来，随着 Linux 桌面环境的发展，当用户通过 USB 新增设备（如 U 盘、移动硬盘等），系统会自动挂载它们，非常方便。但是在特殊情况下，系统无法自动挂载，如新增非 USB 接口设备、安装或维护 Linux 操作系统或 Linux 服务器，手动挂载

的方式是特别有效的。mount 命令的作用是挂载设备,如表 3-13 所示。在使用 mount 命令之前,需要先了解挂载设备的文件系统类型(有关 Linux 文件系统与文件类型的详细描述,读者可以参考 4.2 节的相关内容)。目前,常用的文件系统类型有以下 3 种。

- FAT32。FAT32 是一种常用的文件类型,在 Linux 操作系统上被称为 vfat,它是格式化很多 U 盘的常用类型。它支持最大的单个文件大小是 4 GB,最大的分区不超过 128 GB。
- NTFS。NTFS 是诞生于 Windows NT 的文件类型,也是 Windows 系统上的默认文件类型,具有高安全性和稳定性,常见于移动硬盘和大容量 U 盘。它支持最大的单个文件大小和分区大小都是 2 TB。
- ext3 和 ext4。ext3 和 ext4 是 Linux 操作系统中常用的硬盘格式化文件系统,具有高性能和可靠性。ext3 支持最大的单个文件大小是 2 TB,最大的分区是 16 TB,而 ext4 支持最大的单个文件大小是 16 TB,最大的分区是 1 EB。

表 3-13 mount 命令

作用	格式	主要参数
mount 命令的作用是挂载文件系统,多数情况下,它的使用权限是超级用户	mount [options] [设备名]	-v:显示信息,通常和-f 一起用来除错 -a:将/etc/fstab 中定义的所有文件系统都挂载上 -r:把要挂载的文件系统设置为只读 -f:通常用于除错。它会使 mount 不执行实际挂载的动作,而是模拟整个挂载的过程,通常会和-v 一起使用 -m:如果目标的挂载目录不存在,就创建一个目录 -t vfstype:指定要挂载的文件系统的类型 vfstype(常见的文件系统类型有 vfat、ntfs、nfs 等)

接下来,需要确定设备的名称。在安装 Manjaro 的时候(可参考 2.1.2 节),我们已经知道,存储设备及其分区情况是用 sda1、sda2、sdb1、sdb2 等方式来命名的。Linux 操作系统会把它们置于/dev 目录下。/dev 目录会保存各种硬件设备,如光驱、硬盘、打印机等设备。因此,存储设备的名称就会是/dev/sda2、/dev/sdb1 等。例如我们可以通过以下命令来查看存储设备:

```
$sudo fdisk -l    //fdisk是磁盘分区工具,读者可以参考4.4.2节的相关内容
```

知道了设备名称,就可以进行挂载操作了。多数 Linux 发行版都为用户提供了/mnt 目录,它是系统的默认挂载点,一般情况下它是一个空目录,我们可以随时使用它。当然,我们也可以在/mnt 中创建子目录或者自己创建目录来挂载设备,例如我们可以通过如下命令连接一个 U 盘到计算机上,然后进行挂载:

```
$sudo mount /dev/sdb1 /mnt    //把U盘的第一个分区(假设是/dev/sdb)挂载到/mnt目录下
```

6. umount 命令

umount 命令的作用是卸载设备,也就是挂载的反操作,如表 3-14 所示。卸载设备是从计算机上实际移除一个设备之前的一个非常重要的步骤,很多用户时常会忽略这个步骤——尤其是在 U 盘的插拔上。连接在计算机上的设备会和计算机有频繁的读写操作,如果数据读写没有完成就

贸然移除设备，轻则导致数据丢失，重则导致文件系统损坏。因此，强烈建议所有用户在移除设备前先执行卸载操作，当卸载不成功时检查是否有数据在拷贝，或者是否打开了该设备的目录或文件等。卸载操作和挂载操作类似，例如要想移除上个步骤中挂载的 U 盘，可以执行以下命令：

```
$sudo umount /dev/sdb1        //移除上个步骤中挂载的 U 盘
```

表 3-14　umount 命令

作用	格式	主要参数
umount 命令的作用是卸载设备，它的使用权限是超级用户	umount [options] [设备名]	-n：卸载时不要将信息存入/etc/mtab 文件中 -r：若无法成功卸载，则尝试以只读的方式重新挂载设备 -h：打印帮助文档 -v：显示详细的执行信息 -V：显示版本信息

3.2　用户与组管理

　　Linux 支持多任务，也支持多用户。尽管现代计算机一般只会被一个用户单独使用，但从操作系统的角度看，它依然可由多个用户共享。除了真实用户，也有虚拟用户。例如在 2.1 节安装 Manjaro 操作系统中，我们在设置用户密码的同时，也设置了管理员密码，这个"管理员"就是一个虚拟用户。

　　管理员也被称为超级用户或根用户（root 用户）。超级用户拥有系统的最高权限，能够使用系统的所有功能，运行任意的程序，如用户的添加和删除、软件的安装和卸载、服务进程的启动和关闭、各个硬件设备的开启和禁用等。由于超级用户的权限很大，因此并不建议用户长时间使用超级用户身份进行操作。一旦超级用户执行了错误的命令，如误删了系统的核心文件，就有可能导致操作系统崩溃。所以如果用户需要用到管理员权限，建议采用 sudo 命令来临时获取；如果用户想切换到超级用户身份，可以使用 su 命令；如果用户想再次退回到普通用户身份，可以使用 exit 命令。

　　除了超级用户，Linux 操作系统还有两类用户。一类用户是程序用户，另一类用户是普通用户。程序用户属于虚拟用户，这类用户在各个应用程序安装时自动创建，默认不能登录系统。程序用户是保障系统正常运行必不可少的存在，可以方便管理系统，常见的程序用户如系统默认的 bin、nobody 和 mail 用户等。普通用户才是真实用户，这类用户一般是由超级用户或者具备系统管理员权限的人员添加的。在安装 Linux 操作系统时，一般也会要求我们创建一个普通用户，之后就使用它来操作系统。

　　为了方便用户的管理，Linux 操作系统对用户进行分组，以小组为单位管理一批用户，这就是用户组。用户组可以方便地管理与维护用户。在一般情况下，Linux 操作系统中的用户组就是具有相同特性的用户的集合。例如，有时我们需要让多个用户具有相同的权限，比如查看、修改、执行某一个文件或目录。如果没有用户组，这种需求在授权用户时就会特别烦琐。如果使用了用户组，就可以把需要授权的用户都加入到同一个用户组里，通过修改文件或目录所对应用户组的权限，这样就能让属于同一个用户组的所有用户获得这些权限。Linux 操作系统通过用户组实现一组用户的权限分配，这样可以大大简化系统的管理和维护工作。常用的用户与组管理命令如表 3-15 所示。

表 3-15　常用的用户与组管理命令

说明	常用命令
Linux 用户管理命令	useradd、usermod、passwd、userdel
Linux 组管理命令	groupadd、groupmod、gpasswd、groupdel

3.2.1　Linux 用户管理

我们知道，Linux 操作系统中有三类用户。每一类用户都有自己的用户号码（User Identification，UID）。由于 UID 是用户的凭证，每个用户的 UID 都是唯一的，因此可以通过用户的 UID 来确认用户身份。每一类用户的 UID 划分如下：

- 超级用户的 UID 是 0；
- 系统用户的 UID 是 1～499；
- 普通用户的 UID 从 500 开始（在一些较新的 Linux 发行版中，普通用户的 UID 从 1000 开始）。

需要注意的是，即使系统用户的 UID 有闲置，普通用户的 UID 也会从 500（或 1000）开始。用户管理主要就是对普通用户的创建、删除及更改权限等方面进行管理。在一般情况下，当创建一个用户时，默认也会为该用户创建一个同名的用户组，这个用户组是该用户的主组。除了自己的主组，用户也可以加入其他用户组，也就是附属组。

Linux 操作系统的各类用户有以下 4 个特点：

- 每个用户拥有一个唯一的 UID；
- 每个用户属于一个主组，也属于一个或多个附属组，一个用户最多有 31 个附属组；
- 每个进程以一个用户身份运行，该用户对进程拥有资源控制权限；
- 每个可登录用户拥有一个指定的 Shell 环境。

1. useradd 命令

useradd 命令的作用是创建一个新的用户账号，如表 3-16 所示。使用 useradd 命令创建用户账号时，默认的用户主目录会被存放在/home 目录中，默认 Shell 解释器为/bin/bash，会创建一个与该用户同名的主组。例如要想创建一个 testuser 用户账号，可以执行以下命令：

```
$sudo useradd testuser          //创建一个 testuser 用户账号
```

这样就创建好了一个普通用户账号。因为这个账号还没有密码，因此当前还不能用这个账号登录，通过 passwd 命令为该账号添加密码后，就可以用该账号登录系统了。

表 3-16　useradd 命令

作用	格式	主要参数
useradd 命令的作用是创建新的用户账号，它的使用权限是超级用户	useradd [options] 用户名	-d: 指定用户的主目录（默认为/home/username），username 会用实际的用户名替代 -e: 账户的到期时间，格式为 YYYY-MM-DD -u: 指定该用户的默认 UID，该 UID 必须是唯一的 -g: 指定一个初始的用户基本组（必须已存在） -G: 指定一个或多个扩展用户组 -N: 不创建与用户同名的主组 -s: 指定该用户的默认 Shell 解释器

2. usermod 命令

usermod 命令的作用是修改已经创建的用户账户的信息，如表 3-17 所示。Linux 操作系统把用户账号的信息保存在/etc/passwd、/etc/shadow 等文件中，usermod 命令相当于通过命令行来修改这些文件的内容。如果愿意，用户也可以通过直接修改这些文件来达到相同的目的。例如要想给之前创建的 testuser 用户变更 UID，可以执行以下命令：

```
$sudo usermod testuser -u 2000     //将 testuser 用户的 UID 改为 2000
```

表 3-17　usermod 命令

作用	格式	主要参数
usermod 命令的作用是修改用户账号的信息，它的使用权限是超级用户	usermod [options] 用户名	-d -m: 参数-m 与参数-d 连用，可重新指定用户的主目录并自动把数据转移过去 -g: 变更所属用户组 -G: 变更扩展用户组 -l: 变更用户的登录名 -L: 锁定用户的密码，禁止其登录系统 -U: 解锁用户的密码，允许其登录系统 -s: 变更默认终端 -u UID: 修改用户的 UID

3. passwd 命令

passwd 命令的作用是修改用户账号的密码，如表 3-18 所示。普通用户只能给自己的账号修改密码，且需要先输入旧密码（有且只有一次机会），然后再输入新密码。超级用户可以修改任何用户账号的密码，且不用输入该账号的旧密码，这样可以让超级用户帮助其他用户修改被忘记的密码。例如要想给之前创建的 testuser 用户添加密码，可以执行以下命令：

```
$sudo passwd testuser        //为 testuser 用户添加密码
```

现在，testuser 用户账号已经有了密码，我们可以用该密码来登录系统。按 Alt+F2 组合键（若是在虚拟机上运行，则是按 Ctrl+Alt+F2 组合键）切换到一个虚拟终端，然后使用 testuser 和密码就可以登录系统了，此时一个新用户也就创建成功了。

表 3-18　passwd 命令

作用	格式	主要参数
passwd 命令的作用是修改用户密码，它的使用权限是所有用户	passwd [options] 用户名	-l：锁定用户的密码，禁止该用户登录系统 -u：解锁用户的密码，允许该用户登录系统 -d：删除用户密码 -e：让一个账户的密码过期，可以强制要求用户在下次登录时修改密码 -h：打印帮助文档

4．userdel 命令

userdel 命令的作用是删除用户，如表 3-19 所示。该命令会把一个用户账户从系统账户文件中删除，如果不加参数，那么用户的家目录会被保留。因此可以用 -r 参数同时删除家目录。例如要想删除之前创建的 testuser 用户和其家目录，可以执行以下命令：

```
$sudo userdel testuser -r      //删除 testuser 用户和其家目录
```

表 3-19　userdel 命令

作用	格式	主要参数
userdel 命令的作用是删除用户，它的使用权限是超级用户	userdel [options] 用户名	-f：强制删除用户 -h：打印帮助文档 -r：同时删除用户和用户的家目录

3.2.2　Linux 用户组管理

用户组和用户一样，每个用户组也有自己的识别号，除了极个别的特殊情况，一般用户组的识别号也是唯一的，它被称为组号码（Group Identification，GID）。用户组所包含的用户一般都有相似的特性，这些用户具备用户组对文件的所有权限。只要用户组的权限发生变化，这些变化就会反映到组内的每一个用户。

Linux 用户组有如下特点：

- 每个用户组都有一个 GID；
- 用户组最少有一个用户；
- 用户组中的用户可以动态调整。

1. groupadd 命令

groupadd 命令的作用是创建一个新的用户组账号，如表 3-20 所示。有时候需要同时修改一类用户的权限，这时可以把他们加到同一个用户组，通过修改用户组的权限来统一修改，让工作更加有效率。

表 3-20　groupadd 命令

作用	格式	主要参数
groupadd 命令的作用是创建用户组账号，它的使用权限是超级用户	groupadd [options] 群组名	-g GID：指定新的用户组的组号码为 GID -r：创建一个系统组 -f：如果用户组名已存在就退出，但不报错 -o：允许添加一个使用非唯一 GID 的组

2. groupmod 命令

groupmod 命令的作用是修改用户组的属性，如表 3-21 所示。和 usermod 命令类似，Linux 用户组账户的信息主要保存在/etc/group、/etc/gshadow 等文件中，groupmod 命令也是通过命令行来修改这些文件中的有关内容。

表 3-21　groupmod 命令

作用	格式	主要参数
groupmod 命令的作用是修改用户组的属性，它的使用权限是超级用户	groupmod [options] 群组名	-g GID：更改用户组的号码为 GID，除非同时使用了-o 选项，否则 GID 必须唯一 -n GROUP：更改用户组的名称为 GROUP -o：需要和-g 参数一起使用，可以让 GID 非唯一 -p：更改用户组的密码

3. gpasswd 命令

gpasswd 命令的作用是管理用户组，如表 3-22 所示。每一个用户组都会有自己的组员，也（可以）会有自己的组管理员和组密码。组管理员由超级用户来分配，组管理员可以管理组内的所有用户。当然超级用户也可以直接管理一个用户组。和 groupmod 命令一样，gpasswd 命令也会修改/etc/group 和/etc/gshadow 文件中的相关内容。

表 3-22　gpasswd 命令

作用	格式	主要参数
gpasswd 命令的作用是管理组，它的使用权限是超级用户	gpasswd [options] 群组名	-A user：设置 user 用户为组管理员 -a user：添加 user 用户到用户组 -d user：把 user 用户从用户组删除 -M：设置组员列表，用 "，" 分隔，列表的组员必须是已存在的用户 -r：移除用户组的密码

4．groupdel 命令

groupdel 命令的作用是删除一个用户组账户，如表 3-23 所示。该命令会把一个用户组账户从系统账户文件中删除，用户组账户必须是已经存在的。

表 3-23　groupdel 命令

作用	格式	主要参数
groupdel 命令的作用是删除用户组，它的使用权限是超级用户	groupdel [options] 群组名	-f：强制删除一个用户组，即使这个用户组是一个用户的主组 -h：打印帮助文档

3.3　文件与权限管理

在操作系统的日常使用中，和用户打交道最多的应该就是各类文件了。基本的文件操作有创建文件、查找文件、复制与剪切文件、压缩文件等。除了对文件的基本操作，有时我们还需要管理文件的权限。文件可以给指定的用户授权，这样可以保证只有拥有权限的用户才能访问该文件。因此，本节主要介绍常用的文件与权限管理命令，如表 3-24 所示。

表 3-24　常用的文件与权限管理命令

说明	常用命令
文件处理命令	touch、mkdir、grep、dd、find、mv、cp、rm、diff、wc、cat、ln、tar
权限管理命令	chmod、chown、chgrp、umask

3.3.1　文件处理命令

在工作中，用户会需要处理各种各样的文件。文本、程序、代码、图片、音频、视频等都是文件，不管是哪一种文件，基本上都涉及创建、复制、移动和查看、搜索等操作。Linux 操作系统为用户提供了大量的文件处理命令，功能强大且灵活。

1．touch 命令

touch 命令的作用是创建一个新文件，如表 3-25 所示。touch 命令的主要目的不是创建文件，而是在不改变文件内容的前提下改变（更新）文件的访问时间和修改时间。但在日常工作中，对文件进行这种改变的情形极少见。touch 命令会在文件不存在时创建一个新文件，由于这个功能非常实用，因此它反而成了 touch 命令的主要用法。touch 命令的用法灵活，用户可以用多种方式来创建文件。例如用 touch 命令来创建新文件的用法如下：

```
$touch newfile -m -t 03011200 //创建一个名为newfile的新文件，它的修改时间为3月1日12：00
$touch file1 file2 data1 data2 //创建4个新文件，文件名分别为file1、file2、data1和data2
```

表 3-25　touch 命令

作用	格式	主要参数
touch 命令的作用是创建一个新文件，它的使用权限是所有用户	touch [options]文件名	-a：改变文件的访问时间为当前时间 -m：改变文件的修改时间为当前时间 -t：按照[YY]MMDDhhmm（[年]月日时分）的时间格式改变文件，需要和-a 或-m 一起使用 -help：打印帮助文档

2．mkdir 命令

mkdir 命令的作用是创建目录，如表 3-26 所示。mkdir 命令不仅可用于创建单个目录，而且可以同时创建多个目录。例如用 mkdir 命令来创建目录的用法如下：

```
$mkdir -p pdir/sdir   //在当前目录下创建pdir目录，在pdir目录下再次创建sdir目录
$mkdir dira dirb dirc //在当前目录下创建3个目录，分别是dira、dirb和dirc
```

表 3-26　mkdir 命令

作用	格式	主要参数
mkdir 命令的作用是创建目录，它的使用权限是所有用户	mkdir [options] 目录名	-m MODE：设置目录的权限 MODE -p：如有需要，创建目录的时候也同时创建它的父目录 -v：打印创建目录的信息

3．grep 命令

grep 命令的作用是在文件中搜索特定的内容，并输出搜索出的行，如表 3-27 所示。grep 命令可以在文件范围内按照指定的字符串模板进行搜索，如果某个文件中出现了和"模板"一样的内容，就在命令行界面打印搜索出的行或者输出到一个文件中。例如用 grep 命令来搜索特定内容的用法如下：

```
$grep -n root /etc/passwd              //搜索并打印输出/etc/passwd文件中包含"root"字
                                       //符串的行及行号
$grep -c bin /etc/passwd /etc/group    //打印出/etc/passwd和/etc/group中匹配到"bin"
                                       //字符串的行数
```

grep 命令的功能很强大，grep 命令不仅可以按照很多方式来搜索文件中的字符串，而且支持正则表达式。正则表达式又称为规则表达式，它可以给字符串加上一些额外的"规则"，使搜索结果更加精确。

表 3-27   grep 命令

作用	格式	主要参数
grep 命令的作用是在指定文件中搜索特定的内容，并输出搜索出的行，它的使用权限是所有用户	grep [options]	-v：显示不包含搜索字符串的所有行（反向匹配） -c：只输出匹配到的行数 -i：在搜索的时候不区分大小写 -n：输出匹配到的行及行号 -s：不输出错误信息 -e：匹配多个字符串

4．dd 命令

dd 命令的作用是复制文件，并根据参数进行数据转换，如表 3-28 所示。在 Linux 操作系统中，由于硬件设备也被认为是文件，因此也可以读取和写入数据。dd 命令就可以对这些设备进行读写操作，它常常用来对 CD/DVD、硬盘或 U 盘进行复制或者备份。例如，用 dd 命令来备份文件数据的用法如下：

```
$ dd if=/dev/sdb of=/dev/sdc   //把/dev/sdb 的数据备份到/dev/sdc
```

表 3-28   dd 命令

作用	格式	主要参数
dd 命令的作用是复制文件，并根据参数转换和格式化数据	dd [options]	bs=字节：指定 ibs=<字节>及 obs=<字节> cbs=字节：每次转换指定的<字节> count=块数目：只复制指定<块数目>的数据块 ibs=字节：每次读取指定的<字节> if=输入文件：读取<文件>内容，而非标准输入的数据 obs=字节：每次写入指定的<字节> of=输出文件：将数据写入<文件>，而非标准输出

5．find 命令

find 命令的作用是根据不同属性在指定目录（及其子目录）下查找文件，如表 3-29 所示。find 命令可以从起始目录开始，在所有子目录中依次搜索符合条件的文件，最后按照要求输出。find 命令的特点是可以通过各种参数来找到符合条件的文件，支持的文件范围包括普通文件、目录、块设备和字符设备等。

find 命令常用的文件搜索方法主要有以下 4 种。

（1）根据文件名搜索文件

根据文件名搜索文件是直观的方法。例如，要想在根目录下搜索名为"*.pdf"的文件，可以执行以下命令：

```
$ find / -name *.pdf   //如果碰到权限不够的问题，可以使用 sudo 来获取权限
```

表 3-29 find 命令

作用	格式	主要参数
find 命令的作用是在指定的目录中搜索文件，它的使用权限是所有用户	find [path] [options] [expression]（path：指定目录，系统从这里开始沿着目录树向下查找文件，如果不指定目录，那么从当前位置开始查找文件）	-name NAME：根据文件名 NAME 进行搜索，支持使用通配符 *和? -type c：根据文件的类型来搜索 -atime -n/+n：根据文件的访问时间来搜索，-n 指 n 天内，+n 指 n 天前 -ctime -n/+n：根据文件的创建时间来搜索，-n 指 n 天内，+n 指 n 天前 -mtime -n/+n：根据文件的更改时间来搜索，-n 指 n 天内，+n 指 n 天前 -empty：搜索空的普通文件或目录文件 -executable：搜索当前用户的可执行文件 -readable：搜索当前用户的可读文件 -writable：搜索当前用户的可写文件 -size -n/+n：根据文件的大小来搜索，-n 指比 n 小，+n 指比 n 大 -help：打印帮助文档

（2）根据时间属性搜索文件

根据文件访问时间、创建时间和修改时间的不同，我们可以利用这些属性来搜索文件。例如要想在/home 目录下搜索文件，可以执行以下命令：

```
$ find /home -atime +10          //在/home 目录下搜索 10 天前访问过的文件
$ find /home -ctime -5           //在/home 目录下搜索 5 天内创建的文件
```

（3）根据文件的类型搜索文件

Linux 操作系统支持按照文件的类型来搜索文件。find 命令支持搜索的文件类型有：b（块设备文件）、c（字符设备文件）、d（目录文件）、f（普通文件）、s（socket 文件）、l（符号链接文件）等。例如要想在/home 目录下搜索所有目录文件，可以执行以下命令：

```
$ find /home -type d            //在/home 目录下搜索所有目录文件
```

（4）使用混合方式查找文件

find 命令支持混合方式搜索文件，混合方式就是多个条件的结合，例如，要在/home 目录下搜索 1～10 MB 的文件，文件类型为普通文件，可以执行以下命令：

```
$ find /home -type f -size +1M -size -10M   //文件大小主要有 K（KB）、M（MB）、G（GB）等
```

通过这些方式可以看出，find 命令是很强大也是很灵活的，它给用户提供了丰富的操作方式。事实上，除了以上这些文件搜索方法，find 命令还可以和逻辑运算、正则表达式等方式结合，可以为非常复杂的工作场景带来极大的便利。

6．mv 命令

mv 命令的作用是移动或重命名文件，如表 3-30 所示。mv 命令一般用于把一个文件从一个位置移动（剪切）到另一个位置，如果两个位置在同一个目录，那就相当于重命名这个文件。例如要想用 mv 命令重命名创建的 newfile，可以执行以下命令：

```
$mv newfile NewFile    //把 newfile 重命名为 NewFile
```

表 3-30　mv 命令

作用	格式	主要参数
mv 命令的作用是移动或重命名文件，它的使用权限是所有用户	mv [options] 源文件或目录 目标文件或目录	-i：如果目标位置已有同名文件存在，那么会提示是否需要覆盖该文件 -u：如果目标位置已有同名文件存在，那么当要移动的文件比它更新时，才会移动并覆盖同名文件，否则不移动该文件 -v：详细显示程序的执行过程

7．cp 命令

cp 命令的作用是复制文件或目录，如表 3-31 所示。cp 命令不仅可以复制一个文件，也可以同时复制多个文件。例如要想复制 touch 命令和 mkdir 命令中创建的文件和目录，可以执行以下命令：

```
$cp file1 file2 pdir/ //把 file1 和 file2 复制到 pdir 目录下
$cp -r pdir dira       //把 pdir 目录及所包含的文件复制到 dira 目录下
```

表 3-31　cp 命令

作用	格式	主要参数
cp 命令的作用是复制文件或目录，使用权限是所有用户	cp [options] 源文件或目录 目标文件或目录	-a：复制文件的所有权限属性 -i：如果目标位置已有同名文件存在，那么会提示是否需要覆盖该文件 -n：不要覆盖已存在的同名文件 -u：如果目标位置已有同名文件存在，那么当要复制的文件比它更新时，才会复制并覆盖同名文件，否则不移动该文件 -r：递归复制目录及目录下的文件 -v：详细显示程序的执行过程

8．rm 命令

rm 命令的作用是删除文件和目录，如表 3-32 所示。例如要想删除前面步骤中创建的文件及目录，可以执行以下命令：

```
$rm file1 file2  //删除 file1 和 file2
$rm -r -v pdir    //删除 pdir 目录及所包含的文件，并显示执行过程
```

需要特别注意的是，不同于 Windows 操作系统有"回收站"这个功能，在 Linux 操作系统上，一旦文件被删除了，就无法被还原。因此，在使用 rm 命令时要分外小心。

表 3-32 rm 命令

作用	格式	主要参数
rm 命令的作用是删除文件和目录，它的使用权限是所有用户	rm [options] [文件名]	-i：在删除文件之前，会提示用户确认 -v：详细显示程序的执行过程 -r：递归删除目录，包括子目录及目录下的文件

9. diff 命令

diff 命令的作用是对比两个文件的差异，如表 3-33 所示。diff 命令主要用于逐行比较文本文件，它支持多种输出方式，能够快速处理大量文件。此外，开发人员常用 diff 命令来检查不同版本的源代码文件的差异，可以节约大量的时间。

表 3-33 diff 命令

作用	格式	主要参数
diff 命令的作用是比较两个文件的不同，它的使用权限是所有用户	diff [options] [文件 1 或目录 1] [文件 2 或目录 2]	-a：把文件当作文本文件进行比较 -w：忽略文本中的空格 -c：使用上下文格式标注不同 -u：使用合并格式标注不同 -y：输出为左右两列的对照模式 -i：忽略大小写的不同

10. wc 命令

wc 命令的作用是统计文件中的字节数、字数和行数，如表 3-34 所示。当文件数量大于 1 时，wc 命令还会统计所有文件的总行数。例如要想统计/etc/passwd 文件的行数，可以执行以下命令：

```
$wc -l /etc/passwd      //统计/etc/passwd 文件的行数
```

表 3-34 wc 命令

作用	格式	主要参数
wc 命令的作用是统计文件中的字节数、字数和行数，使用权限是所有用户	wc[options] [文件名]	-c：仅统计字节数 -m：仅统计字符数 -l：仅统计行数 -w：仅统计字数，字数的定义是由空格或换行符分隔的字符串 -help：打印帮助文档

11. cat 命令

cat 命令的作用是连接并显示文本文件的内容，如表 3-35 所示。除了显示文本文件的文字内容，cat 命令还可以利用参数显示出特殊字符，如制表符、回车符等。有时利用这个功能可以发现文本文件中的隐藏回车符，方便用户编辑文档。此外，cat 命令也可以连接几个文件，把他们合并成一个文件在命令行界面中打印出来。例如要想显示/etc/passwd 文件的内容，可以执行以下命令：

```
$cat -n /etc/passwd      //给/etc/passwd文件每行编号并打印出来
```

表 3-35　cat 命令

作用	格式	主要参数
cat 命令的作用是连接文件并打印出文件的内容，使用权限是所有用户	cat [options] [文件名]	-A：打印文本时，同时打印出它包含的所有特殊字符 -n：对文本中所有的行数编号 -b：和-n 相似，只不过不对空白行编号 -s：把连续的空白行压缩为一行

12. ln 命令

ln 命令的作用是创建链接，如表 3-36 所示。链接类似于一个文件的快捷方式，链接有两种形式，一种是硬链接，另一种是符号链接。

硬链接（hard link）是诞生于 UNIX 操作系统的一种链接方式，它被认为是一个普通文件。给一个文件创建硬链接，相当于为该文件创建了一个新的文件名。一个文件可以有多个硬链接。当我们删除某个文件的硬链接时，不会影响文件本身，但是如果删除了文件的所有硬链接，那么该文件本身也会被删除（可理解为文件不能没有文件名）。如果不加参数，ln 命令就会默认创建硬链接。硬链接有两个限制，一个是不能跨分区创建硬链接，另一个是不能给目录创建硬链接。

符号链接（symbolic link）克服了硬链接的限制。符号链接是一个特殊的文件，它包含了被链接文件的位置信息。因此，修改符号链接的内容，相当于修改被链接的文件。如果删除了符号链接，那么被链接文件不会受影响；如果删除了被链接文件，那么符号链接会变成一个无效链接。例如要想为 touch 命令中创建的文件创建链接，可以执行以下命令：

```
$ln -v data1 hard        //给data1创建硬链接hard，并打印链接信息
$ln -s data2 symbo       //给data2创建符号链接symbo
```

表 3-36　ln 命令

作用	格式	主要参数
ln 命令的作用是创建链接，使用权限是所有用户	ln [options] [源文件] [链接名]	-f：删除已存在的同名链接（文件） -v：打印链接信息 -s：不创建硬链接，改为创建符号链接

13. tar 命令

tar 命令的作用是归档和打包文件，如表 3-37 所示。tar 命令是一款来自 UNIX 操作系统的经典打包工具，最初用于备份磁带（很久以前用磁带存储程序和数据）。现在 tar 命令的主要作用是

对数据归档，并整理成一个数据包，tar 命令本身并没有压缩功能。我们经常见到的.tgz 和.tar.bz 等压缩数据包，实际上是通过 tar 命令加上参数、调用压缩程序来实现的。tar 命令可以对多个目录层次的文件进行打包。例如要想给 touch 命令中创建的文件进行打包并压缩，可以执行以下命令：

```
$tar -cjvf data.tar.bz2 data1 data2       //把 data1 和 data2 打包并压缩为 data.tar.bz2
$tar -xjvf data.tar.bz2                    //把 data.tar.bz2 解压缩
```

表 3-37   tar 命令

作用	格式	主要参数
tar命令的作用是打包、压缩、解包、解压缩的工具，使用权限是所有用户	tar [options] [文件名]	-t：打印数据包内的文件列表清单 -x：对文件进行解压缩 -c：创建打包文件 -z：有 gzip 压缩属性的文件 -j：有 bz2 压缩属性的文件 -v：显示程序的执行过程 -f：操作打包文件，要把-f 放为最后一个参数 -help：打印帮助文档

3.3.2   权限管理命令

Linux 操作系统把用户文件、目录、各类设备和各种接口等都当作是文件，具体的文件类型已在 3.1 节中介绍过，此处不再赘述。文件种类很多，也都非常重要，如果不加以控制，所有用户都可以随意访问任何文件，不仅可能导致系统运行出现问题，还可能会干涉其他用户的文件。

文件权限就是为了给用户访问文件加上限制。在操作系统中，有的文件属于系统，有的文件属于程序，有的文件属于不同用户。根据文件归属的不同，每个文件都有文件拥有者（所属用户）、文件所属组和其他用户 3 个权限分配，文件访问权限又包含读（r）、写（w）、执行（x）3 种权限，如表 3-38 所示。如果用户拥有某个文件（即文件拥有者），那么该用户就可以访问该文件。文件拥有者也可以把文件授权给一个或多个用户组，这样用户组成员也可以访问该文件。除了用户组授权，文件拥有者也可以为其他用户授权，这样其他用户也可以访问该文件。

表 3-38   文件权限的字符与数字表示

权限分配	文件拥有者			文件所属组			其他用户		
权限项	读	写	执行	读	写	执行	读	写	执行
字符表示	r	w	x	r	w	x	r	w	x
数字表示	4	2	1	4	2	1	4	2	1

文件的权限不仅可以用字符表示，也可以用数字表示。具体来讲，读、写、执行权限分别可用数字 4、2、1 来表示，数字可进行加减运算，就可以更方便描述权限。例如如果一个文件拥有者对该文件可读、可写、可执行，所属组对它可读、可执行，其他用户对它可读，那么文

件的权限就可以用字符表示为 rwxr-xr--，用数字表示为 754。要修改文件的权限，既可以用字符方式，又可以用数字方式。在 Linux 操作系统中，主要使用 chmod 命令、chown 命令、chgrp 命令和 umask 命令来修改文件的权限，下面就对这 4 个命令进行简要介绍。

1．chmod 命令

chmod 命令的作用是修改文件的权限，如表 3-39 chmod 命令所示。chmod 命令支持使用字符方式修改权限，也支持使用数字方式修改权限。

如果使用字符方式修改权限，就需要使用权限设定字符串参数，有 4 种参数，分别为 u（代表拥有者）、g（代表所属组）、o（代表其他用户）、a（代表所有用户和组）。之后，我们就可以使用 r、w、x 和基本运算符来操作了。例如要想修改权限，可以执行以下命令：

```
$chmod u-x,o+w data2        //移除 data2 拥有者的可执行权限，为其他用户加上写权限
$chmod go=rw data2          //给 data2 的所属组和其他用户加上读写权限
```

如果使用数字方式修改权限，就需要知道文件拥有者、文件所属组、其他用户对这个文件的权限，将每一个权限转换为数字就可以。常用的数字有 0（---）、4（r--）、5（r-x）、6（rw-）、7（rwx）。例如要想为 touch 命令中创建的文件授权，可以执行以下命令：

```
$chmod 765 data1            //设置 data1 的文件拥有者拥有 rwx 权限，文件所属组拥有 rw-权
                            //限，其他用户拥有 r-x 权限
```

表 3-39　chmod 命令

作用	格式	主要参数
chmod 命令的作用是更改文件的权限，它的使用权限是超级用户或文件拥有者	chmod [options] [mode]文件名或目录	mode：权限设定字符串。主要格式有[ugoa]、[+-=]、[rwx] -R：递归修改权限，包括该目录下所有的子目录和文件的权限 -v：显示程序的执行过程 -help：打印帮助文档

2．chown 命令

chown 命令的作用是更改文件拥有者和文件所属组，如表 3-40 所示。chown 命令会将指定文件拥有者改为指定的用户，也可以将文件所属组改为其他组。例如要想为 touch 命令中创建的文件 data1 更改权限，可以执行以下命令：

```
$sudo chown root:root data1    //把 data1 的文件拥有者改为 root，文件所属组改为 root 组
```

表 3-40　chown 命令

作用	格式	主要参数
chown 命令的作用是更改文件拥有者和文件所属组，它的使用权限是超级用户	chown [options] user[:group]文件名	-help：打印帮助文档 -R：递归修改权限，处理指定目录以及其子目录下的所有文件 -v：显示程序的执行过程

3．chgrp 命令

chgrp（change group）命令的作用是更改文件所属组，如表 3-41 所示。chgrp 命令可以单独修改文件所属组，有的时候会用到 chgrp 命令，chgrp 命令的用法和 chmod 命令的用法大同小异。

表 3-41　chgrp 命令

作用	格式	主要参数
chgrp 命令的作用是更改文件所属组，它的使用权限是超级用户	chmod　[options]　组名	-R：递归修改权限，处理指定目录以及其子目录下的所有文件 -v：显示程序的执行过程

4．umask 命令

umask 命令的作用是设置文件创建时的默认权限，如表 3-42 所示。umask 命令使用了数字表示方式，然而 umask 命令是通过用权限数字减去掩码的方式来设置权限。

在一般情况下，所有的文件都具备预设的权限。普通文件的预设权限是 rw-rw-rw-，用数字方式表示就是 666；目录文件的预设权限是 rwxrwxrwx，用数字方式表示就是 777。Linux 发行版常用的 umask 值是 0022。我们可以忽略第一个 0，剩下的数值是 022，这就是权限掩码。我们用预设权限值减去权限掩码，就可以知道文件创建时的默认权限了。

例如，用户创建的普通文件的默认权限是 666-022=644（即 rw-r--r--），用户创建的目录文件的默认权限是 777-022=755（即 rwxr-xr-x）。通过修改 umask 值，就可以修改文件创建时的默认权限。例如要想通过 umask 命令设置权限掩码、打印出预设权限，可以执行以下命令：

```
$umask 000        //设置权限掩码为 000
$umask -S         //在命令行中以字符方式打印出预设权限
```

表 3-42　umask 命令

作用	格式	主要参数
umask 命令的作用是设置文件创建时的默认权限，它的使用权限是普通用户	umask　[options]　掩码值	-S：以字符方式打印出预设权限

3.4　利用命令行可以做的其他工作

在掌握了以上的知识并具备使用 Linux 基本命令的能力后，当读者学习和接触新命令的时候，就很容易掌握相应的技巧。后续章节将结合具体内容介绍更多有用的命令。本节主要为读者介绍一些命令的具体用法。

3.4.1 下载文件

利用命令行可以从网上将文件下载到本地。Linux 操作系统中有众多的命令行下载工具，系统会默认安装一些常用的工具，未安装的工具则需要在安装后才能使用。尽管是基于命令行下载的工具，但是其功能要比图形化工具更多。

1. wget 工具

wget 工具是下载工具，多数 Linux 发行版都默认包含这个工具。wget 工具支持 HTTP、HTTPS 和 FTP 协议，支持断点续传，如表 3-43 所示。

表 3-43　wget 工具

格式	主要参数
wget [options] 下载地址	-b：后台下载，wget 工具默认把文件下载到当前目录 -O：将文件下载到指定的目录中 -P：在保存文件之前，先创建指定名称的目录 -t：最大的尝试连接次数，当 wget 工具无法与服务器建立连接时，最多尝试多少次连接 -c：断点续传，如果下载中断，那么连接恢复时会从上次断点处开始下载 -r：使用递归下载

2. aria2 工具

aria2 工具是一个轻量级的、多协议和多源命令行的实用下载程序。aria2 工具能配合各种插件，还能高速下载各大网盘的文件。aria2 工具是命令行版的下载神器，深受广大技术爱好者和用户的喜爱，如表 3-44 所示。

表 3-44　aria2 工具

格式	主要参数
aria2c [options] 下载地址	-l：用来指定日志文件 -d：用来指定下载文件路径 -u：限定每个 torrent 的上传速度 -j：允许同时下载的文件的最大数量，默认为 5

3. curl 工具

curl 工具是一款开源且功能强大的下载工具，它通过各类互联网通信协议传输数据。curl 工具小巧、高速，支持 FTP、FTPS、HTTP、HTTPS、SCP 和 SFTP 等协议，支持断点续传，唯一的缺点是不支持多线程下载，如表 3-45 所示。

表 3-45 curl 工具

格式	主要参数
curl [options]下载地址	-v：输出通信的整个过程，用于调试 -C：开启断点续传功能 -#：显示下载进度条

4．axel 工具

axel 工具是命令行下的多线程下载工具，支持断点续传，也支持多线程下载，可以从多个地址或者从一个地址的多个连接处下载同一个文件，通常情况下，axel 工具的下载速度远远快于 wget 工具的下载速度，如表 3-46 所示。

表 3-46 axel 工具

格式	主要参数
axel [options]下载目录 下载地址	-s：设置最高下载速度 -n：设置连接数 -o：下载到本地文件 -V：版本信息

5．you-get 工具

you-get 工具提供了一种便利的方式来下载网络上的媒体信息，如流行网站的音视频、图片等内容。you-get 工具支持众多视频网站，如优酷土豆、爱奇艺、腾讯视频等。当然使用之前需要先安装该软件，如表 3-47 所示。

表 3-47 you-get 工具

格式	主要参数
you-get [options]下载目录	-i：查看所有可用画质与格式 -p：将视频传入播放器 -u：获得页面所有可下载的 URL 列表 -o：设定路径 -O：设定输出文件名

3.4.2 配置网络

尽管在图形界面下就可以配置网络参数，但是当图形界面无法工作，或者使用的 Linux 发行版默认没有图形界面时，就需要用命令行的方式来配置。下面就以连接无线网络（WiFi）为例，介绍如何利用命令行来上网。

首先，使用如下命令来检查支持无线连接的接口：

```
$ iwconfig
```

一般来说，无线接口都叫作 wlan0。以 wlan0 为例，可以利用以下命令确认此接口服务是否启动：

```
$ sudo ip link set wlan0 up
```

一旦确认了无线接口是工作的，就可以用如下命令来扫描附近的无线网络：

```
$ sudo iw dev wlan0 scan | less
```

根据扫描出的结果，可以得到网络的名字（网络 SSID）、网络信息强度，以及安全加密协议（如 WEP、WPA/WPA2）。

如果想连接的网络是没有加密的，就可以直接用下面的命令来连接该网络：

```
$ sudo iw dev wlan0 connect [网络 SSID]
```

如果网络是用 WEP 协议加密的，就用如下命令：

```
$ sudo iw dev wlan0 connect [网络 SSID] key 0:[WEP 密钥]
```

如果网络使用的是 WPA 或 WPA2 加密协议的话，就需要创建一个 wpa_supplicant.conf 文件，并将该文件放到/etc/wpa_supplicant 目录下，然后再用如下命令来启动 wpa_supplicant 工具：

```
$sudo touch /etc/wpa_supplicant/wpa_supplicant.conf  //创建 wpa_supplicant.conf 文件
$sudo nano /etc/wpa_supplicant/wpa_supplicant.conf   //使用 nano 文本编辑器添加以下内
//容，然后按 Ctrl+O 组合键保存文件，再按 Ctrl+X 组合键退出
network={
ssid="[网络 ssid]"
psk="[密码]"
priority=1
}
```

一旦修改完成配置文件后，在后台执行如下命令：

```
$sudo wpa_supplicant -i wlan0 -c /etc/wpa_supplicant/wpa_supplicant.conf
```

如果一切正常，就可以上网了。当然，也可以通过 iwconfig 来确认网络的连接。

第二部分　进入 Arch Linux 操作系统的世界

从这一部分开始，我们主要介绍如何安装与初步搭建 Arch Linux 操作系统。安装 Arch Linux 操作系统不像安装 Manjaro 那样简单直观，所有的操作都是通过命令行来完成的。因此，在学习了基本命令和操作的基础上，本部分首先会介绍系统管理方面的知识，如文件、目录、文件系统和引导加载程序等。然后，开始正式介绍 Arch Linux 操作系统，并带领读者安装 Arch Linux 操作系统。最后，介绍 Arch Linux 操作系统的图形界面，让读者了解窗口管理器、图形界面和应用程序等元素。

第二部分包含如下 3 章内容。

- 第 4 章　系统管理与系统工具：深入了解 Linux 操作系统
- 第 5 章　逐步提高：安装和使用 Arch Linux 操作系统
- 第 6 章　图形界面：X Window 系统

第 **4** 章

系统管理与系统工具：深入了解 Linux

操作系统

想要更加深入地了解 Linux 操作系统，就需要知道如何管理系统。因此，本章将会带领大家学习 Linux 操作系统管理的相关知识，从文件的基本属性开始，依次介绍目录、文件、文件系统等内容，然后深入学习引导加载程序和磁盘管理等内容。学习了这些知识，读者就能在安装 Arch Linux 操作系统时游刃有余了。

4.1　Linux 目录与文件

我们知道，Linux 的文件系统采用树型结构来管理文件，它类似于倒着生长的大树，目录的最顶层被称为“根目录”，所有的次级目录和文件都位于根目录之下。有时候，根目录结构也被称为目录树。通过使用“ls /”命令我们可以发现，根目录下面有很多子目录，如：/bin、/boot、/root、/home、/etc、/mnt 等，这些子目录都由操作系统创建，并且在所有 Linux 发行版中，这些子目录都是相似的。

实际上，在 Linux 发行版诞生的初期，由于没有统一的参考标准，大家都可以根据自己的设想来构建 Linux 发行版，对文件系统的管理（目录结构）相对随意，每个发行版都有自己的目录结构。从客观上看，这样造成 Linux 操作系统之间难兼容，也容易导致系统碎片化，对 Linux 操作系统的发展不利。为了解决这些问题，文件系统层次结构标准（Filesystem Hierarchy Standard，FHS）诞生了，FHS 的出现统一了 Linux 发行版的文件系统，使得各个 Linux 发行版都能参考它建立相同的目录结构。FHS 最早是由 Linux 爱好者和志愿者开发的，它的第一版发布于 1994 年。一开始 FHS 是专门针对 Linux 操作系统开发的文件系统标准（Filesystem Standard，FSSTND），后来目标变成为所有类 UNIX 操作系统提供一个通用的文件系统层次结构标准，因此得名为 FHS。现在 FHS 由 Linux 基金会开发和管理。

4.1.1　Linux 的目录结构

　　FHS 主要定义了 Linux 操作系统的目录结构和目录应该包含的基本内容。Linux 操作系统把普通文件、目录、块设备、字符设备、链接等都认为是文件，FHS 规定所有的文件必须位于根目录下面，而且必须按照一定的规范分类保存在不同的目录下。目录名称一般都采用具有实际意义的英文缩写方式来命名，基本都是小写形式。需要注意的是，目录的名称对大小写敏感，因此/ROOT 和/root 代表两个不同的目录。一般 Linux 操作系统的参考目录结构如图 4-1 所示。

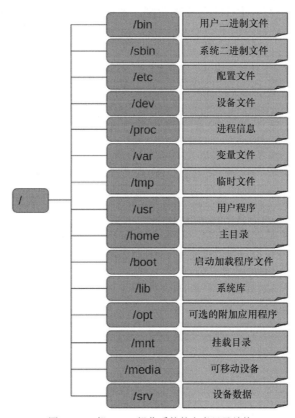

図 4-1　一般 Linux 操作系统的参考目录结构

　　Linux 操作系统的目录从顶层根目录（/）开始，其他目录都是根目录的子目录。除了单独挂载的目录，在包含根目录的分区上都可以找到这些目录文件。图 4-1 中的目录结构仅仅是 FHS 的参考目录，有的目录并不是必须的，在保证大的结构相同的情况下，不同的 Linux 发行版会有一些微调。在整个目录结构下，FHS 主要定义了如下 3 个目录以及这 3 个目录下应该放置什么数据。

- / （根目录）：顶层目录，其他目录都是根目录的子目录。
- /usr （应用程序文件）：主要包含大部分的用户软件和程序。
- /var （可变数据文件）：与系统运作过程有关。

1．/的内容

根目录（/）是操作系统的顶层目录。它管理所有的子目录，大多数子目录都会涉及系统核心文件（如开机引导程序、Linux 内核文件、系统程序库文件、硬件设备驱动程序等）的管理。由于这些文件都和系统的运行相关，因此 FHS 建议用户将需要安装的应用程序和用户个人文件等目录都放在硬盘的其他分区，根目录单独使用一个分区，这个分区不需要太大，这样可以保证系统的稳定性（为了不额外增加描述的复杂度，本书在安装操作系统时并没有划分过多的分区）。从这一点上看，根目录有点类似于 Windows 操作系统中 C 盘的系统文件。根目录中常见的目录名称及相应文件内容，如表 4-1 所示。

表 4-1　根目录中常见的目录名称及相应文件内容

目录名称	应放置的文件内容
/bin	此目录包含了重要的命令行实用工具，里面存放的是可执行文件，包含了由系统提供的常用命令，如 cat 命令、cp 命令、dd 命令、mv 命令、ln 命令、mount 命令和 dir 命令等。在 Manjaro 中，/bin 是/usr/bin 的符号链接。
/boot	此目录存放了 Linux 引导程序的文件，主要包括 Linux 内核、引导加载程序、启动配置文件等。系统启动过程中所需要的文件都会包含在/boot 目录下。
/dev	此目录包含了系统上所有硬件设备的驱动程序文件，如/dev/sd*、/dev/tty*、/dev/null 等。对这些文件的读和写相当于是对硬件设备进行输入和输出操作。
/etc	此目录包含了重要的系统配置文件，如用户的账号、密码、设备、网络、各类服务启动文件和其他配置文件。在该目录中，常见的配置文件有/etc/fstab、/etc/passwd、/etc/inittab 等。
/home	该目录包含了普通用户的个人目录（家目录）。每当新增普通用户账号，就会在/home 目录下以账户名称为目录名创建一个子目录。
/lib	该目录包含了各类程序和命令行工具的程序库，如在/bin 和/sbin 中各个命令调用的库。程序库分为静态库和共享库，/lib 中的库主要是共享库。有些发行版还有/lib64 目录，它包含了 64 位的程序库。
/media	此目录主要作为可移动设备的挂载点，如 U 盘、DVD、移动硬盘等，一般 Linux 桌面发行版会把这些设备自动挂载在这个目录下。
/mnt	此目录是临时挂载的文件系统的挂载点。一般当我们手动挂载设备时，都会默认利用/mnt 目录。
/opt	此目录用来保存第三方应用程序的文件，一般是由用户自己安装的独立大型程序。某些较早的 Linux 发行版也会使用/usr/local 目录来保存第三方程序文件。
/root	超级用户的主目录（家目录），普通用户没有权限使用该目录。
/sbin	此目录包含系统管理相关的命令行工具，里面存放的也是可执行程序，如硬盘分区、格式化、网络管理等。只有超级用户才有系统管理命令的执行权限。
/srv	此目录保存了网络服务器所使用的相关文件，如 Web 服务器的数据和配置文件、FTP 服务器的数据文件等。

续表

目录名称	应放置的文件内容
/tmp	此目录保存了一些临时文件，一般是由程序运行时产生的临时数据文件，在系统重新启动时会清空该目录下的所有文件。
/lost+found	该目录用于保存系统发生错误时的一些遗失的数据文件，在一般情况下，该目录都是空目录。

此外，有些 Linux 发行版也会新增一些目录，如/proc、/sys 等。想了解这些目录的相关含义，读者可以查看 Linux 发行版中的具体说明。

2．/usr 的内容

很多用户会认为 usr 是 user（用户）的缩写，/usr 目录保存着用户文件，这其实是一种误解。实际上，usr（UNIX 软件资源，UNIX software resource）来自 UNIX 系统，因为 Linux 操作系统是一个类 UNIX 系统，所以也采用了这个名称作为目录的名称。顾名思义，/usr 目录主要保存了由 Linux 操作系统（发行版）提供的应用程序和软件，包括可执行程序、库文件、说明文档和程序源代码等内容，这些程序一般都可以由普通用户运行和使用。/usr 中常见的目录名称以及相应文件内容，如表 4-2 所示。

表 4-2　/usr 中常见的目录名称以及相应文件内容

目录名称	应放置的文件内容
/usr/bin	和/bin 目录类似，/usr/bin 目录下也放置了命令行工具和可执行脚本，主要由安装在/usr 目录下的应用程序提供，这些命令并不是系统必备的。
/usr/include	此目录主要存放 C 编译器所需要的头文件和包含文件。
/usr/lib	此目录包含了应用程序的程序库和依赖库，如/usr/bin 中各个命令需要调用的库。有些发行版还有/usr/lib64 目录，它包含了 64 位的程序库。
/usr/local	此目录包含了由超级用户本地安装的应用程序文件，该目录下也包含 bin、lib、include、share 等子目录。
/usr/sbin	此目录包含了与系统服务相关的非必要命令，如网络服务的守护进程等。
/usr/share	此目录主要放置系统共享文件，这些文件独立于系统硬件架构，因此过去常常被用于网络共享，现在已较少使用。/usr/share 目录下一般会有 man、info 等子目录。
/usr/src	此目录保存着某些软件的源代码，主要是给用户参考阅读和使用，一般不用于编译运行。

3．/var 的内容

/var 目录保存着系统和软件运行时的数据信息，如系统日志、缓存数据、用户信息和临时文件等。由于这些都是可变数据，因此/var 目录下的文件大小会随着系统的运行而慢慢变大，用户可以定期对它进行维护。/var 目录不能挂载到单独的分区上，一般建议将/var 目录与/usr 目录放置于同一个分区。/var 中常见的目录名称以及相应文件内容，如表 4-3 所示。

表 4-3 /var 中常见的目录名称以及相应文件内容

目录名称	应放置的文件内容
/var/cache	此目录存放了应用程序的缓存数据和临时文件，这些数据和文件可以由应用程序或超级用户定期清理。
/var/lib	此目录用于保存和应用程序或系统程序相关的状态信息，用户不可以修改该目录下的文件以改变程序的运行状态。
/var/lock	此目录保存着上锁的文件。有些硬件设备和软件资源可由多人共享使用，但是当资源已经被用户使用时，必须对该资源加以保护以防止有其他用户来抢占资源。对文件上锁就是为了提供这种保护，避免产生错误。
/var/log	此目录存放各类日志文件，系统和程序的日志都需要保存在该目录或者它的子目录下，常见的日志文件有/var/log/journal、/var/log/wtmp、/var/log/lastlog 等。
/var/tmp	此目录用于保存应用程序在系统重启后需要用到的临时文件，因此在系统重启后不建议立即删除这些文件。
/var/run	此目录保存系统运行时的可变数据，主要为了保证系统在运行旧版本软件时的兼容性。
/var/spool	此目录用于保存预留数据，这些数据会在将来被应用程序或系统使用。一般预留数据在被使用后就会被删除。

FHS 定义了最上层（/）和次层（/usr、/var）的目录下应该要放置的文件或目录，除此之外，也对这些目录下的子目录和文件的存放给出了建议，为 Linux 发行版的开发人员提供了详细的规范说明和参考标准。

4.1.2 绝对路径与相对路径

路径是 Linux 操作系统中一个非常重要的概念，它用来定位某个文件。Linux 操作系统中的路径可以定义为绝对路径（absolute path）和相对路径（relative path）。这两种路径的概念如下所示。

- 绝对路径：从根目录开始，紧接着到各个子目录，最后到目标文件，如/usr/bin/就是绝对路径。
- 相对路径：从当前所在的目录开始，如../../usr/bin/就是相对路径。

假设目前用户在家目录下，如果要进入/usr/bin/这个目录，那么有以下两种方式：

```
$cd /usr/bin          //绝对路径进入/usr/bin 目录
$cd ../../usr/bin     //相对路径进入/usr/bin 目录
```

在相对路径的操作中，由于用户在家目录下，因此需要先回到上一层（../）之后，才能继续前往/var。需要特别注意以下 3 点。

- .代表当前的目录，也可以用./来表示。
- ..代表上一层的目录，也可以用../来表示。
- ~代表用户的目录，也就是/home/用户名。如果用户名是 user，那么只需要输入"cd~"，就可以切换到/home/user 目录。

4.1.3　特殊文件说明

1.　用户配置文件

用户配置文件就是/etc/passwd，它保存着 Linux 操作系统上所有用户的基本信息，普通用户可以查看用户配置文件的内容，但是只有超级用户才有修改权限。在 passwd 文件中，一行文本表示一个用户的信息，每一行文本以 "：" 作为分隔符，划分成 7 个字段。每个字段的含义如下所示（各个字段的具体含义在 3.2.1 节中已介绍过，此处不再赘述）：

用户名：密码：UID：GID：用户个人信息（一般为空）：用户家目录：登录后的默认 Shell

用户可以通过字段了解本系统的用户情况。如果要修改部分信息，超级用户可以手动修改，也可以通过相关命令来配置。

2.　开机自动挂载配置文件

开机自动挂载配置文件就是/etc/fstab，Linux 操作系统利用它自动完成对文件系统的挂载，这样用户才可以通过目录树找到各个文件。一个典型的 fstab 文件内容如图 4-2 所示。

```
# <file system>        <dir>        <type>     <options>            <dump> <pass>
tmpfs                  /tmp         tmpfs      nodev,nosuid         0      0
/dev/sda1              /            ext4       defaults,noatime     0      1
/dev/sda2              none         swap       defaults             0      0
/dev/sda3              /home        ext4       defaults,noatime     0      2
```

图 4-2　一个典型的 fstab 文件内容

fstab 文件中各项内容的说明如下。
- <file system>：表示文件系统的名称或者系统的 UUID。
- <dir>：表示文件系统的挂载点。
- <type>：表示文件系统的类型。
- <options>：表示挂载文件时系统的属性。
- <dump>：表示是否进行 dump 备份。
- <pass>：表示开机时是否对磁盘进行文件系统检查。

3.　服务管理配置文件

服务管理配置文件也称为进程配置文件，位于/etc/systemd 目录下。它并不是一个单一的文件，而是由多个文件组成，这些文件可用于管理系统和各类服务。在一般情况下，用户通过 systemctl 命令来使用服务管理配置文件，利用 systemctl 命令的 start、status、stop、enable、restart 等参数，实现对服务、进程、设备和套接字等模块的控制。

4．系统日志文件

从严格意义上讲，系统日志文件也并不是一个单一的文件，而是/var/log 目录下各类文件的集合。系统日志文件中有 3 个最常用的文件：/var/log/wtmp 记录了系统中所有的登录信息和登出信息；/var/log/lastlog 记录了每个用户上次登录系统的信息；/var/log/journal 目录及其子目录中则记录了系统的启动信息和运行信息等日志。

5．CPU 信息文件

CPU 的信息保存在/proc/cpuinfo 文件中，CPU 信息文件是一个只读文件，用于获取 CPU 的各类信息。用户可以执行以下命令：

```
$cat /proc/cpuinfo        //查看 CPU 的信息
```

通过以上命令，读者可以查阅 CPU 的详细信息，如制造商、产品系列、型号、主频、缓存大小等，还可以了解当前 CPU 的当前运行参数，如实际使用的 CPU 主频高低、超线程是否开启等。

6．内存信息文件

计算机内存的信息保存在/proc/meninfo 文件中，它也是一个只读文件，主要用于获取计算机内存的各类信息，包括内存大小、内存使用状况和虚拟内存等。用于进程管理的 free 命令也是从这个文件中获取相关信息的。和查看 CPU 的信息相似，我们同样可以使用 cat 命令来查看 meninfo 文件，此处不再赘述。

4.2　Linux 文件系统与文件类型

一般用户在连接了一块新的硬盘存储设备后，需要先分区，然后再格式化文件系统，最后才能挂载并正常使用。硬盘的分区操作取决于用户需求和硬盘空间大小。当然硬盘也可以不分区直接使用，但是必须要先对硬盘进行格式化处理，再指定一个文件系统。

4.2.1　Linux 文件系统

文件系统主要是为了方便计算机高效地组织和管理文件而设计的。从宏观上看，Linux 文件系统使用树型结构的规则来排列目录和文件，这样可以使整个层次结构非常清晰；从微观上看，每个文件中的数据在计算机硬盘上的实际存储，也是按照预先定义好的规则来排列的。我们在使用硬盘、U 盘、光盘等存储介质之前所进行的"格式化"操作，就是为了满足文件数据的排列规则，这样数据才能按照"文件"的方式来管理。Linux 文件系统按照 FHS 来组织文件，从而形成了用户所看到的目录与文件的层次结构。

　　不同的文件系统对数据的管理方式并不一致。所以在正常情况下，想要把 ext4 文件系统格式上的文件直接拷贝到 NTFS 上是很困难的。为了解决这个难题，Linux 内核提供了虚拟文件系统（Virtual File System，VFS）功能。虚拟文件系统的架构示意图如图 4-3 所示，从中可以看出，虚拟文件系统隐藏了各个文件系统之间的不一致，为应用程序提供了统一的接口，使得应用程序可以通过虚拟文件系统读写不同文件系统格式的文件。有了虚拟文件系统，Linux 操作系统可以支持很多种文件系统，用户可以在不同文件系统下很轻松地传输文件。

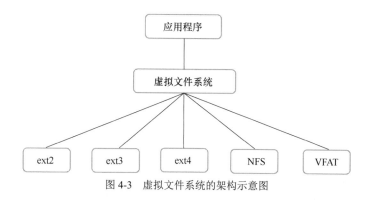

图 4-3　虚拟文件系统的架构示意图

　　虚拟文件系统抽象了具体的文件系统，通过提供与文件系统交互的统一接口，不同文件系统之间的数据就可以相互访问了。尽管如此，由于虚拟文件系统的磁盘并没有真实的存储数据，因此虚拟文件系统并不是真正的文件系统。虚拟文件系统对文件的创建、修改、保存、移动和复制等操作，还是要在真正的文件系统的帮助下一起完成。

　　Linux 操作系统主要使用 ext 作为硬盘的文件系统格式。ext（extended file system）就是扩展文件系统，它是专门为 Linux 操作系统设计的，具有很快的读写速度，占用系统资源的空间也很小。目前在 Linux 操作系统中最常见的扩展文件系统是 ext2、ext3 和 ext4。

- ext2：ext2 是 ext 的第 2 个版本，也是早期 Linux 操作系统的默认文件系统。ext2 的读写效率和稳定性都很高，但是不支持日志功能。除了嵌入式 Linux 操作系统，大多数 Linux 发行版已不再使用它。

- ext3：ext3 是从 ext2 发展而来的，它是很多 Linux 操作系统的文件系统。ext3 的稳定性和可靠性都很高，且完全兼容 ext2。ext3 支持日志功能，增强了文件系统从崩溃中恢复的能力。

- ext4：ext4 是 ext3 的改进版本，被认为是 ext3 的"继任者"。ext4 支持更大的硬盘和分区，也支持最大 16 TB 的单个文件大小。此外，ext4 也继续改进了读写效率，增加了很多新的特性和新的功能。现在，多数 Linux 发行版已经把 ext4 作为默认的文件系统了。

　　目前，Windows 操作系统主要使用 NTFS 文件系统。由于 Linux 操作系统支持这个文件系统，因此可以通过挂载的方式，让 Linux 操作系统也能读写 NTFS 文件系统格式的文件。作为一个开放的操作系统，除了支持 Windows 的文件系统，Linux 操作系统还支持很多来自其他操作系统的文件系统。

4.2.2　Linux 文件类型

Linux 操作系统有很多不同类型的文件，我们已经对部分文件系统的类型有所了解。从使用角度看，用户接触最多的 Linux 文件类型主要有以下 4 种。

1．普通文件（regular file）

普通文件也称为常规文件，是用户大多数时间所使用的一般类型的文件。普通文件可以分为文本文件和二进制文件。文本文件基本上都是用户可读的文件，如纯文本、配置文件、源代码和网页文件等。二进制文件是非文本文件，一般都是给各个程序使用的，如可执行文件、图片、音频、视频和数据库文件等。

2．目录文件（directory file）

目录文件本身不保存用户数据，它是用来组织和访问其他文件的。目录文件一般"包含"了不同的文件，所以有时目录文件也被形象地称为文件夹。由于目录文件也是文件，所以目录文件可以包含子目录，多层目录可以使文件管理的层次和结构更加清晰。

3．链接文件（link file）

链接文件是对另一个文件的引用，它包含了被链接文件的位置信息。链接分为硬链接和符号链接，现代 Linux 操作系统的链接一般是符号链接。

4．特殊文件（special file）

特殊文件又被称为设备文件，它表示计算机上的硬件设备和硬件接口。用户所熟悉的设备和接口，如键盘、显示器、硬盘、USB 接口、网络接口等，都被可以当作设备文件来访问。设备可以分成两种类型，一种是块设备，另一种是字符设备。块设备的数据可以被随机读写，各类存储设备都是典型的块设备。字符设备的数据是按照顺序（数据流）读写的，非存储设备大多数是字符设备。特殊文件一般都在/dev 目录下，如/dev/tty、/dev/sda、/dev/cdrom 等。

需要注意的是，在 Linux 操作系统上文件的后缀名并没有特殊的涵义，它主要为了方便用户区分不同文件而存在的，例如*.conf 常用于表示配置文件，*.tgz 常用于表示压缩文件。文件有没有后缀名不会影响文件的任何操作。例如尽管后缀名不同，但我们都可以用 cat 命令来查看*.conf 和*.log 文件。

4.3　GRUB 引导加载程序

引导加载程序（也称为启动加载程序）能让用户选择何时以及如何启动已经安装到计算机硬盘上的操作系统。简单来说，操作系统需要引导加载程序才能启动。计算机开机后运行的第一个应用程序就是引导加载程序，它会找到操作系统的内核，让内核开始运行，然后由内核接管计算机，初始化并启动整个操作系统。因为引导加载程序关系到操作系统能否被真正启动，所以它被认为是最重要的软件。

4.3.1　GRUB 的起源与发展

GRUB（GRand Unified Bootloader）是目前最流行的、用于引导 Linux 操作系统的启动加载程序。GRUB 是一个非常强大的启动载入器，可以载入相当多的自由操作系统，也可以通过链式载入来引导专有的操作系统。链式载入是通过载入另一台启动载入器，从而载入不支持的操作系统，主要用于加载 Windows 操作系统，常见的启动载入器有 NTLDR（Windows 2000、Windows XP 等系统的引导程序）和 bootmgr（Windows 7、Windows 10 等系统的启动管理器）。

目前，GRUB 已经成为绝大多数 Linux 发行版的默认引导加载程序。GRUB 最早可以追溯至 1995 年，当时埃里克·博林（Erich Boleyn）和布赖恩·福特（Brian Ford）尝试引导基于 Mach 微内核（GNU Mach）的 GNU Hurd 操作系统（关于 GNU Hurd，可以参考本书 1.2 节的相关内容）。为此博林与福特设计了多重启动规范（Multiboot Specification），这样就不会再增加已经很多、但互不相容的计算机启动方案。一开始，博林打算修改 FreeBSD 的引导加载程序，使得修改后的引导加载程序可以处理多重启动。但是，博林很快意识到同继续修改 FreeBSD 的引导加载程序相比，自己重新编写引导加载程序要简单得多，因此诞生了 GRUB。

博林在 GRUB 中加入了许多特性，但他的开发速度依然不能满足 GRUB 快速增长的用户群体的需求。1999 年，GRUB 被采纳为正式的开源 GNU 程序包，可以通过网络得到其最新的源代码。

接下来的几年，开发人员扩展了 GRUB 以满足更多需求。不久之后，开发人员发现 GRUB 的设计已不能满足当时的扩展要求，如果不打破现有设计，后续的修改将非常困难。2002 年前后，小藤义则（Yoshinori K. Okuji）开始致力于用 PUPA（GNU GRUB 初步通用编程架构）重新编写 GRUB 程序，从而改变它的原始设计、升级功能。编写完成后的 GRUB 被称为 GRUB 2，旧版的 GRUB 则改名为 GRUB Legacy。在那之后，GRUB Legacy 依然会被极少地维护，不过其最终版本（0.97 版本）发布于 2005 年，其命令行模式界面如图 4-4 所示。在此之后，对于 GRUB Legacy 只有一些基本维护和 bug 修复，不再添加新的功能，也就不会再出现新的版本。

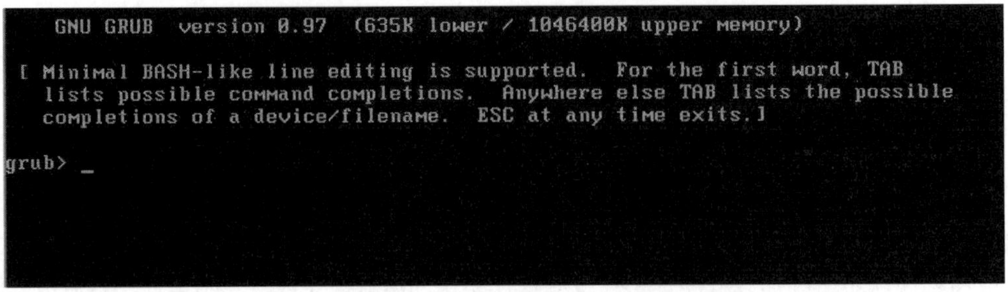

图 4-4   GRUB Lagacy（0.97 版本）的命令行模式界面

大约从 2007 年开始，GRUB 2 开始在部分 Linux 发行版上开展小范围试用，并持续改进。到了 2009 年底，很多 Linux 发行版就把 GRUB 2 作为默认的引导加载程序了。GRUB 2 是 GRUB 的重写版本，和 GRUB Lagacy 比起来，它们共享很多特征，也有很多不同的新元素，比如展示更灵活的定制界面、支持各种主题、可以自动搜索可用内核和硬盘中的可用系统等。目前 GRUB 2 的最新版本发布于 2021 年 6 月，版本号为 2.06，读者可以通过 GNU 官网来了解详情。

引导加载程序：从LILO到GRUB

多年来，Linux 有过一系列的引导加载程序，其中主流的两个引导加载程序是 LILO 和 GRUB。LILO（Linux Loader）是一个古老的引导加载程序，专门为 Linux 操作系统所开发。尽管如此，LILO 还是可以用作 Linux 操作系统和其他操作系统的多重引导。GRUB 也是一个支持多重引导的引导加载程序，因为它是 GNU 系统的一部分，所以有时也被称为 GNU GRUB。

LILO 曾经是 Linux 自带的引导程序，基本上 Linux 发行版都会默认使用 LILO 来引导操作系统。从 1992 年到 1998 年，LILO 由沃纳 · 阿尔梅斯伯格（Werner Almesberger）开发。从 1999 年到 2007 年，由约翰 · 科夫曼（John Coffman）接替开发。从 2010 年起，LILO 主要是由乔基姆 · 威德纳（Joachim Wiedorn）负责开发，不过到 2016 年 1 月，LILO 的开发就逐渐停止了。现在大多数 Linux 发行版都采用 GRUB 作为默认的系统引导程序。当然，作为一个曾经很流行的软件，LILO（包括它的变体 ELILO）仍然还有着广泛的用户基础。与 GRUB 相比，LILO 存在以下 3 点不足。

- LILO 只能用命令行的方式来交互，而 GRUB 支持基于菜单选项的交互式界面。
- LILO 不支持网络引导，而 GRUB 支持网络引导。
- 错误地修改 LILO 的配置文件可能导致操作系统无法引导，错误地修改 GRUB 的配置文件，只会让它转到命令行界面，使用命令依然可以引导操作系统。

GRUB 目前已经全面取代 LILO，成为 Linux 发行版中新的默认引导加载程序。GNU GRUB 源于埃里克 · 博林所创建的 GRUB 程序，目前由自由软件基金会负责开发。GRUB 2 支持了很多新的功能，如更高级的图形用户界面、具备口令加密功能等，相信 GRUB 2 会满足用户越来越多的需求。

4.3.2 GRUB 的启动和引导

计算机开机后会进行硬件监测等流程，这个流程就是由 BIOS 控制的。在所有的准备工作完成后，BIOS 就会尝试寻找引导加载程序（启动载入器）并让它运行。由于引导加载程序位于 MBR 分区表格式的分区上，因此 BIOS 需要配合 MBR 分区才能正常工作。

随着计算机操作系统越来越复杂，磁盘越来越大，MBR 分区已经无法满足需求，必须要使用 GPT 分区表格式的分区，但是 GPT 分区无法被 BIOS 所识别，因此就有了另一种引导方式：UEFI。UEFI 新增了对新硬件的支持，简化了开机自检流程，它的主要目的是在加载引导加载程序前（启动前）提供一组在所有平台上一致的、正确指定的启动服务。传统 BIOS 主要支持 MBR 分区表，而 UEFI 可以支持 GPT 分区表，取代了传统 BIOS 的启动方式。BIOS 和 UEFI 的详细说明已在 2.1.1 节描述过，此处不再赘述。

目前，计算机系统的启动方式主要有两种：一种是 BIOS 配合 MBR 分区表格式的分区来启动，另一种是 UEFI 配合 GPT 分区表格式的分区来启动。目前大多计算机都已经支持 UEFI 功能，且都配备了大容量的硬盘，因此可以采用 UEFI+GPT 的启动方式来运行计算机（由于 UEFI 兼容传统的 BIOS，所以也可采用 UEFI+MBR 的引导方式）。如果计算机不支持 UEFI 功能，那么可以采用 BIOS+MBR 的启动方式来运行计算机。对 GRUB 来说，这两种引导方式都可行。接下来，结合 GRUB 引导加载程序，简要说明一下这两种方式的启动原理。

1. BIOS+MBR 引导方式

在使用 MBR 分区方案的计算机上，当我们安装 GRUB 后，它的部分程序会包含在分区引导记录中。计算机开机后，BIOS 会在完成硬件监测任务之后寻找 MBR 分区表上的活动分区，并在活动分区上找到分区引导记录。分区引导记录上包含了 GRUB 引导加载程序的部分（第一阶段）程序，因此 GRUB 就可以工作了。

第一阶段的 GRUB 会运行初始化程序加载程序（Initial Program Loader，IPL），该程序会查询分区表，并定位到另一部分（第二阶段）的 GRUB。第二阶段才是 GRUB 的主体，该阶段会启动 GRUB 的交互界面，用户可以通过菜单选项或命令行的方式启动操作系统的内核。至此，GRUB 引导加载程序的工作就正式结束了。

2. UEFI+GPT 引导方式

在使用 GPT 分区方案的计算机上，当我们安装 GRUB 后，它的程序会包含在 GPT 专用分区（ESP/EFI 分区）中。计算机开机后会进入 UEFI 启动模式。UEFI 同样会对计算机的硬件设备进行各类监测和初始化，之后启动 UEFI 驱动执行环境（Driver Execution Environment，DXE）。DXE 会加载位于 GPT 专用分区中（ESP/EFI 分区）的各类程序，包括各类硬件设备驱动，以及位于其中的 GRUB 引导加载程序。接下来，GRUB 会启动交互界面，用户同样可以通过菜单选项或命令行的方式启动操作系统的内核，最终启动操作系统。可以看出在 UEFI 系统上，GRUB 的加载过程更加简洁。

4.3.3 GRUB 的文件简介

2000～2010 年，GRUB 是最主要的 Linux 引导加载程序。GRUB 不仅能加载 Linux 操作系统，还能加载其他操作系统。GRUB 使用的配置文件是 grub.conf（或者 menu.lst），一般位于/boot/或者/boot/grub/目录下。配置文件包含了操作系统的列表，语法简单易懂，用户可以很方便地修改操作系统的各种启动参数。

从 2009 年起，GRUB 2 逐步取代了 GRUB。GRUB 2 是一个模块化的引导加载程序，功能很强大，可以通过各种模块实现很多高级功能。GRUB 2 的配置文件是 grub.cfg，它位于 boot 分区的/boot/grub/目录下。相对于 grub.conf，grub.cfg 文件的创建和编辑方式有了很大的改变。由于 GRUB 已经被逐步淘汰，因此之后介绍的内容将围绕 GRUB 2 展开。若没有特殊说明，默认本书此后出现的 GRUB 均指代 GRUB 2。

在之前安装的 Manjaro 上，GRUB 把文件放在了 3 个位置（大多数 Linux 发行版也是如此）。

- 第 1 个位置是/boot/grub/目录。该目录下的 grub.cfg 是主配置文件，这个文件可以在系统管理员（根用户）权限下被直接编辑（需要用到 sudo 命令或 root 命令，且不能破坏原文本格式），建议读者不要手动修改主配置文件中的内容。
- 第 2 个位置是/etc/grub.d/目录。这是 GRUB 脚本的新目录，这些脚本由从 grub.cfg 文件中提取的模块构成。当 grub-mkconfig 命令被执行时，这些脚本会被依次读取，用于重新创建 grub.cfg 文件。
- 第 3 个位置是/etc/default/目录。该目录下的 grub 文件是 GRUB 的配置文件，包括 GRUB 菜单设置，当 grub-mkconfig 命令被执行时，grub 文件中的内容也会被读取，用于重新创建 grub.cfg 文件。/etc/default/grub 和/etc/grub.d/下面的脚本文件都用于生成新的 grub.cfg 配置文件。

上述信息表明，如果想改变 GRUB 菜单，就不要直接修改 grub.cfg 文件，而是应该修改/etc/grub.d/目录下的文件和/etc/default/grub，然后使用 grub-mkconfig 命令去更新并生成新的 grub.cfg 文件。

1．/boot/grub/grub.cfg 文件

grub.cfg 文件是在 GRUB 运行时会被主动读取的配置文件，它是一个由 grub-mkconfig 命令创建的类脚本文件。运行 grub-mkconfig 命令会读取/etc/defaults/grub 和/etc/grub.d/目录下的文件内容，然后根据这些内容生成 grub.cfg 配置文件。如果需要修改 GRUB 引导加载程序的配置，需要修改/etc/defaults/grub 和/etc/grub.d/目录下的某些文件的内容。对于不喜欢使用 grub-mkconfig 命令的、经验较为丰富的用户，直接修改 grub.cfg 文件也是完全可以的。

2．/etc/grub.d/目录

/etc/grub.d/目录下有以下 4 个比较重要的文件：00_header、10_linux、30_os-prober 和 40_custom。接下来，具体介绍一下这 4 个文件。

- 00_header：此文件是 grub-mkconfig 命令的辅助脚本，grub-mkconfig 命令会根据它来配置 GRUB 菜单的基础信息，如串口控制功能、显卡驱动程序、环境参数、菜单属性等，用户不需要修改 00_header 文件中的内容。

- 10_linux：此文件是 grub-mkconfig 命令的辅助脚本，grub-mkconfig 命令会根据它搜索分区上的 Linux 内核和文件系统，并在 GRUB 菜单上生成启动选项和恢复选项，用户不需要修改 10_linux 文件中的内容。

- 30_os-prober：此文件是 grub-mkconfig 命令的辅助脚本，该脚本会调用 os-prober 命令，监测计算机硬盘上是否存在多个操作系统，如 Linux 操作系统、Windows 操作系统、BSD 操作系统等。如果存在，grub-mkconfig 命令就会把它们作为菜单选项添加到 GRUB 菜单中，用户不需要修改 30_os-prober 文件中的内容。

- 40_custom：如果计算机硬盘上存在其他操作系统，但是无法通过 os-prober 命令监测到它，那么可以手动编辑此文件，添加操作系统的信息，之后使用 grub-mkconfig 命令就会把该系统添加到 GRUB 菜单中。

想要在 GRUB 菜单中添加一个选项来启动 U 盘或移动硬盘上的操作系统，直接编辑 40_custom 文件是最简便的方式。例如，如果用户想在 GRUB 菜单中添加一个选项，用于启动存放在 U 盘里的 Linux 发行版，假设使用的 USB 驱动器是 sdb1，并且 vmlinuz 内核镜像和 initrd 虚拟文件系统都位于其根目录下，只需要在 40_custom 文件中添加以下内容：

```
menuentry "Linux on USB" {
set root=(hd1,1)
linux /vmlinuz root=/dev/sdb1 ro quiet splash
initrd /initrd.img
}
```

最后，使用 grub-mkconfig 命令来生成新的配置文件，就可以让 GRUB 引导 U 盘中的 Linux 操作系统。

3．/etc/default/grub 文件

该文件主要用来保存系统启动时的默认配置，用户可以修改相关参数，然后运行 grub-mkconfig 命令来配置 GRUB 菜单。这些配置通过"宏"来记录，如菜单的显示时长、默认选中的菜单项、菜单的背景图片等。这些宏使用"key=vaule"的格式，其中 key（宏）值用大写字母表示，value 值用小写字母（或数字）表示。如果 vaule 值包含了空格或其他特殊字符，就需要对这些空格或特殊字符使用引号。一些常用宏列举如下：

```
#常用宏
GRUB_TIMEOUT              //GRUB 引导界面的显示时间
GRUB_GFXMODE              //图形显示
GRUB_BACKGROUND           //背景图设置
GRUB_THEME                //主题设置
GRUB_TERMINAL             //使用控制台终端
GRUB_DEFAULT              //默认启动项
```

4.3.4　GRUB 的安装与应用

在安装 GRUB 之前，首先要确保系统安装了 GRUB 软件包（Manjaro 中会默认安装，但并不是所有 Linux 操作系统都会安装 GRUB）。如果之前安装过 GRUB Legacy，那么安装完成后 GRUB 2 会代替 GRUB Legacy。尽管命令很简单，但是在安装之前还是要满足很多前提条件，否则会产生当前的操作系统无法正常启动或启动选项丢失等问题。

- 如果是安装在 BIOS 引导的系统上，就需要指明目标硬盘和系统情况（--target=i386-pc 指出 grub-install 是为 BIOS 引导的系统安装的，GRUB 的安装位置为/boot）可以执行以下命令：

```
# grub-install --target=i386-pc /dev/sdx   //x 指硬盘，如 sda、sdb
```

- 如果是安装在 UEFI 引导的系统上，就需要指明 EFI 系统情况（需要将 EFI 分区挂载到/boot/efi 下面，GRUB 的安装位置为/boot）可以执行以下命令：

```
# grub-install --target=x86_64-efi
```

- 一些有用的参数列举如下：

```
--boot-directory //如果 GRUB 要安装在非/boot 目录下，那么需要该参数来指定路径
--efi-directory  //EFI 系统下，如果 EFI 分区没有挂载到/boot/efi 下面，那么需要该参数指定路径
```

- 如果硬盘上同时有其他操作系统（如其他 Linux 发行版或者 Windows 操作系统），那么可以利用 os-prober 来探测（需要安装 os-prober 软件）。如果不想用这种方法或者利用 os-prober 无法探测出来，也可以通过编辑/etc/grub.d/40_custom 来添加其他启动项可以执行以下命令：

```
#os-prober /dev/sdx   //探测装有其他操作系统的硬盘，x 指硬盘，如 sda、sdb
```

- 安装完 GRUB 或者更改了 GRUB 的文件配置后，就需要运行如下命令来更新 grub.cfg：

```
# grub-mkconfig -o /boot/grub/grub.cfg          //在 BIOS-MBR 系统中使用该命令
# grub-mkconfig -o /boot/efi/EFI/GRUB/grub.cfg  //在 UEFI-GPT 系统中使用该命令
```

如果用户忘记更新 grub.cfg 文件，就会导致开机后无法使用 GRUB 菜单来启动操作系统。这时，系统会进入 GRUB 的命令行交互界面。使用命令行同样可以启动操作系统，读者可以参考 4.4.3 节的相关内容。

4.4 Linux 磁盘管理

磁盘（硬盘）是计算机存储数据的最重要的介质，因此用户需要了解硬盘的相关知识，并将磁盘管理好。不仅如此，当需要更新计算机或者系统需要扩容、增加新的硬盘时，也需要用到磁盘管理。本节主要介绍 Linux 磁盘、磁盘分区、磁盘格式化以及一些必要的磁盘管理工具等。

4.4.1 Linux 磁盘与分区

目前的计算机以 SATA 接口（或称为 SCSI 接口）类型的 SATA 硬盘（串行接口）为主，如图 4-5a 所示。另外，还有一种 IDE 接口的 PATA 硬盘（并行接口），如图 4-5b 所示，多见于 2005 年以前的老旧计算机，目前已经很少见。

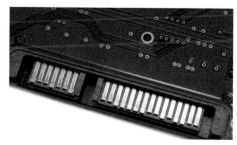

（a）串行接口　　　　　　　　　　　　　　　　　（b）并行接口

图 4-5　两种硬盘的不同接口

Linux 操作系统把 SATA 接口设备称为 sd，并加上 a、b、c 等字母后缀依次给多个设备命名，如 sda、sdb、sdc 等。目前主流的硬盘都已经采用 SATA 接口。一般的计算机主板拥有 2～4 个 SATA 接口，笔记本电脑只有 1 个 SATA 接口。此外，由于 USB 接口采用了和 SATA 接口一样的驱动程序，因此通过 USB 连接的 U 盘、移动硬盘也采用同样的命名方式。较古老的 IDE 接口则被称为 hd，如 hda、hdb 等（需要注意的是，GRUB 对于 SATA 和 IDE 存储设备都采用 hd 加上数字来命名，如 hd0、hd1 等，这与 Linux 操作系统中的编号方法不同）。因为 Linux 操作系统中没有盘符这个概念，操作系统通过设备名来区分不同设备，所以 Linux 操作系统中实际的硬盘设备就是/dev/sda、/dev/sdb 等，如果要访问这些硬盘设备，就需要把它们挂载到目录树上。部分固态硬盘也会使用 NVMe 接口，这类设备采用/dev/nvme*的命名方式。

在使用新的硬盘之前，一般都会对其进行分区。对硬盘进行分区可以有效减小文件系统出问题的风险。在一般情况下，某个分区的文件系统出现问题，只会影响该分区，别的分区的数据还能够被正常访问。当然，分区还能让计算机按照区块的方式管理硬盘，减少硬盘单次维护的工作量。

Linux 操作系统使用设备名加上数字来命名各个分区，例如/dev/sda1 代表 sda 硬盘的第 1

个分区，/dev/nvme0n1p2 代表 nvme0n1 固态硬盘的第 2 个分区，依此类推。我们已经知道，硬盘的分区有 MBR 和 GPT 两种引导方式。MBR 分区表最大支持 2 TB 的硬盘，且最多支持把它划分成 4 个主分区。因此，想要划分 5 个或更多分区，需要使用扩展分区功能，通过在扩展分区中创建多个逻辑分区来实现。在多个主分区中，只能有一个主分区作为启动分区。逻辑分区是从 5 开始的（不论实际是否有 4 个主分区，1、2、3、4 都应该保留给主分区使用），如 sda5、sda6 等。GPT 分区方式最大可支持 18 EB 的硬盘。GPT 分区表最多可以支持划分 128 个主分区，因此扩展分区和逻辑分区在 GPT 分区方案中就失去了存在的意义。

想要了解磁盘的分区及使用情况等信息，只需要使用 df 命令（在 3.1.2 节介绍过）。df 命令可以查看已挂载磁盘的总容量、使用容量和剩余容量等。此外，du（disk usage）命令也可以用来管理磁盘，显示磁盘空间的使用情况，并统计目录（或文件）所占磁盘空间的大小。该命令会逐级进入指定目录的每一个子目录，并显示该目录占用文件系统数据块（总容量为 1024 字节）的情况。若没有给出指定目录，则会对当前目录进行统计。

4.4.2　磁盘分区与格式化

当在 Linux 操作系统（Windows 操作系统也是如此）中添加一块新硬盘时，操作系统是无法被立即使用的，因为它还没有分区和格式化。只有将新硬盘分区、格式化，并挂载在某个目录下，才能供用户正常使用。在 2.1 节安装 Manjaro 的时候，读者就能大体了解 Linux 操作系统的分区与格式化。

在任何操作系统中分区工具都是非常重要的软件，正因为如此，一般操作系统都会自带分区工具。在 Windows 操作系统中，自带的分区工具是 diskpart（MS-DOS 系统下的分区工具是 fdisk 工具）。其实，分区工具可能被称为磁盘管理工具更合适，因为这些工具不仅可以对磁盘进行分区，还可以对磁盘进行管理，不过一般用户主要用分区工具进行磁盘分区，所以本文还是采用分区工具的说法。在 Linux 操作系统中，自带的分区工具则是 fdisk 工具和 parted 工具。diskpart、fdisk 和 parted 这 3 个工具都是基于命令行来使用的。

图形化分区工具一般是由第三方提供的，如 Windows 操作系统下的 DiskGenius 工具以及同时兼容 Linux 操作系统、Windows 操作系统和 macOS 操作系统的 GParted 工具。图形管理工具操作方便直观，其基本功能也都能实现，但是高级功能的操作相对复杂，而且往往由于功能和系统权限的关系，用户无法进行某些功能操作，这是图形管理工具的最大限制。不过，这些问题一般都可以通过功能更强大的命令行工具来完成，这也是为什么系统自带的工具都是以命令行工具为主（从侧面反映出命令行的强大与灵活）。接下来，我们简单介绍一下 Linux 操作系统的 3 款分区工具。

1．fdisk/gdisk

fdisk 是 Linux 操作系统自带的磁盘管理工具，它可以管理多种分区表。fdisk 是交互式命令行工具，允许用户对分区进行查看、创建、调整大小、删除、移动和复制。fdisk 是一款经典而有效的磁盘分区工具，类似的软件还有 partx、gfdisk、cfdisk、sfdisk 等。不管是哪一种工具，都是基于命令行交互界面的。fdisk 使用方便用户理解地方式设计交互式命令，操作方式符合人们的习惯，因此它广受欢迎，许多年来都是用户管理硬盘的第一选择。

不过，由于历史架构等原因，fdisk 只支持 MBR 分区格式，并不支持 GPT 分区和大容量硬盘（新版 fdisk 已经可以识别并使用 GPT，也支持了 2 TB 以上的硬盘，但是功能还不是很完善）。如果用户使用的是 GPT 分区，或者使用了容量大于 2 TB 的硬盘，就可以使用 gdisk。gdisk 就是 GPT fdisk 的缩写，gdisk 在 GTP 分区上的命令和 fdisk 很类似，所以对喜欢 fdisk 的用户来说，gdisk 的学习难度很低。gdisk 实际上是一套磁盘分区管理工具的集合，除了 gdisk，还集成了 cgdisk、sgdisk 和 fixparts 等工具，所以可以用 gdisk、cgdisk 和 sgdisk 等不同的命令来启动 gdisk。

2. parted

parted（全称是 GNU parted）分区工具是 GNU 系统的一部分。parted 用于创建和操作分区表，旨在最小化硬盘分区数据的丢失风险，目前由自由软件基金会开发并发行。parted 可以查看、创建、删除分区，并且支持调整分区的大小、复制分区的内容等。parted 支持大于 2 TB 的硬盘，支持 MBR 和 GPT 分区表，支持 ext3、ext4、FAT32、NTFS、UFS、HFS 等数量众多的文件系统，功能非常强大。不过 parted 目前仅支持 Linux 操作系统和 GNU Hurd 操作系统，如果用户想在其他操作系统或平台上使用 parted 软件，那么可以考虑基于 parted 衍生的分区工具，如 GParted、QtParted 等。

3. GParted

GParted 分区工具也是一款自由软件，它是由 parted 衍生而来的，主要利用 GTK+图形库提供的模块给 parted 添加了图形用户界面，其界面如图 4-6 所示。使用 GParted 的用户可以更加直观地进行硬盘分区的相关操作。因此，GParted 的基本功能和 parted 基本相似，都可以实现分区的查看、创建、删除、调整和复制等功能。此外，GParted 提供了 LiveCD 的运行方式，用户可以将其刻录到 U 盘或光盘上，从而启动并运行它（类似于 Linux 操作系统的体验系统）。它可以用于修复 Linux 操作系统、Windows 操作系统或 macOS 操作系统复发启动的问题（但并不保证一定能修复成功）。

GParted 的首个版本发布于 2004 年 8 月 26 日，版本号为 0.0.3。GParted 提供 60 多种语言，各个发行版中包含不同的语言。目前，GParted 的最新稳定版本是 GParted 1.4.0。需要特别说明的是，GParted 工具不仅可以运行在 Linux 操作系统上，也可以运行在 Windows 操作系统和 macOS 操作系统上。GParted 支持 ext2、ext3、ext4、FAT16、FAT32、NTFS 等常见的文件系统。

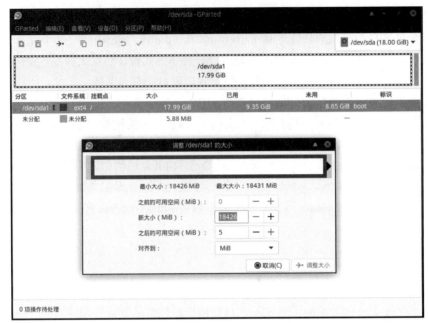

图 4-6　GParted 分区工具的界面

4.4.3　利用 GRUB 制作 U 盘启动盘

不论是想要学习操作系统的学生或研究人员，还是从事系统维护的技术人员，都需要经常安装新的操作系统。其实，安装新的操作系统并非难事。现在很多操作系统都带有图形化的安装工具，就算是命令行的安装工具，只要用户了解一些参数的配置，基本上都能成功安装，最怕的就是出现安装后操作系统无法启动或者启动出错的问题。此时，一个应急的备用启动盘就非常有用。

启动盘也可以称为安装启动盘，是一种安装在移动存储介质（如 U 盘、CD/DVD、移动硬盘等）上的操作系统。该操作系统精简了部分不必要的功能，占用较小的存储空间，并且能够独立运行。启动盘类似于计算机恢复盘，它可以尝试修复无法启动的操作系统，也可以用来安装操作系统。以前启动盘大多使用软件或光盘作为存储介质，随着技术的发展，软盘和光盘逐渐被淘汰（现在很多台式机和笔记本都不配备光驱了），价格实惠、容量更大的 U 盘和移动硬盘成为了启动盘的新载体。相比较移动硬盘，把 U 盘制作成启动盘的方式更受欢迎：一是启动盘不占用很大的空间；二是 U 盘携带起来更加方便，而且 U 盘也更加便宜。因此，本节主要讨论如何制作一个 U 盘启动盘。

目前几乎所有的计算机（包括笔记本计算机）都支持 U 盘启动。Windows 操作系统的启动盘一般都安装了 Windows PE（Windows preinstallation environment）系统，可以用这个系统来引导、修复（或重新安装）计算机上的 Windows 操作系统。Linux 操作系统则相对简单，由于几乎所有的 Linux 发行版都提供 LiveCD 运行模式，用这种方式就可以引导和修复系统，不需要额外的引导盘。可以在 Windows 操作系统下制作 U 盘启动盘的工具（软件）有很多，如大白菜一键装机、U 深度、U 启动等，以及更加专业、小巧并支持多平台的 Rufus、EasyBoot、GRUB 等，这些工具对大多数用户来说便够用了。当然，如果是 Linux 操作系统的专家级用户，便不需要这些工具（软件），直接用 Linux 操作系统自带的 dd 命令就可以。

之前介绍过 GRUB 是一个引导加载程序，GRUB 可以引导 Linux 操作系统，也可以引导 Windows 操作系统。接下来就用 GRUB 来制作启动盘（由于已经安装了所有的工具，就无须再查找并下载 GRUB）。首先需要准备一个 U 盘，如果不存放系统镜像，128 MB 的 U 盘就够用了。但是为了使用的方便，系统镜像一般都会放在 U 盘中，因此建议 U 盘空间的大小至少为 2 GB。

1. 格式化 U 盘

为了保证 U 盘启动盘拥有较好的兼容性，需要把 U 盘格式化为 GPT 分区，让 GPT 兼容 MBR，实现 UEFI 和 BIOS 双支持。假设 U 盘没有被格式化过，接下来将利用 gdisk 工具来格式化 U 盘（注意这些操作会让 U 盘中的所有数据丢失，请务必提前备份好数据），具体操作如下所示（因为如下步骤涉及具体的硬件和软件版本，所以笔者的某些提示信息可能不同于读者的提示信息）。

（1）输入 "gdisk /dev/sdb" 来给 U 盘分区（此处/dev/sdb 是笔者使用的 U 盘，也可能是 sdc、sdd 等，依照实际情况做相应修改即可），接下来就进入到 gdisk 的操作环境。

```
GPT fdisk (gdisk) version 1.0.4
Partition table scan:
  MBR: MBR only                         //笔者的 U 盘是 MBR 的分区表
  BSD: not present
  APM: not present
  GPT: not present
********************************************************************
Found invalid GPT and valid MBR; converting MBR to GPT format
in memory. THIS OPERATION IS POTENTIALLY DESTRUCTIVE! Exit by
typing 'q' if you don't want to convert your MBR partitions
to GPT format!
********************************************************************
```

（2）输入 "o" 来创建 GPT 分区表。

```
Command (? for help): o
This option deletes all partitions and creates a new protective MBR.
Proceed? (Y/N): y                          //输入 y 来确认操作
```

（3）输入 "n" 来创建分区，分区 1 是 EFI 分区，存放 EFI 启动文件和配置文件。

```
Command (? for help): n
Partition number (1-128, default 1):                //默认分区号是 1, 按回车键即可
```

```
First sector (34-3948510, default = 2048) or {+-}size{KMGTP}:          //起始扇
//区位置，按回车键即可
Last sector (2048-3948510, default = 3948510) or {+-}size{KMGTP}: +100M   //分区大
//小为 100MB
Current type is 'Linux filesystem'
Hex code or GUID (L to show codes, Enter = 8300): EF00                  //这是
//EFI 的分区标记，请勿遗漏
Changed type of partition to 'EFI System'
```

（4）再次输入"n"来创建分区，分区 2 是 BIOS 启动分区，后面会安装 BIOS 引导程序到此处。

```
Command (? for help): n
Partition number (2-128, default 2):                                   //默认
//分区号是 2，按回车键即可
First sector (34-3948510, default = 206848) or {+-}size{KMGTP}:        //起始扇
//区位置，按回车键即可
Last sector (206848-3948510, default = 3948510) or {+-}size{KMGTP}: +1M  //分区大
//小为 1MB
Current type is 'Linux filesystem'
Hex code or GUID (L to show codes, Enter = 8300): EF02                 //这是
//BIOS 启动分区标记，请勿遗漏
Changed type of partition to 'BIOS boot partition'
```

（5）再次输入"n"来创建分区，分区 3 是普通分区，用来存放系统镜像和用户数据。

```
Command (? for help): n
Partition number (3-128, default 3):          //默认分区号是 3，按回车键即可
First sector (34-3948510, default = 208896) or {+-}size{KMGTP}:        //起始扇区位
//置，按回车键即可
Last sector (208896-3948510, default = 3948510) or {+-}size{KMGTP}:    //U 盘余下的
//空间都设置为分区 3，此处按回车键即可
Current type is 'Linux filesystem'
Hex code or GUID (L to show codes, Enter = 8300): 0700                 //这是基本数
//据分区标记，遗漏可能会导致 Windows 操作系统无法被识别
Changed type of partition to 'Basic data partition'
```

（6）输入"w"可以执行上述操作。读者一定要确认已经备份了 U 盘上的所有数据。

```
Command (? for help): w
Final checks complete. About to write GPT data. THIS WILL OVERWRITE EXISTING
PARTITIONS!!
Do you want to proceed? (Y/N): y          //输入 y 来进行确认操作
OK; writing new GUID partition table (GPT) to /dev/sdb.
The operation has completed successfully.
```

（7）完成如上操作后，就会退出 gdisk 的操作环境。之后可以输入"gdisk -l /dev/sdb"命令来检查 U 盘分区是否正确（/dev/sdb 是笔者使用的 U 盘，U 盘分区也可能是 sdc、sdd 等，读者依照实际情况做相应修改即可）。

```
GPT fdisk (gdisk) version 1.0.4
Partition table scan:
  MBR: protective                //保护性的 MBR，这个是 GPT 兼容 MBR 的一种设计
  BSD: not present
  APM: not present
  GPT: present                   //目前分区表是 GPT 分区表
  ……                            //此处省略部分信息
Number  Start (sector)   End (sector) Size     Code      Name
  1   2048    206847   100.0 MiB  EF00  EFI System         //EFI 分区
  2  206848   208895   1024.0 KiB EF02  BIOS boot partition //BIOS 启动分区
  3  208896  3948510   1.8 GiB    0700  Basic data partition //用户数据分区
```

（8）最后输入以下命令，格式化之前创建的引导分区。

```
# mkfs -t vfat /dev/sdb1   //将 EFI 分区格式化成 FAT32 文件格式
# mkfs -t vfat /dev/sdb3   //将用户数据分区格式化成 FAT32 文件格式
```

2. 安装 GRUB 到 U 盘

完成以上操作之后，准备工作就做好了。现在可以把 GRUB 安装到 U 盘。

（1）利用 mount 命令把 U 盘的分区 1（即 EFI 分区）挂载到 Linux 操作系统上。

```
# mount /dev/sdb1 /mnt/    //挂载 U 盘到/mnt/目录
```

（2）执行 grub-install 命令，该命令会把 BIOS 引导方式的 GRUB 启动文件安装到 U 盘的 BIOS 启动分区。其中，boot-directory 参数会指定启动需要用到的其他文件位置，如 grub.cfg。注意，若读者的 U 盘是 sdx（x 可能为 c、d、e 等），只要把"/dev/sdb"改为相应的"/dev/sdx"即可。

```
# grub-install --target=i386-pc --recheck --boot-directory=/mnt/boot /dev/sdb
```

（3）再次执行 grub-install 命令，这次将 UEFI 引导方式的 GRUB 启动文件安装到 U 盘的 EFI 分区。其中，efi-directory 参数指定 EFI 分区（已挂载到/mnt），boot-directory 参数会指定启动需要用到的其他文件的位置，removable 参数会把 GRUB 安装到可移动磁盘（U 盘）上。

```
# grub-install --target x86_64-efi --efi-directory /mnt --boot-directory=/mnt/boot
--removable
```

3. 利用命令行方式引导操作系统

通过以上操作，一个装有 GRUB 的 U 盘启动盘就安装完成了，同时支持 BIOS 和 UEFI 两种启动方式。不过，由于目前还没有做任何配置，也没有在 U 盘上复制引导系统，因此只能通过命令行（而不是菜单选项的方式）启动安装在硬盘上的 Linux 操作系统或 Windows 操作系统（但是无法修复已损坏的系统）。接着，重新启动计算机，并选择"从 U 盘启动"，之后可以看

到 GRUB 命令行启动界面，如图 4-7 所示。

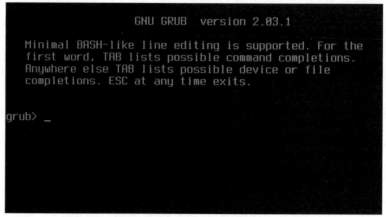

图 4-7　GRUB 命令行启动界面

　　通过命令行方式引导系统是最方便的，可以直接输入命令来执行想要的操作。对很多用户（尤其是初学者）来说，命令行如同噩梦，黑乎乎的界面，没有鼠标、也没有选项。实际上，在了解了 GRUB 的基本工作原理之后，使用命令行反而是最简单的，也是最不容易出错的做法（不需要考虑任何配置文件的改动）。

　　想要通过命令行的方式引导 Linux 操作系统，只需要掌握 5 个基本命令：ls、set root、linux、initrd 和 boot。ls 命令和 Linux 操作系统中自带的 ls 命令用法几乎一致，可以用 ls 命令来查看硬盘或者 U 盘的文件和目录。set root 命令用来指定操作系统所在的目录。linux 命令和 initrd 命令用来加载系统最基本的内核和镜像文件。boot 命令则用来启动系统。

　　（1）启动 Linux 操作系统

　　如果需要引导已经安装好的 Linux 操作系统，不论是从硬盘上，还是从直接解压缩 Linux 操作系统 ISO 镜像的 U 盘上，通过前面的 5 个命令再加上一些参数（不同发行版的一些参数会有差别，有些发行版不需要参数也能启动），就可以启动 Linux 操作系统。接下来，以 Manjaro 发行版的引导方式来说明如何启动 Linux 操作系统。注意，"grub>"是提示符，无须输入。

```
grub>ls                                      //查看已安装磁盘并打印信息，也可以用
                                             //ls -l 命令查看详细信息
grub>set root=(hd0,gpt3)                     //笔者的 Linux 操作系统在分区 3 上，设置
//gpt3 为根目录分区，请读者根据计算机的分区情况来设置。
grub>probe --fs-uuid--set=var (hd0,gpt3)     //目前很多系统的 root 需要使用分区的
//UUID 号。利用 probe 获取分区 UUID 号，并赋值给变量 var
grub>linux /boot/vmlinuz-xxx root=UUID=$var  //加载内核，xxx 是内核版本号（下同），不
//同机器有不同的内核版本号，可以用 Tab 键自动补全，并把 UUID 号赋值给 root
grub>initrd /boot/initramfs-xxx.img          //加载镜像文件
grub>boot                                    //启动系统，可以看到通过 GRUB 启动 Manjaro
                                             //的信息界面，如图 4-8 所示
```

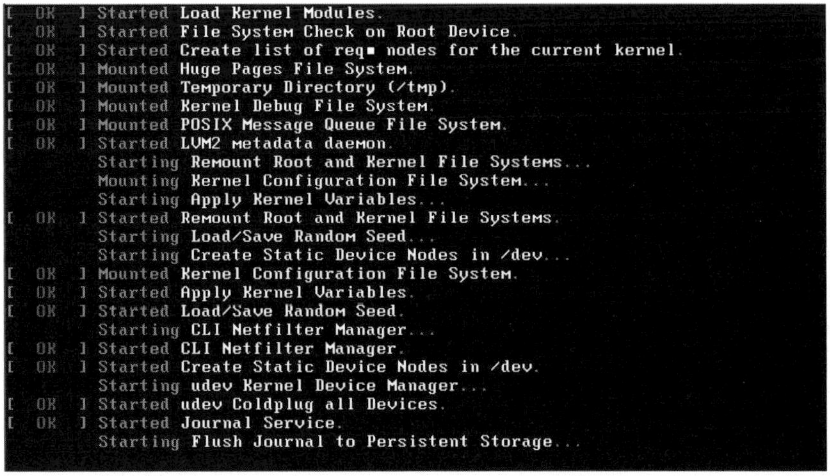

图 4-8 通过 GRUB 启动 Manjaro 的信息界面

（2）启动 U 盘 ISO 镜像

GRUB 不仅可以启动已安装的 Linux 操作系统，还可以启动 ISO 格式的 Linux 镜像文件。要引导 Linux 操作系统的 ISO 镜像，除了用到前面提到的 5 个命令，还需要用到 loopback 命令。loopback 命令可以加载镜像里的文件，让 GRUB 2 直接读取文件内容。对于不同的 Linux 发行版，其基本步骤是一样的，只是参数会有所不同。接下来，以 Ubuntu 发行版为例来说明如何启动 U 盘 ISO 镜像。注意，"grub>"是提示符，无须输入。

```
grub>set root=(hd0,1)                                    //笔者的镜像在分区 1 上，设置分区
//1 为根目录分区，请读者根据自己计算机的分区情况来设置
grub>set isofile=/ubuntu-18.04-desktop-amd64.iso         //将 Ubuntu.iso 位置赋值给变量
//isofile，方便后续操作
grub>loopback loop (hd0,1)$isofile                       //使用 loopback 命令，把镜像的文件
//内容投射（挂载）到 loop 上，内存要够大
grub>linux (loop)/casper/vmlinuz boot=casper iso-scan/filename=$isofile   //加载内
//核，将 casper 目录挂载为 boot，同时利用 iso-scan 来寻找镜像文件，并把找到的镜像文件挂载到光驱设备上
grub>initrd (loop)/casper/initrd.lz                      //加载镜像文件
grub>boot                                                //启动系统，可以看到系统启动界面
```

（3）启动 Windows 操作系统

GRUB 不仅可以引导 Linux 操作系统，也可以引导 Windows 操作系统。由于 Windows 操作系统不开源，因此 GRUB 一开始对新版本 Windows 操作系统的支持是比较差的，这一点可能会随着版本的更新而变好（也许不会）。Windows 操作系统有专用的引导程序，对于以 BIOS 方式启动的 Windows 操作系统（主要是 32 位的 Windows 7 及以前的），引导程序是 NTLDR（Windows XP 及更早的系统）或者 bootmgr（Windows Vista 及之后的系统）。对于以 UEFI 方式启动的 Windows 操作系统（主要是 64 位的 Windows 7 及以后的），引导程序是 bootmgfw.efi。不管是哪一种引导程序，GRUB 都是用 chainloader（链式加载）命令来操作的。chainloader 命令的作

用就是加载另一个引导程序。利用这个方式，就可以把引导程序从 GRUB 切换为 Windows 的引导程序，从而启动 Windows 操作系统。所以从根本上说，GRUB 没有办法启动 Windows 操作系统，但是可以把控制权"转交"给 Windows 的引导程序，从而"间接"启动 Windows 操作系统。

如果要启动硬盘上已经安装的 Windows 操作系统，就只需要使用 root、chainloader 和 boot 这 3 个命令。下面以 Windows 10 为例来说明如何启动启动 Windows 操作系统。注意，"grub>"是提示符，无须输入。

```
grub>set root=(hd0,2)                          //一般 Windows 10 都是以 UEFI+GPT 方式安
//装的。这时候只需要知道 EFI 分区号即可。笔者的 EFI 分区是 2 号分区，设置它为根目录分区。若不清楚
//在哪里，可以用 ls 命令查看。如果是 BIOS+MBR 方式，只要将 root 直接设置为安装系统的分区即可，
//如(hd0,0)
grub>chainloader /efi/Microsoft/Boot/bootmgfw.efi        //利用链式加载，将控制权转交
//给 Windows 系统的 bootmgfw.efi。如果是 BIOS+MBR 方式，此处改为 chainloader+1 即可。
grub>boot                                       //启动系统
```

如果要启动 U 盘上 Windows 操作系统的 ISO 镜像，情况就相对复杂一些。读者需要明确这个镜像是传统 BIOS 启动方式还是 UEFI 启动方式，这将会决定是以 MEMDISK 还是 chainloader 来启动该镜像。同时对 ISO 镜像还存在一些限制，如不符合标准规范（如某些 GHOST 镜像）的 ISO 镜像可能产生不能正常启动、镜像加载时间过长、启动容易出错等问题。

第一种情况是以 BIOS 方式启动的镜像，则需要用到 MEMDISK 工具（可以直接从网上下载，该工具所占空间很小）。这个工具是由 syslinux 提供的（一般在syslinux-版本号/bios/memdisk 下），可以将镜像读取到计算机内存中。当镜像文件较大（400 MB 以上）时，速度会很慢（数分钟时间），甚至还可能会出错。所以一般我们会用这种办法来启动镜像文件相对较小（400 MB 以内）的 Windows PE 系统，再利用 Windows PE 系统来安装或修复正式的 Windows 操作系统。下面以 BIOS 方式来启动系统。注意，"grub>"是提示符，无须输入。

```
grub>set root=(hd0,gpt3)          //笔者的 memdisk 和镜像在分区 3 上，设置它为根目录分区
grub>linux16 /memdisk iso raw     //利用 linux16 命令加载 memdisk，注意 iso 和 raw 参数不能少
grub>initrd16 /boot/Win8PE.iso    //利用 initrd16 命令加载 ISO 镜像，注意修改镜像的名称（此
                                  //处加载速度的快慢取决于镜像的大小）
grub>boot                         //启动系统
```

第二种情况是以 UEFI 方式启动的镜像，MEMDISK 的办法不再有效。这时候就需要把镜像解压缩并存放到 U 盘的任意文件夹下，然后使用 chainloader 来链式加载 efi 镜像文件。在一般情况下，解压缩出来的镜像文件里会有一个叫作 efi 的文件夹，下面还有一个叫作 boot 的文件夹，在文件夹下有一个叫作 bootx64.efi 的文件，我们需要启动的就是这个文件。UEFI 启动方式如下所示。注意，"grub>"是提示符，无须输入。

```
grub>set root=(hd0,gpt3)              //笔者将解压缩后的文件存放在分区 3 上，设置它为根目
                                      //录分区
grub>chainloader/efi/boot/bootx64.efi //利用链式加载，将控制权转交给 bootx64.efi
grub>boot                             //启动系统
```

4. 通过菜单方式引导操作系统

不管系统或镜像放在哪个分区，文件名是什么，只要是使用命令行来操作的，就都可以找到这些文件来引导系统。但不论如何，命令行操作还是稍显复杂。因此，通过选择菜单来引导系统是最方便的。GRUB 的菜单都是通过 grub.cfg 文件来管理的，如果读者是按照本书之前介绍的方式来制作 U 盘启动盘的话，就只需要把 grub.cfg 放到 U 盘 EFI 分区的 boot/grub 文件夹里。grub.cfg 文件可以被手工编写，也可以通过 Linux 操作系统里的 grub-mkconfig 命令来自动生成。为了方便起见，我们创建一个 grub.cfg 文件，并将该文件保存到 U 盘 EFI 分区的 boot/grub 文件夹下。

（1）最基本的菜单

首先，尝试建立一个最基本的菜单，菜单中只有关机和重启两个选项，只需要在 grub.cfg 文件中加入以下内容：

```
#这是注释，脚本语法同 Bash
#关机
menuentry "shutdown" {
halt;
}
#重启
menuentry "reboot" {
reboot;
}
```

保存该文件后，重新启动计算机，并选择"U 盘启动"，于是可以看到 GRUB 的引导界面，如图 4-9 所示，界面中已经有了两个菜单选项。从以上示例可以看出，memuentry 命令可以添加菜单选项，后面的名字就是选项的名称。接下来，就可以把想添加的菜单按照这个方式添加进来。

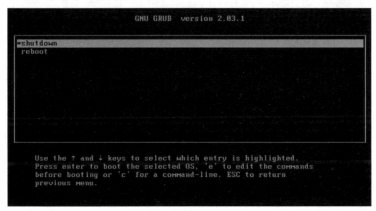

图 4-9　GRUB 的引导界面

（2）添加其他菜单选项

接下来，就可以添加更多的选项。想要添加其他的菜单，只需要把在"通过命令行方式引导系统"中的代码内容添加到 menuentry 里即可，注意此时无须添加 boot 命令，添加内容如下：

```
#启动硬盘 Manjaro
menuentry "Manjaro" {
set root=(hd0,gpt3)
probe -fs-uuid -set=var (hd0,gpt3)
linux /boot/vmlinuz-xxx root=UUID=$var
initrd /boot/initramfs-xxx.img
}
#启动 U 盘 Windows PE（WinPE）
menuentry "WinPE" {
set root=(hd0,gpt3)
chainloader/efi/boot/bootx64.efi
}
#启动硬盘 Windows
menuentry "Windows10" {
set root=(hd0,2)
chainloader /efi/Microsoft/Boot/bootmgfw.efi
}
```

再次启动计算机后，可以看到添加操作系统选项后的 GRUB 引导界面，如图 4-10 所示，菜单中已经有了很多选项，只要把上下箭头移到想进入的选项，再按回车键即可。

图 4-10　添加操作系统选项后的 GRUB 引导界面

通过 grub.cfg 文件手工生成的菜单比较简单，然而，GRUB 官方建议通过 Linux 操作系统内的 grub 工具来自动生成菜单。通过自动生成菜单这种方式，不仅可以添加菜单选项，还可以实现添加背景图片、设置中文、设置主题等自定义功能，满足各类用户的需求。由于这些操作也需要一个不断学习的过程，因此有很多爱好者制作了各种各样的模板供大家直接下载使用。GitHub 上有一个 GRUB 文件管理器（网址：https://github.com/a1ive/grub2-filemanager），GRUB

文件管理器的效果如图 4-11 所示，它可以引导很多镜像。要使用这个文件管理器，只需要下载几个十几 MB 大小的文件到 U 盘中，然后通过以下命令（或作成菜单）进入即可。

```
#注意先把 root 切换到保存 grub2-filemanager 的分区
#BIOS 系统:
linux /loadfm
initrd /grubfm.iso
#UEFI 系统:
chainloader /grubfmx64.efi
```

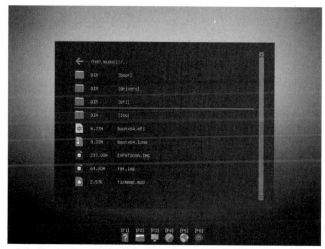

图 4-11　使用 GRUB 文件管理器的效果

当然，类似的软件（模板）还有很多，如 MultiBootUSB、Easy2Boot、GLIM 等，这些软件各有特色，能兼容的操作系统也各不相同，GRUB 文件管理器对不同系统的引导支持情况如图 4-12 所示，读者可以根据自己的需求自行从网上查找并使用。

类型	i386-pc	i386-efi	x86_64-efi
WinPE ISO	✓	✓	✓
Linux ISO		✓	✓
Android ISO	✓	✓	✓
BSD ISO	✓	✓	✗
IMG 磁盘镜像	✓	✓	✓
VHD 硬盘镜像	✓	✓	✓
WinPE WIM	✓	✓	✓
NT5 WinPE	✓	✓	✗
Linux/Multiboot 内核	✓	✓	✓
EFI 应用程序	✗	✓	✓

图 4-12　GRUB 文件管理器对不同系统的引导支持情况

第 **5** 章

逐步提高：安装和使用 Arch Linux 操作系统

本章将会为读者介绍 Arch Linux 操作系统的安装与初步使用。Arch Linux 是一款非常受欢迎的发行版，Arch Linux 的简洁和优雅被非常多的用户所喜爱，基于它所提供的基本系统，用户可以自由地搭建一款真正个性化的操作系统。当然需要明确的是，Arch Linux 并非用户友好型操作系统，它的基本操作是基于命令行的，所以本章内容对读者而言是一种挑战，同时也是对之前所学的 Linux 知识的一种检验。在本章的学习中，读者将会使用到很多命令，也会继续接触新的命令。在学习完这一部分内容之后，相信大家会对 Linux 操作系统的整体运行情况有一个全新的认识。

5.1　入门 Arch Linux 操作系统

本节首先会简要介绍 Arch Linux 操作系统，让读者比较全面地了解它的特点。接下来，重点介绍如何下载并启动 Arch Linux，如何通过体验系统将它安装到计算机中，以及如何在安装完成后进行系统的基本配置。

5.1.1　Arch Linux 操作系统简介

Arch Linux 系统诞生于 2002 年，由贾德·维内（Judd Vinet）创建，是一款较"年轻"的发行版，其官方标识如图 5-1 所示。Arch Linux 秉持简洁和优雅的理念，以用户为中心，注重系统的实用性。靠着极高的质量和卓越的体验，Arch Linux 的用户日益增长，同时参与到 Arch 社区的开发人员也越来越多。2007 年，亚伦·戈利费斯（Aaron Griffin）从维内手中接手项目的领导权，多年来一直带领社区持续开发和完善 Arch Linux 操作系统。2020 年，利文特·波利亚克（Levente Polyak）通过新一任选举，成为 Arch Linux 项目的第三任领导者。目前，Arch Linux 项目在波利亚克的领导下开发，是当下最热门的 Linux 发行版之一。Arch Linux 不像多数发行版那样有发行版本号，它采用的是"滚动"式更新。只要用户执行更新系统的操作，那么系统软件和应用程序都会被更新到最近发布的稳定版。

图 5-1 Arch Linux 的官方标识

Arch Linux 给用户提供了一款自由的、具有超强可定制性的操作系统。热门的 Linux 发行版（比如 Manjaro、Ubuntu 和 Fedora）就像大多数预装系统那样，有着图形化的安装界面和使用界面。这些 Linux 发行版的特点是有很多预安装的软件，使用方便，但是可定制性不强。事实上，对 Linux 操作系统而言，其最大特点是可定制性，用户可以按照自己的需求选择软件，配置自己的计算机，这恰恰也是 Arch Linux 的最大优点，它可以让用户很方便地定制属于自己的 Linux 操作系统。在此过程中，用户不仅得到了属于自己的个性化系统，更可以学习到 Linux 操作系统的工作原理和系统知识，可谓是"授人以渔"。

相比较其他发行版，ArchWiki 是 Arch Linux 的特点之一。ArchWiki 是一个在线的文档库，它不仅提供了有关 Arch Linux 发行版本身的用户指导手册和帮助文档，而且还包含了许多与 Linux 操作系统相关的知识。在各类 Linux 发行版所提供的文档库中，ArchWiki 被公认为是最好的一个，就连使用其他发行版的很多用户也会经常访问 ArchWiki，因为在这个文档库里可以找到他们想要的答案。

和很多知名的发行版（如 Ubuntu、Fedora、Deepin 等）不同，Arch Linux 工程（包括 Arch Linux 发行版和 ArchWiki 文档库）并没有公司或企业的支持，它是完全由 Arch 社区管理和维护的。Arch 社区主要由成千上万的志愿者组成，社区氛围自由、开放、高效、包容，对用户很友好，它鼓励用户积极参与社区建设。负责 ArchWiki 的志愿者数量极多，他们会对各类文档进行编辑和整理，只要是有用的文档，都会被包含进来。当任何用户向社区反馈了错误，都会及时得到更正。正因为如此，ArchWiki 的文档数量丰富，质量优秀，而且参与其中的志愿者也越来越多。想要安装并用好 Arch Linux，最好的办法就是利用好 ArchWiki，而且 ArchWiki 也有中文版页面。但是，有些时候中文翻译会落后于英文版，因此不推荐读者完全依赖于中文版页面。

除了 ArchWiki，Arch Linux 发行版的另一亮点就是它的软件包管理器 pacman。对于 pacman 软件，我们都不陌生，因为 Manjaro 系统的"添加/删除软件"就是以 pacman 为基础来开发的。

事实上，Manjaro 本身就是基于 Arch Linux 衍生出来的发行版。pacman 的名字来源于 package manager，pacman 是一款简单而实用的软件包管理器，不管安装的软件是来自官方仓库还是用户自己编译的，pacman 都可以很轻松地对它们进行管理。

pacman 是通过命令行来操作的。在使用 pacman 安装软件时，一般情况下用户只需要输入一条命令就可以下载软件及其依赖关系，并将其自动安装到操作系统。Arch Linux 拥有数量众多的软件，因为它除了提供官方仓库，还拥有可配置的 Arch Linux 社区用户仓库（AUR），这些对用户来说拥有非常大的吸引力。更重要的一点是，Arch Linux 还有官方中文社区，该中文社区维护着 archlinuxcn 这一个中文社区自有仓库。该仓库中包含了诸多中文软件包，以及一些不方便置于官方仓库中的软件包，例如网易云音乐（netease-cloud-music）、Java 集成开发环境（intellij-idea-ultimate-edition）等。由此可见，Arch Linux 对国内用户是非常友好的。除了以上介绍的基本情况，Arch Linux 发行版还遵循以下 4 个 UNIX 系统哲学。

- 简洁：Arch Linux 遵循 KISS 原则。Arch Linux 提供的软件都来自原始开发人员，开发人员仅对软件进行最小修改。
- 现代：Arch Linux 提供最新版本的软件，支持 Linux 操作系统的最新特性，是一款追求前沿技术的发行版。
- 实用主义：Arch Linux 是基于用户行为和需求的发行版，在开发过程中的所有决策都是以实用性为最高依据。因此用户可以根据实际需要，选择在 Arch Linux 操作系统上安装自由软件还是专有软件。
- 以用户为中心：Arch Linux 并不会为用户提供所有的功能和软件，它鼓励用户以自己的需求为中心，自己动手（DIY）搭建系统，并通过学习文档解决其中出现的问题。Arch Linux 尽量满足开发人员、社区和用户的需求。

Arch Linux 绝对不像 Manjaro 那样简单易用。恰恰相反，从安装系统开始我们就会明显地感受到挑战。当然也正是因为这些挑战，我们才能学到更多的 Linux 知识、掌握 Linux 操作系统的使用技能。在读者基本掌握了 Manjaro 之后，我们将更轻松地学习和使用 Arch Linux。接下来，我们将开始下载并安装 Arch Linux，请注意一定要仔细阅读 5.1.2 节中的说明，绝大部分安装失败都是用户没有仔细看说明，或者遗漏、输错命令而导致的。根据引导方式和计算机实际情况的不同，安装的方式会有所不同，所以请按具体说明进行，切忌一味地输入命令而忽略说明。

5.1.2　下载并引导 Arch Linux 镜像

首先依然是下载 Arch Linux 操作系统镜像，读者可以在 Arch Linux 官网中下载镜像文件，如图 5-2 所示。下载完成后，会得到 ISO 镜像：Arch Linux-2020.11.01-x86_64.iso（读者下载到的镜像的生成日期会有所不同）。

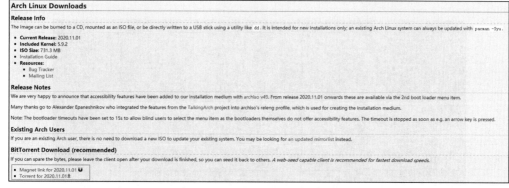

图 5-2　Arch Linux 镜像文件的下载界面

下载完成后，需要制作启动盘。在这里依然采用 U 盘作为启动盘。在安装 Manjaro 的时候，笔者用的是 Windows 操作系统的 USBWriter 软件（这个方法依然可行，同样也仍然可以采用把 ISO 镜像中的文件提取并拷贝到 U 盘根目录的方法），现在可以采用在 3.3.1 节介绍过的 dd 命令来刻录，只需要输入以下命令（注意，dd 命令会把 U 盘格式化，因此请务必提前备份好 U 盘中的数据）：

```
#dd if= Arch Linux-2020.11.01-x86_64.iso of=/dev/sdb status=progress   //if 表示输
//入文件，of 表示输出文件，/dev/sdb 表示 U 盘（用 fdisk -l 可以查看系统连接的硬盘、U 盘、移动硬盘
//等磁盘情况），status=progress 用于查看刻录进度
```

刻录完成后，就可以进入系统了。同样先关闭计算机，然后在 BIOS 方式（或者 UEFI 方式）中选择"U 盘启动"就可以（相关内容已在 2.1.2 节描述过，此处不再赘述）。成功从 U 盘启动后，屏幕将呈现出一个引导菜单（GRUB 菜单），可以使用方向键进行选择，按回车键进行确认。BIOS 方式的启动界面如图 5-3 所示，UEFI 方式的启动界面如图 5-4 所示，两种界面有所不同。

图 5-3　BIOS 方式的启动界面

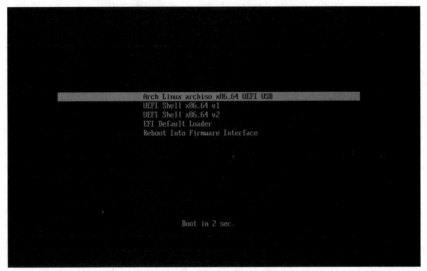

图 5-4 UEFI 方式的启动界面

无论是哪一种方式，都请用上、下方向键选择第一行（默认就是第一行）：Arch Linux install medium (x86_64, BIOS)或者 Arch Linux archiso x86_64 UEFI USB，接着按回车键，U 盘里的 Arch Linux 操作系统将开始启动。注意，现在 Arch Linux 官方只支持 64 位 CPU 版本，不再提供 32 位 CPU 版本。当然，如果有需要，还是可以从论坛上下载到 32 位 CPU 版本（目前绝大多数都是 64 位计算机）。进入系统之后，就可以看到 Arch Linux 超级用户的操作界面，如图 5-5 所示。

图 5-5 Arch Linux 超级用户的操作界面

到这里，读者可能就有疑问了，为什么没有安装程序呢？Arch Linux 甚至连图形界面也没有，除了提示信息，就只剩下命令提示符了。事实上，这就是 Arch 之道，或者说是 Arch 哲学——保持简单，一目了然。因为图形界面只是可选项，或者说是非必要组件，所以 Arch 只给用户提供了一个最小的环境，所有的安装操作都需要在命令行中完成，这对不习惯命令行操作的人来说是一个需要跨越的坎。但是，对有一定使用基础，并且想要学好、用好 Linux 的读者来说，这将会是一个提升技术的好机会。

5.1.3 安装 Arch Linux 到计算机

目前大家看到的界面依然是体验系统界面，接下来需要将 Arch Linux 安装到计算机中。首先，与安装 Manjaro 系统时类似，需要一块硬盘空间（未经分区的空闲空间）来安装 Arch Linux。如果没有磁盘空间，可以利用 Windows 操作系统中的磁盘管理压缩出一块空间，也可以使用 Linux 操作系统中的 fdisk、parted 或者 Gparted 等工具。当然，也可以将 Arch Linux 安装到 Manjaro 操作系统所在的分区，这样就会把之前"Windows 10 + Manjaro"的组合变成"Windows 10 + Arch Linux"的组合。由读者自行决定以何种方式安装 Arch Linux。对于 BIOS+MBR 方式启动的计算机，可以利用 fdisk 工具来建立分区。而对于 UEFI+GPT 方式启动的计算机，可以利用 gdisk（现在 fdisk 也已经支持 GPT 分区，本文以 gdisk 为例）来建立分区。这里需要提醒读者，涉及分区与格式化的操作时要格外注意，在按回车键之前请再三确认每一步操作，否则将会导致数据的丢失！请在操作之前备份好重要的数据。当然读者无须过于惧怕分区与格式化过程，正确的操作不会对其他数据产生任何影响。另外，以下命令依然支持在虚拟机中安装，因此，读者也可以在虚拟机中安装 Arch Linux（具体方法可以参考附录 B）。在虚拟机中安装 Arch Linux 时，可以跳过分区的过程，直接格式化硬盘即可。接下来，在命令提示符后面输入以下命令。

以 BIOS+MBR 方式启动的计算机，输入以下命令：

```
#fdisk /dev/sda        //sda 表示第一块硬盘，根据实际情况而定，如/dev/sdb、/dev/nvme0n1 等
```

以 UEFI+GPT 方式启动的计算机，输入以下命令：

```
#gdisk /dev/sda        //sda 表示第一块硬盘，根据实际情况而定，如/dev/sdb、/dev/nvme0n1 等
```

之后就进入了 fdisk（或者 gdisk）程序的操作环境，用户可以输入"m"来查看各个命令的作用。接下来，依次输入以下命令来创建一个新的分区，从而安装 Arch Linux。如果读者想把 Arch Linux 安装到之前安装 Manjaro 系统的分区，就可以直接跳过这一部分的内容。

#fdisk 的操作命令：如果读者的计算机里安装的是 Windows 7（32 位或更早），就可以按照下面的操作进行，fdisk 的操作界面如图 5-6 所示。
首先输入"F"，列出未分区的磁盘空间。
然后输入"n"，创建新的分区，会让用户选择起始扇区和结束扇区，一般直接使用默认数值即可。
最后输入"w"，保存之前的操作并退出 fdisk。

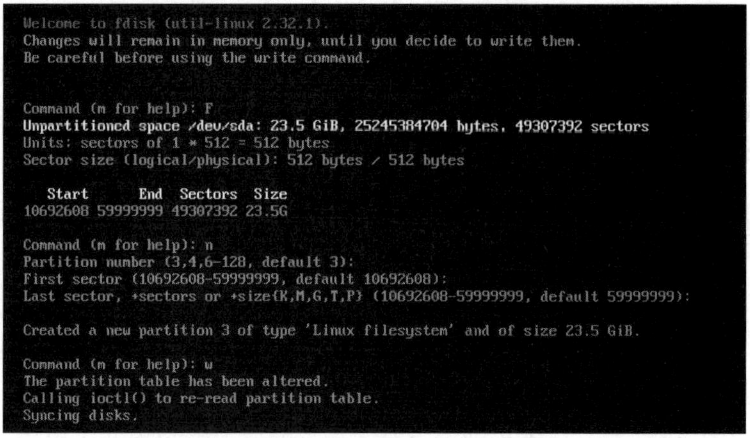

```
Welcome to fdisk (util-linux 2.32.1).
Changes will remain in memory only, until you decide to write them.
Be careful before using the write command.


Command (m for help): F
Unpartitioned space /dev/sda: 23.5 GiB, 25245384704 bytes, 49307392 sectors
Units: sectors of 1 * 512 = 512 bytes
Sector size (logical/physical): 512 bytes / 512 bytes

   Start      End  Sectors  Size
10692608 59999999 49307392 23.5G

Command (m for help): n
Partition number (3,4,6-128, default 3):
First sector (10692608-59999999, default 10692608):
Last sector, +sectors or +size{K,M,G,T,P} (10692608-59999999, default 59999999):

Created a new partition 3 of type 'Linux filesystem' and of size 23.5 GiB.

Command (m for help): w
The partition table has been altered.
Calling ioctl() to re-read partition table.
Syncing disks.
```

图 5-6　fdisk 的操作界面

#gdisk 的操作命令：假如读者的计算机里安装的是 Windows 10，按如下操作即可，如图 5-7 所示。

首先输入“p”，打印分区表。

然后输入“n”，创建新的分区。注意，Windows 10 默认有 EFI 分区（如图 5-7 所示，一般为硬盘上的第一块分区，即/dev/sda1）。如果系统里没有 EFI 分区，那么务必建立 EFI 分区，操作过程参考 4.4.3 节。这里同样会让用户选择起始扇区和结束扇区，一般直接使用默认数值即可。

最后输入“w”，保存之前的操作并退出 gdisk。

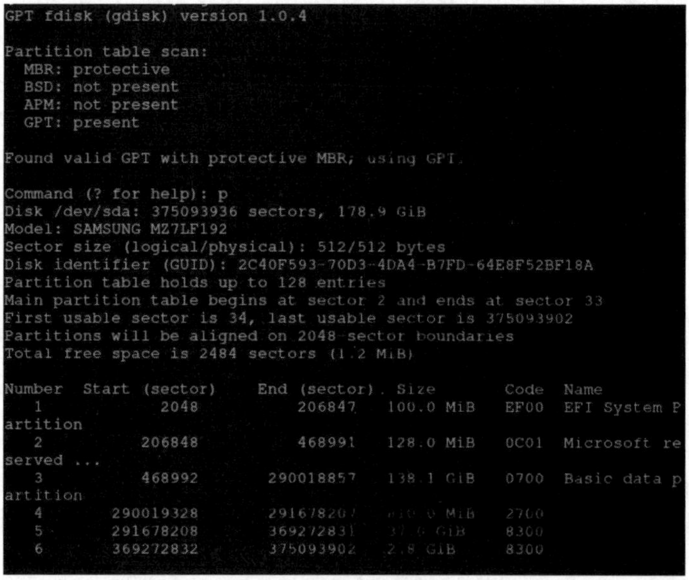

```
GPT fdisk (gdisk) version 1.0.4

Partition table scan:
  MBR: protective
  BSD: not present
  APM: not present
  GPT: present

Found valid GPT with protective MBR; using GPT.

Command (? for help): p
Disk /dev/sda: 375093936 sectors, 178.9 GiB
Model: SAMSUNG MZ7LF192
Sector size (logical/physical): 512/512 bytes
Disk identifier (GUID): 2C40F593-70D3-4DA4-B7FD-64E8F52BF18A
Partition table holds up to 128 entries
Main partition table begins at sector 2 and ends at sector 33
First usable sector is 34, last usable sector is 375093902
Partitions will be aligned on 2048-sector boundaries
Total free space is 2484 sectors (1.2 MiB)

Number  Start (sector)    End (sector)  Size       Code  Name
   1            2048          206847   100.0 MiB   EF00  EFI System P
artition
   2          206848          468991   128.0 MiB   0C01  Microsoft re
served ...
   3          468992       290018857   138.1 GiB   0700  Basic data p
artition
   4       290019328       291678207   810.0 MiB   2700
   5       291678208       369272831   37.0 GiB    8300
   6       369272832       375093902   2.8 GiB     8300
```

图 5-7　gdisk 的操作界面

硬盘分区完成后，还需要对刚才的分区进行格式化，可以直接把分区格式化成 ext4 文件格式，执行以下命令：

```
#mkfs -t ext4 /dev/sda3    //sda3 是笔者准备安装 Arch Linux 的分区，读者的分区号可根据自己的
                           //实际情况而定
```

接下来，可以挂载 swap 分区（可选）。swap 分区是 Linux 操作系统的交换分区，当内存空间不够用的时候，swap 分区可以存放内存中暂时不用的数据。由于现在的计算机基本上都是 4 GB 以上的内存，因此挂载 swap 分区就不是很有必要了，读者可以跳过这一步。如果需要挂载 swap 分区，就需要执行如下命令（如果当前没有 swap 分区，可以利用 fdisk 或 gdisk 工具划分一个分区，大小一般为 2～4 GB，然后用 mkswap 命令格式化该分区）：

```
#swapon /dev/sda5          //此处 sda5 是 swap 分区，如果不确定，那么可以用 fdisk -l 查看
```

最后，把 sda3 分区挂载到/mnt 目录下，可以开始安装 Arch Linux。sda3 就是我们要安装 Linux 根目录的分区。为了结构的简洁，我们会把系统安装到一个分区。读者也可以根据自身需求，划分到其他分区，如/home 分区等。至此，准备工作完成，开始安装系统，输入如下命令：

```
#mount /dev/sda3 /mnt      //挂载的分区用于安装根目录
#mkdir /mnt/boot
#mount /dev/sda1 /mnt/boot //对于 EFI 启动方式，需要挂载启动分区，一般为硬盘上的第一块分区。对
                           //于 BIOS 启动方式，则无须执行这步操作。
```

在安装 Arch Linux 的过程中需要连接网络（无法离线安装）。基本上，在正常的有线网络已经连接的情况下，计算机可以直接上网；如果用的是无线网络，就需要先配置网络。输入如下命令可以查看网络地址：

```
#ip address
```

在 Linux 操作系统中，无线网卡设备一般被命名为 wlan0、wlan1 或者类似名称。接下来以 wlan0 为例，使用 iwctl 工具来连接 WiFi，输入如下命令：

```
#iwctl                              //启动 iwctl 工具
[iwd]# station wlan0 scan           //扫描无线网络。此处"[iwd]#"表示以下命令均在 iwctl
//的交互式提示符中执行，在 iwctl 提示符中，可以通过 Tab 键自动补全命令和设备名称（下同）
[iwd]# station wlan0 get-networks   //打印可用的无线网络名称
[iwd]# station wlan0 connect SSID   //连接到名称为 SSID 的网络，此处 SSID 需要读者根据实际网
                                    //络环境替换
Passphrase: PASSWORD                //输入 WiFi 密码（如果有的话），此处 PASSWORD 需要读者根
                                    //据实际网络环境替换
[iwd]# quit                         //退出 iwctl 工具
```

执行完以上命令后系统就会尝试连接网络。网络连接成功后，可以使用 ping 命令来测试网络连接是否正确，如图 5-8 所示。如果能看到返回信息，就代表已成功连接网络，输入如下命令：

```
#ping www.baidu.com //使用 ping 命令来测试网络连接是否成功，按 Ctrl+C 组合键可以退出安装
```

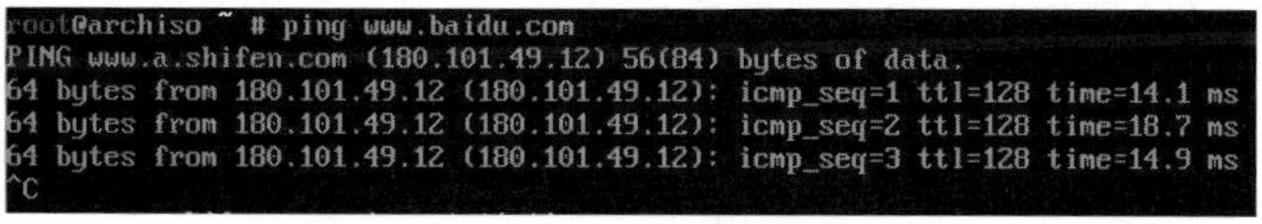

图 5-8 使用 ping 命令来测试网络连接是否正确

如果网络连接有问题，一般是网络的 SSID 或密码输入错误，只要使用 iwctl 工具重新设置即可。网络连接成功后，就可以开始安装系统了。安装系统很简单，就是把 Arch Linux 的基本系统组件下载并安装到磁盘上。Arch Linux 官方推荐使用 pacstrap 脚本来安装基本系统，可以执行以下命令将 Arch Linux 安装到计算机硬盘中，安装界面如图 5-9 所示。系统安装的速度取决于网速，一般 15～20 分钟就可以安装好。如果下载速度过慢，可以先参考"修改软件源"部分内容，提高下载速度（安装过程中按 Ctrl+C 组合键就可以中止安装）。

```
#pacstrap /mnt base base-devel linux linux-firmware      //此处安装的是 Arch Linux 操
//作系统的软件包合集、Linux 内核模块和基本固件等系统软件
```

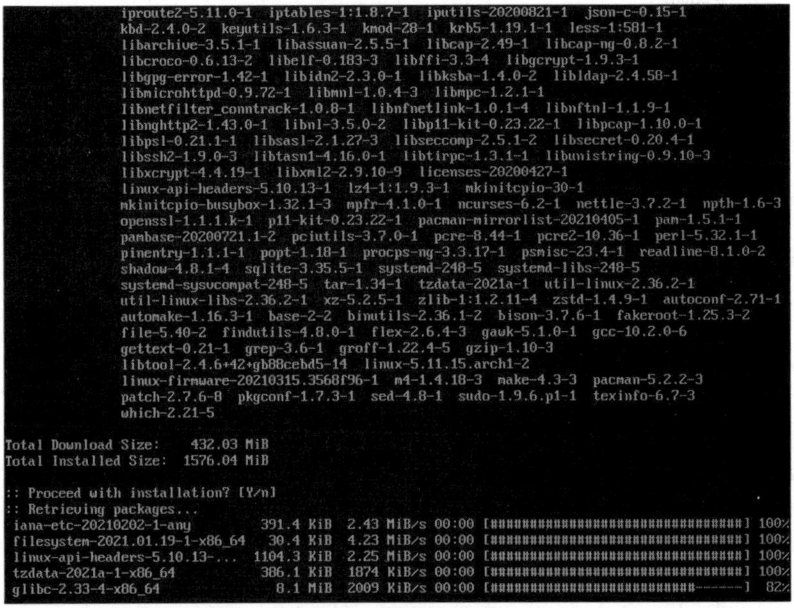

图 5-9 把 Arch Linux 安装到计算机硬盘中

修改软件源

  Linux 软件源，又称为 Linux 镜像源，指 Linux 操作系统默认指定的、专门保存各类软件的线上仓库。一般默认的 Linux 软件源都是国外源（服务器在国外），有时候会出现网络不通或者下载很慢的情况，针对这些问题，有一些国内软件源可以替换国外源。国内很多大学、软件公司都提供 Linux 发行版的软件源，如清华大学开源软件镜像、浙江大学软件镜像、阿里云镜像等。

  Arch Linux 默认开启所有仓库镜像（各个国家和地区都有仓库镜像），于是用户可能无法利用当地网络优势来下载镜像。为了达到最高的下载速度，需调整镜像顺序，提高当地镜像的优先级。修改软件源很简单，只需要把镜像源的网址输入到/etc/pacman.d/mirrorlist 文件中的相应位置即可。接下来，使用 nano 编辑器来添加国内源，首先执行如下命令：

```
#nano /etc/pacman.d/mirrorlist
```

在打开的编辑器里找到标有##China 的镜像源的下面一行,输入国内镜像源的网址链接即可,如图 5-10 所示,此处以清华大学、浙江大学镜像源为例(也可以直接放在整个文档的第一行或第二行,这样优先级最高),添加以下内容:

```
Server = http://mirrors.tuna.tsinghua.edu.cn/archlinux/$repo/os/$arch
Server = http://mirrors.zju.edu.cn/archlinux/$repo/os/$arch
```

然后,按 Ctrl+O 组合键可以保存文件,按 Ctrl+X 组合键可以退出。于是在下载软件的时候,系统就会优先从国内的服务器下载,将国内的软件源添加到下载镜像文本中。

图 5-10　将国内的软件源添加到下载镜像文本中

5.1.4　Arch Linux 的基本配置

完成 Arch Linux 基本系统组件的安装后,还不能着急重启计算机,需要先进行一些基本配置。这些基本配置包括生成自动挂载分区、更改系统管理员权限、设置时间(时区)、设置系统密码、安装引导程序等。Arch Linux 的基本配置过程如下所示。

(1)生成/etc/fstab 文件。fstab 文件用于记录系统启动时需要自动挂载的分区信息,Linux 操作系统会根据 fstab 文件的内容把硬盘的各个分区正确地挂载到目录树上。一般包含整个操作系统目录结构的数据都会在同一个分区,Linux 操作系统在启动时会将该分区挂载到根目录上。如果有一些重要数据还保存在别的分区(如引导分区),那这些分区也需要挂载到相应的目录上。所有这些信息都需要正确地记录在/etc/fstab 文件中。目前,刚安装完成的 Arch Linux 还没有自己的 fstab 文件,需要使用以下命令来生成它(有关一些特殊文件的介绍,读者可以参考本书4.1.3 节):

```
#genfstab -U /mnt >> /mnt/etc/fstab          //生成 fstab 文件,-U 表示设置 UUID
```

(2)切换系统管理员(root)权限。切换权限相当于把控制权交给新安装的 Arch Linux 操作系统,执行了这一步骤以后,系统权限就从体验系统转给了新系统。之后的操作步骤都相当于在硬盘的新系统中进行,执行以下命令:

```
#arch-chroot /mnt        //arch-chroot Bash 脚本是软件包 arch-install-scripts 的一部分
```

（3）设置时间（时区）。设置正确的时区就可以显示正确的系统时间，可以执行如下命令：

```
#hwclock              //查看系统时间是否正确，如果正确则无须操作，如果不正确则需要执行以下操作
#ln -sf /usr/share/zoneinfo/Asia/Shanghai /etc/localtime //（可选）设置北京（上海）时
                                                    //间为当地时间
#hwclock -w -u    //（可选）同步系统时钟
```

（4）设置主机名和 root 密码。计算机的主机名会显示到系统的命令提示符（命令提示符的基本组成就是[用户名@主机名 当前目录]的结构）上，因此读者可以自行命名计算机。设置 root 密码主要是为了方便执行需要管理员权限的命令，可以执行如下命令：

```
#pacman -S nano                    //pacman 是 Arch Linux 的软件包管理器（5.3 节将会介绍）。
                                   //这里用 pacman 来安装 nano 文本编辑器，如图 5-11 所示
#nano /etc/hostname                //添加主机名，将主机名添加到该文本中，在文件的第一行输
//入计算机主机的名称，之后按 Ctrl+O 组合键保存文件，按 Ctrl+X 组合键退出（下同）
#passwd                            //添加超级用户的密码
```

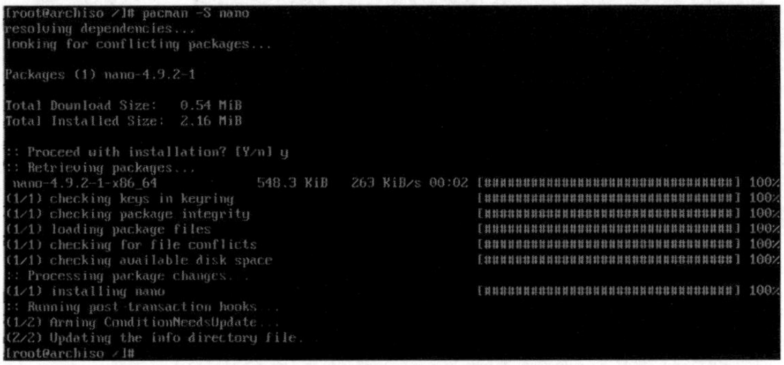

图 5-11　安装 nano 文本编辑器

（5）安装引导程序。安装引导程序的时候，需要先考虑计算机的启动方式。如果是 UEFI 系统，那么使用以下步骤来安装 GRUB，可以执行如下命令：

```
#pacman -S grub os-prober efibootmgr            //安装 GRUB
#grub-install --efi-directory=/boot             //安装 GRUB 到/boot/efi 目录
```

如果是 MBR 系统，那么使用以下步骤安装 GRUB，可以执行如下命令：

```
#pacman -S grub os-prober                       //安装 GRUB
#grub-install --target= i386-pc --recheck /dev/sda  //安装 GRUB 到硬盘，注意将
// /dev/sda 替换为读者安装的操作系统的硬盘
```

GRUB 安装完成后，可以执行以下命令生成配置文件（如果未能正确添加 Windows 操作系统菜单，就需要在/etc/default/grub 文档末尾添加 "GRUB_DISABLE_OS_PROBER=false"。在完成步骤（8）的重启操作之后，再次执行该命令）：

```
#grub-mkconfig -o /boot/grub/grub.cfg           //生成配置文件
```

（6）网络服务。网络连接是现代计算机必备的功能，当前新安装的 Arch Linux 还没有联网功能，因此需要安装网络服务软件。NetworkManager 软件功能强大、操作简单，兼容性也很好，我们就让它作为新系统的网络管理软件。此外，还需要配置/etc/hosts 文件完成相关配置，可以执行如下命令：

```
# pacman -S networkmanager              //安装必要的网络组件
#nano /etc/hosts                        //在/etc/hosts 文件中添加如下信息
127.0.0.1     localhost
::1           localhost
127.0.1.1     HOSTNAME.localdomain  HOSTNAME    //此处 HOSTNAME 就是（4）中设置的主机名
```

（7）配置语言环境。语言环境主要用于 Linux 操作系统在运行程序时，需要加载的和当前语言、地区和文化所相关的信息。Linux 操作系统使用 locale 程序来管理系统的多语言环境，其配置信息保存在/etc/locale.conf 文件中。因此，我们需要通过编辑 locale.gen 来生成 locale 信息，然后再创建/etc/locale.conf 文件。为了满足后续的中文显示和输入，此处提前生成了中文（zh_CN）环境，可以执行如下命令：

```
#nano /etc/locale.gen
       en_US.UTF-8 UTF-8               //依次找到这两行，将前面的#号去掉
       zh_CN.UTF-8 UTF-8
#locale-gen                            //生成 locale 信息
#echo LANG=en_US.UTF-8 > /etc/locale.conf  //创建 locale.conf 文件，提交所要使用的本地
//化选项。目前先使用英文语言环境，等安装了图形用户界面再切换到中文环境
```

（8）完成所有基本配置后，接下来先卸载分区，然后就可以重启计算机了，可以执行如下命令：

```
#exit
#umount -R /mnt
#reboot
```

重启系统之后，我们就可以通过 GRUB 菜单选项进入安装好的 Arch Linux 操作系统。不过这个时候 Arch Linux 的操作界面依然很原始，如图 5-12 所示，与体验系统类似，是以命令行形式作为交互的界面。第 6 章会介绍如何在 Arch Linux 中安装图形界面。不过在本章中，会围绕与命令行相关的系统操作进行介绍。

图 5-12　Arch Linux 的操作界面

5.2 系统管理

现在，Arch Linux 操作系统已经被成功安装到计算机中。目前系统中还没有其他用户（图 5-12 中的"RWang"是笔者的主机名），所以先以 root 身份登录。输入"root"和密码之后，就可以操作系统了。新安装的 Arch Linux 操作系统还处于非常精简的状态，为了方便日常使用，还必须配置、安装一些组件来扩展系统的功能。自由组合和个性化定制也是 Arch Linux 吸引用户的一个地方。

5.2.1 网络配置

使用新系统的第一步，一般就是连接网络。由于之前已经安装好了 NetworkManager 包，现在就可以很方便地上网了。

```
#systemctl enable NetworkManager --now       //启用 NetworkManager.service 服务
```

如果读者的计算机使用的是有线网络，那系统能自动获取 IP 地址，可以输入以下命令来查看 IP 地址。

```
#ip link                          //查看网络设备
#ip link set XXXX up              //如果有线网卡未启用，那就启用有线网卡，此处 XXXX 需要
                                  //读者替换为自己的网卡名称，如 eth0、eth1 等
#ip address                       //查看 IP 地址，如果无法获取，那么可尝试重启系统
```

如果读者的计算机使用的是无线网络，那就使用 NetworkManager 包自带的 nmcli 工具来连接上网。

```
#nmcli device wifi list                          //显示附近的 WiFi
#nmcli device wifi connect SSID password PASSWORD //连接 WiFi。SSID 为网络名称，
                                                  //PASSWORD 为网络密码
#ping Arch Linux.org              //测试网络连接情况，在正常情况下会返回数据信息
```

nmcli工具

nmcli 实用工具由 NetworkManager 包提供，用于管理有线网络和无线网络。用户可以用它来配置网络。nmcli 工具的常用命令如表 5-1 所示。

表 5-1　nmcli 工具的常用命令

命令	说明
nmcli radio all	显示无线网络开关状态
nmcli radio allon	开启无线网络
nmcli radio all off	关闭无线网络

续表

命令	说明
nmcli device wifi list	显示附近的 WiFi
nmcli device wifi connect SSID password PASSWORD	连接 WiFi。SSID 为网络名称，PASSWORD 为网络密码
nmcli device status	打印设备状态
nmcli device show	显示所有设备接口的详细信息
nmcli dev connect eth0	连接到 eth0 网络

　　NetworkManager 包不仅提供了 nmcli 命令行工具，而且还提供了基于文本的 nmtui 图形界面工具，nmtui 的操作界面如图 5-13 所示。只需要执行 nmtui 命令，就可以启动该工具。在一般情况下，选择"Activate a connection"，就可以选择连接有线网络或无线网络。

图 5-13　nmtui 的操作界面

5.2.2　用户管理

　　新的系统启动之后，默认是超级用户（即管理员）在使用 Arch Linux。由于超级用户的权限过高，因此以超级用户身份进行日常操作是不安全的，也是不推荐的。Linux 操作系统为用户提供了用户与组的权限管理，以提高整个系统的安全性。因此，首先要做的就是新建一个普通用户，并用这个普通用户的身份来进行日常操作。

　　3.2 节详细介绍了用户与组管理的相关命令，这里就用 useradd 命令来新建一个普通用户，可以执行如下命令：

```
#useradd -m -G wheel USERNAME        //将 USERNAME 替换为读者的组名和用户名，wheel 组是拥有
                                     //系统管理员权限的组
```

　　新建完用户之后，记得为新用户设置一个密码，可以执行如下命令：

```
#passwd USERNAME                     //将 USERNAME 替换为读者的用户名
```

　　根据提示输入两次密码就可以，出于安全考虑，建议不要用和超级用户相同的密码来设置新用户的密码。创建好新用户之后，就可以用这个用户身份来登录和使用系统。切换用户需要

使用 su 命令，如果普通用户需要执行管理员权限的操作（如修改系统文件、安装软件包等），那么也可以通过 su 命令切换到超级用户身份，可以执行如下命令：

```
#su USERNAME                    //切换到 USERNAME 用户
#su                            //切换到超级用户
#exit                          //执行操作后注销该用户
```

此外，也可以使用 sudo 命令来临时获取超级用户的权限。这样在执行需要管理员权限的命令时，只需要在该命令之前加上 sudo 就可以。要想使用 sudo 命令，需要先进行配置，可以执行如下命令：

```
#nano /etc/sudoers     //修改 sudo 命令的权限配置文件
```

在编辑器中找到# %wheel ALL=(ALL) ALL 这一行，删除之前的注释符（#），如图 5-14 所示，然后保存并退出就可以了。

```
## Uncomment to allow members of group wheel to execute any command
%wheel ALL=(ALL) ALL
```

图 5-14　找到这一行并删除注释符（#）

其中，%wheel ALL 意味着 wheel 组中的所有用户都可以使用 sudo 命令来获取管理员权限。出于安全考虑，使用 sudo 命令时还是需要输入当前用户的密码。配置好管理员权限后，需要用以下命令重启计算机：

```
#reboot
```

重启计算机后，输入刚刚创建的用户名与密码，重新登录系统，此时就可以以普通用户的身份来操作系统了。普通用户的标识符是$，根用户的标识符是#。在本书之后的描述中，如果命令之前是$符号，则表示是普通用户在操作系统；如果命令之前是#符号，则表示是根用户在操作系统。当然，普通用户也可以随时通过 sudo 命令来获得管理员权限。

wheel组

wheel 组的概念来源于 UNIX 操作系统，这个组主要包含了具有管理员权限的系统管理员，因此 wheel 组常被称为超级用户组。如果某个普通用户需要（临时）获取管理员权限，只需要把他加入到 wheel 组。当某些命令需要管理员权限才能操作时，可以直接通过 su 命令或 sudo 命令获取权限。

wheel 组可以很方便地管理需要特殊权限的用户，避免反复使用 root 用户来登录系统。如果某个用户不在 wheel 组内，那么他就不能使用 su 命令或 sudo 命令来获取管理员权限，从客观上保证了系统的安全性。wheel 组对于有多个用户使用的计算机（如服务器）是非常有用的。除了使用编辑器直接修改/etc/sudoers 文件，Linux 官方更推荐使用 visudo 工具（需要管理员权限），该工具可以提供有效性和语法错误等安全检查，读者可以使用 man visudo 命令来详细了解该工具的用法。

5.2.3　系统软件更新

Arch Linux 的更新机制是先进的滚动更新，也就是说 Arch Linux 的软件和内核会与最新的稳定版时刻保持一致，用户所用的系统和软件也是最新的，这个更新机制使得 Arch Linux 用户可以第一时间体验到新的软件与新的内核。虽然滚动更新的包没有经过完善的测试（稳定版的软件不会有问题，有经验的用户可能会使用测试版的软件），可能会产生系统不能正常工作等问题，但是在更新系统时，Arch Linux 会默认使用最新的稳定版软件，因此绝大多数情况下的更新都不会导致系统异常。

Arch Linux 官方建议每个用户及时对系统进行日常更新，这样既能享受到最新的问题修复和安全更新，又可以避免一次更新太多的软件包。要想更新 Arch Linux，只需要使用如下命令：

```
#pacman -Syu //参数说明可以参考 5.3.2 节
```

在更新系统时，一定要注意 pacman 输出的信息。如果有需要用户手动操作的，请一定要立即操作（一般这种情况较少）。如果用户频繁遇到软件下载出错等问题，就需要及时更新系统。

滚动更新与固定更新

滚动更新的 Linux 发行版是不断更新的，系统会给用户和开发人员推送最新的更新和补丁，并保持软件版本时刻是最新的。滚动更新的发行版没有"新版系统"的概念，系统的维护和升级都统一叫作更新。发行版的另一种更新方式是固定更新（固定发行）。固定发行的系统，会按照计划更新系统（软件），也会有固定的软件版本号，如 1.0、1.1、2.0 等。假如固定发行的 Linux 发行版要升级系统（更新系统），就必须重新安装系统以取代先前的 Linux 发行版。

5.3　软件包管理

很多 Linux 发行版都为用户提供了软件商店，软件商店也被称为软件仓库（repository），软件仓库中保存了可以在本发行版上安装和使用的众多软件包，用户可以在线浏览或搜索软件。当找到了需要使用的软件后，用户可以很方便地从软件仓库中下载和安装软件。软件仓库可以满足绝大多数用户的日常使用需求。在早期的 Linux 发行版中，有的没有软件仓库，有的软件仓库中的软件数量较少，因此用户需要到网上搜索和下载软件的源代码，自行编译生成可执行程序，然后再安装到系统上才能使用。但是编译需要花费较长时间，软件依赖复杂，很多时候需要排错和调试。因此，通过下载软件仓库中已经预编译好的软件包，直接安装和使用软件就成为了很多用户的第一选择。

Linux 发行版使用专门的管理工具来下载和安装软件仓库中的软件包，这些工具被称为软件包管理器。有些发行版的软件包管理器提供了强大且精致的图形界面，有些发行版依然使用着命令行形式的软件包管理器。主流的 Linux 发行版使用不同的软件包管理器，它们各有特色，受到不同用户的喜爱。软件包管理在 Linux 操作系统中非常重要，因为从软件仓库下载软件、安装软件、更新软件、处理依赖关系以及卸载软件都是 Linux 操作系统的关键操作。因此，对很多 Linux 高级用户而言，选择 Linux 发行版实际上就是选择最合适的软件包管理器。Arch Linux 和 Manjaro 系统中使用的软件包管理是 pacman 工具。

5.3.1 Linux 软件包管理器简介

软件仓库和软件包管理器几乎是每一个 Linux 发行版都会提供的重要系统组件。上传到软件仓库中的所有软件都是由开发人员对软件源代码经过修改、配置和编译生成的，和发行版高度匹配，在管理员审核后才会统一向外发布。安装软件仓库提供的软件时，软件包管理器会自动搜索该软件所需要的依赖关系（依赖的软件包），让软件可以正确地运行。这种方式不仅确保了系统中所安装软件的安全性，而且软件的性能也已经得到了开发人员和维护人员的认可，如果软件出现问题，将会在第一时间得到修复。对于大多数 Linux 发行版，软件包管理器基本上就是它的核心。由于 Linux 发行版众多，所以软件包管理器也很多，常见的软件包管理器有 Debian 系列的 apt、Red Hat 系列的 yum/dnf，比较有特点的软件包管理器是 Arch Linux 的 pacman、从源码开始编译的 emerge 等。这些管理器都是比较有名的，它们各有特色，且深受各自用户的喜爱。

1. 主流软件包管理器 apt 和 yum/dnf

20 世纪 90 年代的 Linux 用户直接用源码来编译将要安装的软件，但并不是所有的系统都会自带诸如 GCC、Clang 一类的编译工具。即使有了这些编译工具，也还需要用到 make 工具。make 工具是将所有头文件和源代码一并编译和链接的工具，所以安装软件需要用户具备专业知识。一般一些比较大的软件包都需要编译好几个小时，这令用户感到头疼。

Debian 开发的 dpkg 改变了这种现象，它直接将二进制的文档复制到计算机中，省去了大量的编译时间。与此同时，红帽公司也开发了一个叫 rpm 的软件包管理器，其本质和 dpkg 很相似。dpkg 和 rpm 都是本地软件包管理器，可以用于安装下载好的 DEB 软件包（*.deb）和 RPM 软件包（*.rpm），但是不支持软件包的在线下载和安装。

本地化的安装可以减少用户的工作量，使得安装软件更加快捷。但是很多时候一个软件的运行需要用到某些脚本或库文件，这些脚本或库文件可能由其他软件提供，因此"其他软件"也必须安装，这就是软件包的依赖关系。有时候一个软件可能会依赖多个软件，这就需要用户提前下载好这些软件包，确保要安装的软件可以正常运行。

确认和下载依赖软件包是非常烦琐的过程。为了解决软件包的依赖关系，Debian 开发了 apt（包括 apt、apt-get 和 aptitude 等工具），红帽公司开发了 yum。apt 和 yum 都可以实现软件包的在线下载和安装，同时支持自动处理所需要的依赖关系。此外，它们也都可以维护安装的软件，如软件更新、软件配置和软件删除等。dnf 是红帽公司开发的新一代工具，用于解决 yum 存在的一些问题（内存占用、依赖处理），提升了软件的运行速度和用户体验。目前很多 Linux 发行版都会直接采用 apt、yum 和 dnf（或者衍生管理器）作为自己的软件包管理器。

2. 有特点的软件包管理器 pacman 和 emerge

Arch Linux 并没有采用主流的 DEB 和 RPM 软件包，而是使用*.pkg.tar.xz 和*.pkg.tar.zst 格式的软件包。这种软件包由 makepkg 工具创建，makepkg 工具会根据 PKGBUILD（软件构建脚本）文件把程序源代码编译并打包，然后通过 pacman 进行安装。事实上，Arch Linux 软件仓库中的软件包都是用 makepkg 工具生成的，上传后由管理员审核通过后发布。pacman 是 Arch Linux 及其衍生发行版的默认软件包管理器，pacman 和其他的软件包管理器一样，负责软件的在线下载、安装、更新、卸载等操作，同时自动处理软件依赖。pacman 简洁且高效，可以实现系统和软件的滚动更新，用户可以随时享受最新的稳定版软件。

emerge 是 Gentoo Linux 的软件包管理器。严格意义上说，emerge 并不是纯粹的软件包管理器，因为 emerge 会直接从镜像站下载源代码，然后在本地进行编译和安装，这种方式更接近 Linux 软件最原始的安装过程。很多人喜欢使用 emerge 从源代码编译软件，这样可以自行配置软件的功能，当然其操作相对也是最为复杂的，效率也很低（尤其是当软件占用空间较大时，编译需要很长的时间）。此外，本地编译支持跨平台和架构安装软件，这样可以节约镜像站的空间。

5.3.2　使用 pacman 管理器

Arch Linux 使用 pacman 作为软件包管理器。pacman 的第一个版本由贾德·维内发布于 2002 年 2 月，此后 pacman 开发团队努力持续开发 pacman。pacman 先后添加了软件包同步、前后端开发方式、速度提升、软件包签名和验证等功能，成为一款广受好评的软件包管理器。pacman 的最新版本 6.0.2 发布于 2023 年 3 月。pacman 的使用十分方便，只需要执行 pacman 命令并配合不同参数，就可以实现与安装软件相关的所有操作，而且 pacman 还可以管理来自官方仓库、Arch 用户软件仓库（AUR）或者是用户自己构建的所有软件。

pacman 是一个命令行工具，必须在终端或控制台中执行（当然也可以给它安装图形用户前端，如 Octopi 等）。pacman 的命令参数有很多，在 ArchWiki 中有详细的介绍。在之前的安装过程中已经多次使用 pacman，相信读者对 pacman 的基本用法也有所了解。本节将介绍 5 个最常用的 pacman 命令。

（1）同步软件包数据库并更新系统，可以执行如下命令：

```
#pacman -Syu          //同步软件包数据库并更新系统。如果遇到下载出错的问题，记得执行此命令以
                      //更新数据库系统，建议用户每隔 1～2 天更新一次系统
```

这条命令非常重要，它不仅可以让系统保持最新的状态，而且还能把旧的软件包数据库更新到最新状态。如果不经常同步、更新系统，就可能出现软件无法下载（"404 错误""找不到软件包"）的问题，如图 5-15 所示。实际上就是软件库中的软件包已经更新了新版本，这时只要执行如上命令（或者加上-y 参数）就能够解决问题。

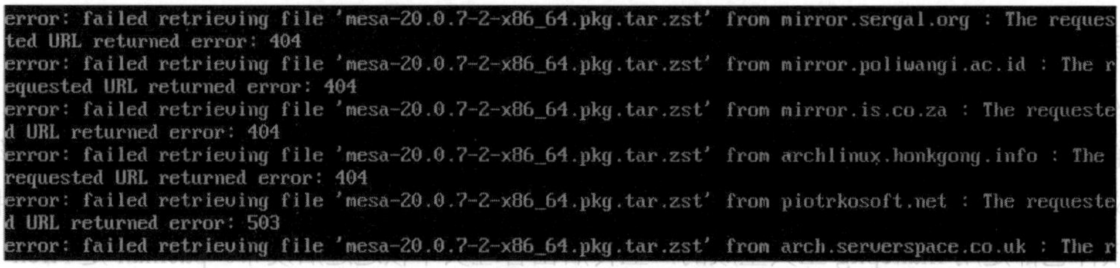

```
error: failed retrieving file 'mesa-20.0.7-2-x86_64.pkg.tar.zst' from mirror.sergal.org : The reques
ted URL returned error: 404
error: failed retrieving file 'mesa-20.0.7-2-x86_64.pkg.tar.zst' from mirror.poliwangi.ac.id : The r
equested URL returned error: 404
error: failed retrieving file 'mesa-20.0.7-2-x86_64.pkg.tar.zst' from mirror.is.co.za : The requeste
d URL returned error: 404
error: failed retrieving file 'mesa-20.0.7-2-x86_64.pkg.tar.zst' from archlinux.honkgong.info : The
requested URL returned error: 404
error: failed retrieving file 'mesa-20.0.7-2-x86_64.pkg.tar.zst' from piotrkosoft.net : The requeste
d URL returned error: 503
error: failed retrieving file 'mesa-20.0.7-2-x86_64.pkg.tar.zst' from arch.serverspace.co.uk : The r
```

图 5-15　出现软件无法下载的问题

（2）安装软件包，可以执行以下命令：

```
#pacman -S package_name       //安装或者升级单个软件包
#pacman -Sy package_name      //同步包数据库并且安装一个软件包
#pacman -U                    //安装本地包，扩展名为*.pkg.tar.xz 或者*.pkg.tar.zst
```

（3）删除软件包，可以执行以下命令：

```
#pacman -R package_name       //删除单个软件包，保留已经安装的全部依赖关系
#pacman -Rs package_name      //删除指定软件包，以及没有被其他已安装软件包所使用的依赖关系
#pacman -Rd package_name      //删除指定软件包时不检查依赖关系
```

（4）搜索软件包，可以执行以下命令：

```
#pacman -Ss 关键字            //在包数据库中查询软件包，查询内容包含了软件包的名字和描述
#pacman -Qi package_name      //查询本地安装包的详细信息
#pacman -Ql package_name      //获取已安装软件包所包含文件的列表
```

（5）其他用法，可以执行以下命令：

```
#pacman -Sw package_name      //下载包而不安装它
#pacman -Scc                  //完全清理包缓存（/var/cache/pacman/pkg）
```

文本浏览器Lynx的安装和使用

浏览器是现代操作系统必备的软件，几乎所有配备图形界面的操作系统都会默认安装浏览器。尽管浏览器一般都需要用到图形界面，但也有不少浏览器支持命令行界面。Lynx 就是一款基于文本的浏览器。Lynx 浏览器原先由卢·蒙图里（Lou Montulli）等人合作开发，后来DosLynx 的开发人员加勒特·布莱思（Garrett Blythe）也加入到 Lynx 团队。1995 年，Lynx在 GPL 下发布，至今仍有一群志愿者在维护它。

使用 Lynx 前，首先需要执行以下命令来安装 Lynx 浏览器：

```
#pacman -S lynx          //安装 Lynx 浏览器
```

安装完成后，就可以执行以下命令，同时输入网址上网：

```
#lynx web_URL            //web_URL 为网址，如 lynx archlinux.org
```

图 5-16 展示了使用 Lynx 浏览 Arch Linux 官网的界面。用户可以按 Tab 键来快速切换超链接，按 PgUp 和 PgDn 键来浏览上、下页面，按 Q 键可以退出浏览器。

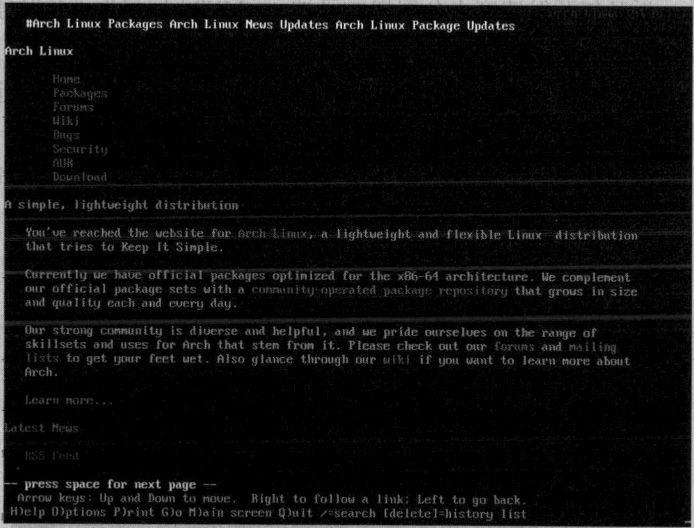

图 5-16　使用 Lynx 浏览 Arch Linux 官网

注意，尽管可以利用 Lynx 来浏览网页，但是网页中的图片是没有办法显示的。由于我们尚未安装中文（命令行下使用中文会出现乱码），所以中文网站也显示不出来。利用文本浏览器浏览文字为主的网页会相对便捷，但也只能作为一种附加的应用方式，更多还是要使用图形界面的浏览器。

5.3.3　使用 yay 管理器

尽管 Arch Linux 的官方软件仓库以拥有丰富的软件包而著称，但是仍旧有部分软件是官方仓库所没有的，因此，一个由社区用户创建和维护的"民间"仓库——Arch 用户软件仓库（Arch User Repository，AUR）诞生了。AUR 为用户提供了很多官方仓库所没有的、但是非常好用的软件包。AUR 的软件都是由普通个人用户选取并提交的，审核机制相对宽松，因此没有得到官方的认证，但是 AUR 包含的大多数软件都是可信任的软件，安全性还是非常高的。AUR 接受用户的投票打分，如果一个软件的质量很好、投票多且得分高，就有很大概率被选入到官方的 community 仓库，即和官方的 core（核心）和 extra（附加）等仓库同等地位。AUR 中软件包的数量非常丰富，几乎能够满足所有用户的需求。如果有开发人员新发布了一款软件，大概几小时后它就会出现在 AUR 仓库中，这给 Arch Linux 用户极大的便利。

AUR 中的软件包是以软件构建脚本 PKGBUILD 的方式提供的，pacman 无法直接安装这些软件。用户可以通过 makepkg 工具先生成软件包，然后再用 pacman 安装。但是这种方式稍显烦琐，因此就有很多开发人员发布了其他的工具来更加方便地安装 AUR 仓库中的软件，这些工具被称为 "AUR 助手"。AUR 助手种类繁多，多年来比较知名的一款 AUR 助手是 Yaourt。Yaourt 有着和 pacman 类似的使用方式，支持搜索、安装 AUR 软件包、处理冲突和依赖关系等功能。但是，Yaourt 近几年开发速度十分缓慢，已被 ArchWiki 标记为 "开发停止或有问题" 的软件，所以 Yaourt 的用户已经越来越少了。

当然出色的 AUR 助手还有很多，yay 就是其中的 "佼佼者"。yay 使用当前很热门的 Go 语言（开发 UNIX 系统的肯·汤普森也是 Go 语言的主要设计者）编写，旨在成为一款简洁、易用、功能强大的 AUR 助手。如果要使用 yay，就需要从 Git 上下载并安装它，具体命令如下：

```
#pacman -S git                                //安装 Git 下载工具
#git clone https://aur.archlinux.org/yay.git //使用 Git 下载 yay 源代码包
#cd yay                                       //进入 yay 目录
#makepkg -si                                  //安装 yay 软件包，如图 5-17 所示。如果由
//于网络因素下载安装出错，在命令行中执行 "export GO111MODULE=on GOPROXY=https://goproxy.cn"
//后再次运行该命令
```

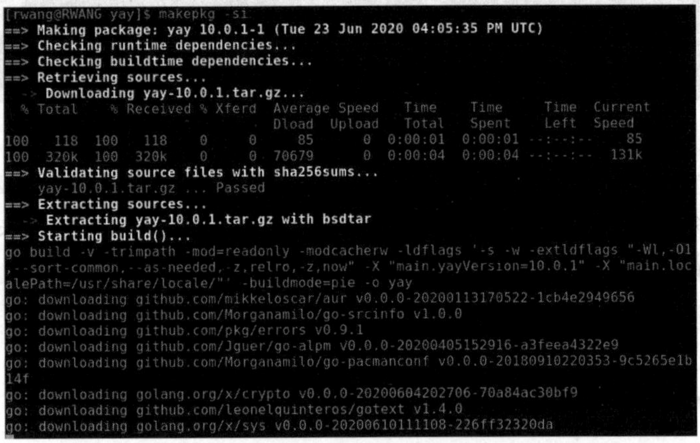

图 5-17　使用 makepkg 命令安装 yay 软件包

安装好 yay 后，就可以使用 yay 来搜索、安装、删除或升级 AUR 上的软件包，yay 的参数和 pacman 几乎是一样的。

```
yay -Ss <package-name>    //搜索软件包
yay -S <package-name>     //安装软件包
yay -Rns<package-name>    //删除软件包
yay -Syu                  //升级已安装的软件包
```

有了 yay，安装 AUR 软件就很方便了。想要知道 AUR 中有哪些软件，可以直接参考 AUR 官方网站。该网站支持中文显示，只要在右上角选择"简体中文"就行，如图 5-18a 所示。对于想要了解的软件包，可以查看其具体描述和依赖关系等内容，如图 5-18b 所示。建议读者注册一个 AUR 账户，这样就可以使用更多的功能。对于想要下载并使用的软件，只需要用 yay 工具，并根据软件名称（可以不输入版本号）搜索、下载并安装该软件。

（a）AUR 官方网站

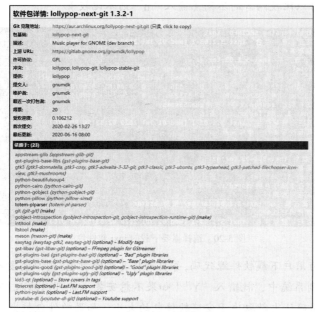

（b）AUR 的某个软件包介绍页面

图 5-18　安装 AUR 软件

使用yay安装系统信息获取软件：inxi

inxi 是基于命令行的系统信息工具，它是一款开源、小巧、功能齐全的自由软件，可以用于获取操作系统的很多信息，如硬盘、CPU、内存、显卡等硬件信息，以及系统进程、内核、驱动程序、桌面环境等软件信息。inxi 被包含在 AUR 仓库中，用户可以使用如下命令来下载和安装 inxi：

```
#yay -S inxi                            //使用 yay 命令来下载和安装 inxi，如图 5-19 所示
```

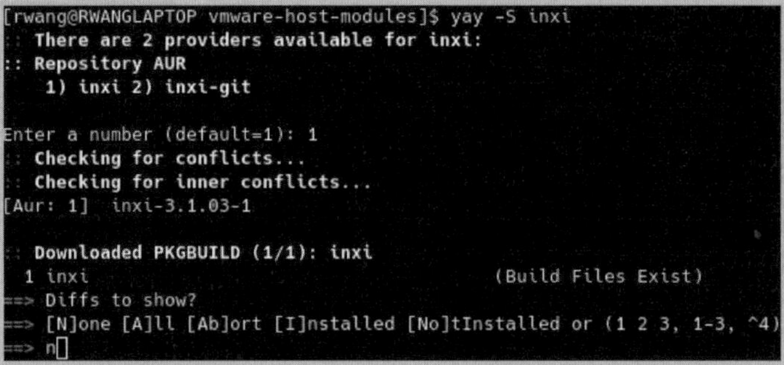

图 5-19　下载和安装 inxi

yay 会查找不同开发人员发布的 inxi 软件包，并让用户选择需要下载的软件包（此处笔者选择的是 1 号软件包），如图 5-20 所示。之后下载 PKGBUILD 文件，如果系统中已存在相同名称的文件，就可以比较两者的不同（输入 "n" 则不比较）。

图 5-20　选择需要下载的 inxi 软件包

最后 yay 就会为用户下载软件源代码，并自动将其编译打包。用户需要确认是否安装 inxi，如果需要安装 inxi 到系统中，就输入 "Y"（如果不想安装，就可以输入 "n"），如图 5-21 所示。整个安装过程的确认次数取决于安装软件包的大小，如果软件包较大，依赖关系就会多，安装时便会有多次确认操作。

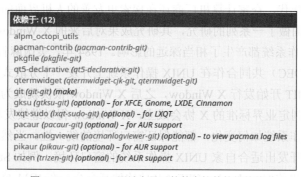

图 5-21　安装 inxi 到系统中

inxi 只有一个 PKGBUILD 文件，因此编译和安装都很快。安装完成后，就可以使用 inxi 命令来获取系统信息。inxi 命令的常用参数如表 5-2 所示。

表 5-2　inxi 命令

作用	格式	主要参数
inxi 命令的作用是查看系统信息，它的使用权限是普通用户	inxi [options]	-S：查看本机系统信息（主机名、内核信息、桌面环境和发行版）
		-M：查看机型（笔记本计算机/台式计算机）、产品 ID、机器版本、主板、制造商和 BIOS 等信息
		-C：查看完整的 CPU 信息，包括每核 CPU 的频率及可用的最大主频
		inxi -G：查看显卡信息，包括显卡类型、显示服务器、系统分辨率等信息
		-D：查看硬盘信息（大小、ID 和型号）。
		-b：查看简要系统信息
		-h：打印快速帮助信息

通过利用 pacman 和 yay 工具，可以帮助用户处理软件的依赖关系，方便用户安装和维护各类软件。但是这些软件包管理器并不是万能的，一些可选的依赖软件包需要用户手动安装。这时候，最好的参考资料就是 ArchWiki 网站，ArchWiki 网站会详细描述每个软件的依赖关系，如图 5-22 所示，带有"optional"的就是可选依赖软件包，用户可以根据系统的实际情况选择并安装。

图 5-22　ArchWiki 网站上显示的某个软件的依赖关系

第 *6* 章

图形界面：X Window 系统

　　这一章将会为前面安装的 Arch Linux 操作系统添加图形界面。尽管命令行的交互方式方便、简洁，但是依然有很多功能需要依靠图形界面才能完成，如图片的编辑、多媒体网页的浏览、视频的播放、办公软件的运行等。Linux 操作系统的图形界面实现方式有很多，目前主要有窗口管理器和桌面环境两大类。窗口管理器是一种比较轻量级的方式，它的特点是简单而直观，可以让用户专注于工作本身，提高工作效率。桌面环境则更加注重用户体验，显示效果更好，桌面环境采用的是"傻瓜式"的操作，不论是专业用户，还是计算机新人，都能很快上手。

　　在为 Arch Linux 操作系统安装图形界面时，读者可以先整体快速浏览本章内容，然后再根据自己的爱好，选择安装最喜爱的一种图形用户界面。

6.1　X Window 系统简介

　　X Window 系统是一套为 UNIX 操作系统或是类 UNIX 操作系统提供 GUI 的程序。X Window 系统也被称为 X Window System（官方正式的名称）、X Window（注意 Window 后面没有"s"）、X11（X Window 系统的第 11 版）以及 X（最简单的称呼，也是 X Window 系统的代表符号）。

　　早在 20 世纪 70 年代，众家计算机厂商还在探索更友善的人机界面的时候，施乐（Xerox）公司就对图形操作界面做了一系列的研究，其研究成果对后来的 X Window 系统、macOS 操作系统甚至 Windows 操作系统都产生了相当深远的影响。1984 年，美国麻省理工学院（MIT）与美国数字设备公司（DEC）共同合作在 UNIX 操作系统上开发一个分散式的窗口环境，就是 X Window。1986 年，MIT 开始发行 X Window，之后 X Window 很快就成为 UNIX 操作系统的标准窗口环境。随后，制定业界标准的 X 协会成立，X Window 得以继续发展。成立 X 协会的目的在于不论 UNIX 操作系统如何变化，都能保证窗口环境的统一性。当然，也有许多厂商根据 MIT 的窗口环境原型开发出适合自家 UNIX 操作系统的窗口环境，例如 Sun Microsystems 公司和 AT&T 公司共同推出的 OpenLook、OSF（开放软件基金会）在 IBM 公司的主导之下推出的

Motif 等。1988 年，X Window 的第 11 个版本（X11）发布了，在这一版中，X Window 取得了明显的进步，于是后来窗口、接口的改良版本都基于此版本的架构来开发，如 X11R6（第 11 版第 6 次发行，发布于 1994 年）和 X11R7.0（第 11 版第 7 次发行，发布于 2005 年）。目前 X Window 最新的版本是 X11R7.7（发布于 2012 年）。自 1988 年首次发布 X11 以来，X Window 已经稳定工作了 30 多年时间。

随着自由软件的盛行，一些自由软件开发爱好者成立了 XFree86。XFree86 是一个非营利组织，专注在 Intel x86 相容系统的类 UNIX 操作系统环境中开发 X Window，支持新硬件和更多新增功能等。随着性能的提升，这套免费、功能完整的 X Window 很快侵入了商用 UNIX 操作系统之中，并且被移植到许多不同的硬件平台上。1992 年，XFree86 被移植到 Linux 操作系统上。慢慢地，XFree86 和 Linux 操作系统之间逐渐形成了一种共生关系：支持 Linux 操作系统的 XFree86 让 Linux 操作系统拥有了更多的用户；而 Linux 操作系统的广泛传播又为 XFree86 提供了一个理想的自有平台。

2004 年，XFree86 组织更换了 XFree86 软件的版权，除了部分代码仍然保留原作者的版权许可，大部分代码都将 XFree86 1.0 和 XFree86 1.1 作为新的许可证，不再使用以前的 GPL 授权方式。同时，XFree86 组织还成立 XFree86 Project 公司，开始推进 XFree86 项目的商业化，并为 XFree86 软件注册了商标。尽管 XFree86 依旧免费发布，但是很多开发人员都对此感到担忧和迷惘，于是他们相继退出了 XFree86 组织，自立门户，成立了 X.Org 基金会。X.Org 基金会决定以 XFree86 4.4 RC2 源代码为基础，选用 MIT 许可证，独立开发自己的 X Window 系统。相较于 GPL，MIT 许可证的限制更少，赋予用户更大的权力，它甚至比 BSD 的许可条件更加宽松。作为非盈利的机构，X.Org 基金会的成立从根本上改变了 X Window 的管理模式。此前，X Window 的管理者都是公司或企业等商业组织，但是基金会却是由开发人员和志愿者共同负责，这样即能使软件永远保持开源、自由、非商业化的特点，又能吸引更多人参与项目的开发。甚至有很多商业组织都来赞助 X.Org 基金会、支持 X.Org 基金会的工作。与此同时，X.Org 基金会还与另一个开发 X Window 系统的志愿组织 Freedesktop.org 有着密切合作。此后，X Window 系统的开发被再次提速。

2004 年，X.Org 基金会发布了 X11R6.8。2005 年，X11R6.9 和 X11R7.0 同时发布。X11R6.9 是 6.0 系列版本的最后一个版本，该版本可以支持一些旧的硬件。X.Org 基金会承诺将持续对 X11R6.8 和 X11R6.9 发布更新（主要修复了一些 bug），以维护较老的 X11R6 系列。不过目前 X.Org 基金会的主要开发工作（如添加新功能）已经转移到了新的版本，即 X11R7.0。从 X11R7.0 开始，X Window 的发布不再采用单一源代码树的开发方式，而是划分成很多独立的模块，每一个模块独立开发，当模块开发完成后就发布各自的新版本。X11R7.x 的更新是把各个模块发布的更新"汇总"到一个集合中来完成。X.Org 基金会计划每年发布一次新的版本（实际上并没有这么频繁）。他们在 2009 年和 2010 年分别发布了 X11R7.5 和 X11R7.6。目前的最新版是发布于 2012 年的 X11R7.7，之后的更新主要是针对一些内部模块的更新而单独发布，大的版本号则没有变化。

X Window 系统的设计理念先进，这是多年来 X Window 系统都能稳定工作的基础，它本身也真正成为计算机工作站的工业标准。X Window 系统采用网络通信模型的设计思路，它把图形显示的整体功能划分为 3 个部分：X 服务器（X Server）、X 客户端（X Client）和 X 协议（X Protocol）。其中，X 服务器主要负责信息的输入和输出，X 客户端主要处理程序和软件的运行结果并提出图形显示需求，X 协议则用于实现 X 服务器和 X 客户端的信息交互。X Window 系统的设计架构如图 6-1 所示。

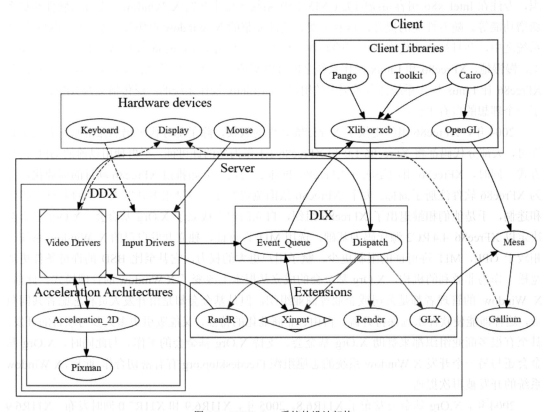

图 6-1　X Window 系统的设计架构

6.1.1　X 服务器

X 服务器是控制显示器和输入设备（如键盘、鼠标）的软件，也负责维护字体等资源。X 服务器会接收输入设备的信息，并将这些信息交给 X 客户端处理，X 客户端处理并反馈信息后，由 X 服务器将反馈信息输出到输出设备（如显卡、屏幕）上。X 服务器可以创建视窗，并在视窗中绘图和显示文字，以回应客户端程序的需求（request）。X 服务器只在客户端程序提出需求后才会完成相应的绘图动作。

6.1.2　X 客户端

　　X 客户端是提出图形绘制需求的应用程序，主要负责应用程序的运算处理。X 客户端无法直接影响视窗行为或显示效果，它只能对 X 服务器传来的事件作运算处理，再将结果以需求的方式返回给 X 服务器，并要求 X 服务器显示在屏幕上。典型的需求通常是"在某个视窗中显示'Hello World'字符串"，或者"从 A 到 B 画一条直线"。

　　X 客户端不仅需要提出绘图需求，而且要负责程序本身的运行，如数值计算、文字处理、信息交互等。从表面上看，尽管被称作"X 客户端"的应用程序主要是处理和图形显示有关的操作，但实际上向服务器提出图形绘制的需求只是 X 客户端众多功能中的一个，X 客户端更多是在完成应用程序中其他数据的运算和处理。所以在 X 客户端中，X Window 系统相关的代码只占整个程序的很小一部分。用户可以通过不同的途径使用 X 客户端，如系统提供的程序、第三方软件或者用户自己编写的程序。

6.1.3　X 协议

　　X 协议就是 X 服务器与 X 客户端之间进行信息交互的通信规范，支持如今常用的通信协议。目前，根据通信是本地连接还是远程连接，我们可以把 X 服务器和 X 客户端的工作方式分成两类。一类是本地连接，也就是 X 服务器与 X 客户端运行在同一台计算机上，它们之间可以通过任意通信协议完成信息的交互。在这种模式下，X Window 系统会非常高效，运行延迟很低。另一类是远程连接，X 服务器与 X 客户端在不同计算机上运行，它们之间必须按照定义好的通信协议（如 TCP/IP 协议）来收发数据。在这种模式下，X Window 系统会受到网络通信的限制和数据收发的延迟，但是这也印证了 X Window 系统的先进特性，X Window 系统可以工作在多种场景之下。

　　从以上描述中能够看出，X Window 系统的图形显示和 Windows 操作系统的图形显示从设计到实现的方式上是完全不同的。Windows 操作系统的图形组件是在系统内核中运行的，图形显示功能属于操作系统内核的一部分。而 X Window 系统仅仅是一个应用程序，图形用户界面是操作系统的可选组件，并不是必须存在的。如果 Windows 系统的图形程序运行出错，整个系统就无法工作；但是如果 X Window 系统出错，除了图形显示有问题，并不会影响操作系统中其他程序的运行。

　　X 服务器、X 客户端和 X 协议共同实现了 Linux（以及 UNIX、BSD 等）操作系统上的图形用户界面。X 服务器比较简单，一般就是 XFree86 程序或 XOrg 程序。X 客户端就比较多样化，它可以是一个程序，也可以是一个窗口管理器，甚至可以是一个（广义上的）桌面环境。因此，X 客户端多种多样，从高级的 CDE、GNOME、KDE 等桌面环境，到 twm、Window Maker、Blackbox、i3 等窗口管理器，再到 xterm、xclock、xeyes 等单个 X Window 程序，都可以被认为是 X 客户端。正因为 X 客户端存在各种形式，才使得基于 X Window 系统的图形用户界面各具特色。

来自UNIX操作系统的图形界面：X Window

一开始，用户通过 Bash 等 Shell 程序来控制 Linux 操作系统。Shell 程序的工作方式和 MS-DOS 非常相似：用户输入命令，然后内核按照一定的方式响应。这种命令行交互方式是 Linux 操作系统的标准交互方式，所以大多数 Linux 操作系统的用户习惯于通过键盘输入命令。实际上，UNIX 操作系统很多年前就拥有图形界面，即 X Window。和 Windows 操作系统或者 macOS 操作系统不同的是，X Window 的主要作用并不是让用户操作更方便（X Window 本身缺乏菜单和图标），而是通过同时打开的若干个 X Window 窗口，实现对多个程序的并行查看和控制，如图 6-2 所示。

图 6-2　对多个程序的并行查看和控制

X Window 系统本质上实现的是一个基于客户端/服务器模型的通信协议。因此，X Window 系统和一般的通信系统在工作方式上是类似的。例如，一个 X 客户端想要把运行结果以图形的形式显示到屏幕上，就需要先"连接"X 服务器，通过 X 协议把这个"需求"发送给 X 服务器。当 X 客户端想在屏幕上绘制一个 3D 多边形时，它就会利用 X 协议把这个想法"告诉"X 服务器，X 服务器则按照要求，通过显卡驱动程序"命令"显卡绘制出 3D 多边形，并在显示器上展示出来。X 客户端只会根据应用程序来提出这个需求，并不参与图形绘制和显示的过程。

除了控制图形的输出，X 服务器也会接收键盘和鼠标等设备的输入信息。例如，当鼠标的按键被按下，X 服务器就会把这个信息通过 X 协议转发给 X 客户端，X 客户端接收到该信息后进行处理。如果处理结果是需要在屏幕上绘制一个箭头，那么 X 客户端就会再次向 X 服务器发出这个需求，明确图形绘制的位置、颜色和大小等信息，最后由 X 服务器控制显卡和显示器完成相应动作。按照这样的方式，X 客户端、X 服务器和 X 协议各司其职，这使得 X Window 系统能够稳定、高效地工作。

　　早在 1992 年，基于 Linux 操作系统的 X Window 程序的开发移植工作就启动了。当时托瓦兹不断地修改内核代码，以便 Linux 操作系统能够更好地支持 X Window（Linux 内核版本 0.96a 首次支持了 X Window）。后来，由于一开始基于的 x386 芯片所移植的 X Window 程序被商业化，所以部分软件开发志愿者就独立开发了开源自由软件 XFree86。XFree86 不仅支持 Linux 操作系统，而且也支持其他版本的 UNIX 操作系统。值得一提的是，XFree86 的诞生与繁荣正与 Linux 操作系统的创建和发展处在同一时期，这绝不是偶然的。二者的兴起都应该归功于基于英特尔 x386 芯片的计算机的大幅降价。与当时的芯片竞争对手（如摩托罗拉 68000 系列芯片）相比，英特尔的 386 芯片是最便宜的。不过后来 X Window（包括 XFree86）的发展也遇到了和 UNIX 操作系统类似的问题，即商业化和自由软件的版权问题。目前 X Window 也有很多分支，有的是商业版本，有的则是自由开源版本。目前 Linux 发行版中使用较多的 X Window 是来自 X.Org 基金会的 X11R7.7 版本。

6.2　X Window 系统的安装与使用

　　X Window 系统可以给操作系统提供图形用户界面。要想在 Linux 操作系统上使用 X Window 系统，需要先运行提供服务的 X 服务器。X 服务器有很多实现，如 Xsun、XNeWS、XFree86 和 Xorg 等。目前 X 服务器的主流实现是 Xorg，Xorg 的开发和更新都很快，得到了很多 Linux 发行版的支持。有了 X 服务器，系统就完成了绘制图形界面的准备工作，接下来只要有 X 客户端提出需求即可。相较于 X 服务器，X 客户端是一个宽泛的概念，只要有图形显示需求的应用程序都是 X 客户端。因此，本节将介绍 Xorg 的安装，并在此基础上通过安装一款简单的 X 客户端——XTerm，来测试 Xorg 的工作情况。

6.2.1　安装 X 服务器

　　在使用图形界面之前，首先必须安装 X 服务器。由 X.org 基金会开发维护的 Xorg 软件包组是 X 服务器的一种实现。Xorg 在 Linux 用户中非常流行，已经成为图形用户程序的必备软件，所以大部分 Linux 发行版的软件仓库都提供了 Xorg。由于现在越来越多的 Linux 发行版都采用 Xorg 作为 X 服务器，因此我们这里也使用 Xorg。安装 Xorg 软件包组（Xorg 软件包组中包含了 xorg-server、xorg-apps 软件包、字体等）需要执行以下命令（Xorg 软件包组中的软件数量和占用空间都比较大，如图 6-3 所示）：

```
$ sudo pacman -S xorg                    //安装 Xorg 软件包组
```

　　默认的 Xorg 软件包组包含了 xf86-video-vesa 驱动，它是一个支持大部分显卡的通用驱动，但是不提供任何 2D 和 3D 加速功能。要充分发挥显卡性能，就需要安装显卡驱动程序（AMD、

ATI 或者 NVIDIA），执行如下命令可以查询显卡类型：

```
$ sudo lspci | grep -e VGA -e 3D                    //查询显卡类型
```

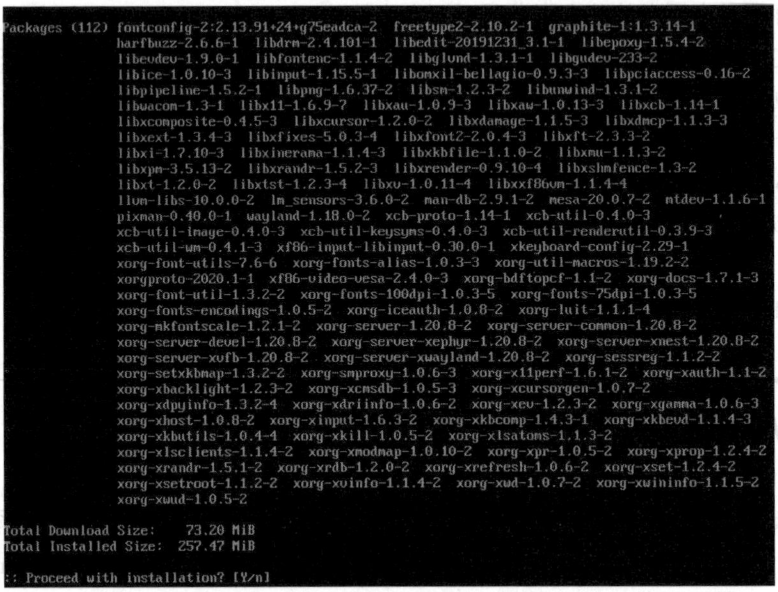

图 6-3 安装 Xorg 软件包组

然后根据需要安装对应显卡类型的显卡驱动程序，执行如下命令：

```
$ sudo pacman -S xf86-video-intel
```
//此处以安装 Intel 的显卡驱动程序为例，读
//者可根据自己的显卡选择相应的驱动程序

显卡驱动程序说明

要充分发挥显卡性能，就需要安装对应的显卡驱动程序。推荐使用开源驱动程序，因为这些驱动程序出问题的可能性较小。Linux 操作系统中常见的显卡驱动程序如表 6-1 所示。

表 6-1 Linux 操作系统中常见的显卡驱动程序

厂商	类型	显卡驱动程序
AMD / ATI	开源	xf86-video-amdgpu
		xf86-video-ati
	非开源	vulkan-amdgpu-pro（AUR）
Intel	开源	xf86-video-intel
NVIDIA	开源	xf86-video-nouveau
	非开源	NVIDIA 系列驱动程序

安装好 Xorg 和显卡驱动程序后，X 服务器就处于待命状态了。要启动 X 服务器，最简单的方法是使用窗口管理器（详见 6.3 节），这样就不需要进行额外的安装和配置。当然，也可以通过命令行的方式手动启动 X 服务器，这时候就需要安装一个初始化程序，可以执行以下命令来安装 Xorg 初始化程序：

```
$ sudo pacman -S xorg-xinit        // xorg-xinit 提供了 xinit、startx 和默认
                                   //的 xinitrc 文件
```

安装好初始化程序后，就可以启动 X 服务器（Xorg）了。因为目前还没有应用程序——X 客户端，所以就没有窗口或者图形界面可以显示。因此，还需要安装 X 客户端，才能让 X 服务器显示图形。

6.2.2　安装 X 客户端

只要是使用系统视窗功能的应用程序都可以被称为 X 客户端，因此并不存在名称为 "X 客户端" 的软件。接下来我们将 xterm 看作一个简单的 X 客户端，测试 X 服务器以及整个 X Window 系统能否能正常工作。

xterm 是 X Window 系统的一个标准终端模拟器。1984 年夏天，马克·范德沃德（Mark Vandevoorde）编写了一个独立虚拟终端（终端模拟器）。当时 X Window 系统的开发才刚刚开始，很快开发人员就发现让 xterm 成为 X Window 系统的一部分比成为一个独立的程序更为有用，于是便开始围绕 X Window 系统展开了对 xterm 的开发。现在 xterm 由托马斯·迪基（Thomas Dickey）维护。事实上，目前大多数的 X 虚拟终端都是基于 xterm 及其变体而开发的。

要使用 xterm，首先需要用以下命令来安装它：

```
$ sudo pacman -S xterm
```

之后，就可以通过 startx 命令来启动 xterm：

```
$ startx
```

屏幕上显示的 3 个白色的窗口就是 xterm 终端模拟器，启动后的 xterm 图形界面如图 6-4 所示。因为没有窗口管理器（详见 6.3 节）来管理窗口，所以这些窗口目前不能被移动，也不能被最大化或最小化。尽管 xterm 很简陋，但是它确实是一个由 X 客户端和 X 服务器配合所生成的图形界面，而且支持键盘的输入和鼠标的移动（尽管不支持鼠标的点击）。在窗口外，移动鼠标可以看到一个大的 "X" 光标，这就是 X Window 系统的默认光标；在窗口内，用户可以执行其他命令，也可以通过 exit 命令退出窗口程序。

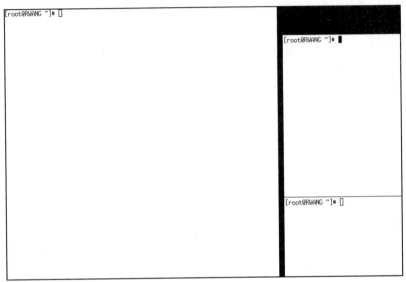

图 6-4 启动后的 xterm 图形界面

startx的启动过程探究

通过 startx 命令可以启动 X Window 系统。实际上，startx 是一个脚本文件，由于 startx 命令是通过将参数传递给 xinit 命令来启动 X Window 系统的，因此最终启动 X Window 系统的是 xinit 命令。在启动过程中，startx 命令会调用~/.xinitrc（如果该文件不存在，就调用 /etc/X11/xinit/xinitrc），这个文件包含了启动 X Window 系统的配置信息。利用命令"cat /etc/X11/xinit/xinitrc" 可以查看以下 3 行信息：

```
xterm -geometry 80x20+494+51&        // geometry参数规定了窗口的大小和位置
xterm -geometry 80x20+494-0 &
exec xterm -geometry 80x66+0+0 -name login
```

这 3 行信息说明了为什么当前的 xterm 图形界面会出现 3 个窗口。如果注释了前面的 2 行信息（在前 2 行信息前面加上#），再执行startx 命令，就只会出现 1 个窗口了。注意，第 3 行信息是必须存在的，因为是它最终启动了 X Window 系统，用这种方法也可以启动其他 X 客户端。需要注意的一点是，一般情况下图形应用程序不应该以这种方式启动，而应通过窗口管理器来运行并启动。目前，xterm 是没有窗口管理器的，如果要给 xterm 加上窗口管理器，那么可以安装 Xorg 默认提供的窗口管理器 twm，执行以下命令：

```
$ sudo pacman -S xorg-twm
```

安装完成后，通过startx 命令就可以在 xterm 终端模拟器上执行最小化、移动、改变大小等操作（如果 twm 没有启动，那么只要在/etc/X11/xinit/xinitrc 文件最后一行的前一行加上"twm&"，再保存并退出就可以）。这个窗口管理器是高度可配置的，如图 6-5 所示，在屏幕黑色的地方单击鼠标左键就可以弹出 Twm 菜单。可以看到，窗口管理器就是用于管理窗口的工具和软件。

图 6-5　为 xterm 安装的窗口管理器 twm，右侧为 Twm 菜单

6.3　窗口管理器

窗口管理器（window manager，WM）用于管理 X 客户端的窗口属性，它可以控制图形窗口的外观和行为方式。窗口管理器的基本功能是给应用程序的窗口提供边框和标题栏，这样用户就可以完成调整窗口大小、移动窗口、关闭窗口等操作。有些窗口管理器还提供其他功能，如程序控制面板、窗口标签、程序选择菜单、管理器设置等。窗口管理器是一种简洁的桌面管理程序，它可以管理用户屏幕上应用程序界面显示的样式。与桌面环境（详见 6.4 节）相比，窗口管理器属于轻量级的软件，系统资源占用较少，体积也很小（一般只有几百 KB 到几十 MB），非常适用于追求简洁和效率的用户。目前，窗口管理器主要有 3 种，分别是堆叠式窗口管理器、平铺式窗口管理器和动态式窗口管理器。

- 堆叠式窗口管理器（stacking WM）：有时也被称为悬浮式窗口管理器，应用程序的显示窗口可以相互重叠，是一种经典的窗口管理方式。例如 Windows 操作系统和 macOS 操作系统所使用的窗口管理器就是堆叠式的，用户可以自由操作不同窗口摆放的前后顺序。
- 平铺式窗口管理器（tiling WM）：应用程序的窗口不能重叠，只能像地板一样平铺在屏幕上。一般平铺式窗口管理器使用键盘快捷键进行操作，鼠标的作用不大。用户可以对这种窗口管理器进行个性化配置，对窗口实现手动或自动布局。

■ 动态式窗口管理器（dynamic WM）：可以动态选择堆叠式和平铺式窗口管理器，动态式窗口管理器结合了两者的功能，方便用户针对不同程序的操作特点切换到合适的窗口管理器。

窗口管理器有很多，比较有名的窗口管理器有 Compiz、Enlightenment、i3、Fluxbox、FVWM、awesome、Openbox 等。由于现在计算机显示器的尺寸越来越大，人们对工作效率的追求也越来越高，因此平铺式窗口管理器受到最多用户的青睐。平铺式窗口管理器可以最大化显示器屏幕的使用率，用户无须花费精力去调整各个窗口的位置和大小，而且很多操作使用键盘的快捷键完成，可以使工作更高效。此外，平铺式窗口管理器也方便用户同时查看多个应用程序窗口，例如屏幕左上方可以显示浏览器，屏幕左下方可以显示电子书，屏幕右边可以显示程序编辑器，这样用户在编写代码时也能随时查阅各种资料。

i3（它的标识如图 6-6 所示）是一个平铺式窗口管理器，i3 功能强大、界面简洁，且用户对 i3 的评价很高。i3 使用 BSD 开源协议，主要应用于 Linux 操作系统和 BSD 操作系统。用户通过键盘快捷键来操作 i3，几乎不会用到鼠标，尽管在一开始需要用户花费一定的时间来学习并适应，但是当用户熟练掌握部分基本操作之后，很快就会体会到自己工作效率的提升。因此，i3 在追求极高"效率"的开发人员中最受欢迎。实际上，不仅是程序员，对

图 6-6　i3 的标识

大部分用户来说，i3 在使用上都不算太难上手，熟练后会非常方便，适用于所有用户使用。接下来，我们就来安装并使用 i3。如果读者不喜欢简洁的窗口管理器，更偏爱风格华丽的桌面环境，可以跳过本节，直接阅读 6.4 节。

6.3.1　安装并启动 i3

首先安装 i3 软件包组，该软件包组包含了 i3-gaps（窗口管理器）、i3status、i3blocks（i3status 和 i3blocks 可以传递系统状态消息）和 i3lock（锁屏）。此外，还需要安装部分字体，可以执行以下命令：

```
$ sudo pacman -Syu i3                             //同步数据库并安装 i3
$ sudo pacman -S ttf-dejavu                       //安装英文字体，否则会出现乱码
$ sudo pacman -S adobe-source-han-serif-cn-fonts //安装思源字体，为后续安装中文界面做准备
```

安装完成之后，就可以启动 i3 窗口管理器了。如果要用命令行来启动 i3，需要编辑/etc/X11/xinit/xinitrc 文件（读者可以使用 nano 编辑器），将"twm &"到"exec xterm -geometry 80x66+0+0 -name login"的这几行都注释掉，并在最后加上 exec i3 命令，如图 6-7 所示。

编辑完成后保存并退出，然后在命令行中执行以下命令：

```
$ startx
```

```
#twm &
#xterm -geometry 80x50+494+51 &
#xterm -geometry 80x20+494-0 &
#exec xterm -geometry 80x66+0+0 -name login
exec i3
```

图 6-7　注释并加上 exec i3 命令

接着，i3 窗口管理器就启动了（使用 Win+Shift+E 组合键可以退出 i3，其中 Win 键是带有 Windows 图标的按键）。目前，我们是从终端输入命令来启动窗口管理器的，实际上更加常用的做法是从显示管理器中启动窗口管理器。

显示管理器（display manager）也被称为登录管理器（login manager），它为用户提供了一个图形化的登录界面，并且帮助用户开启一个会话。和窗口管理器一样，显示管理器也有很多种，通常每个显示管理器都能被部分定制。有的显示管理器基于控制台（命令行），如 CDM、nodm、Ly 等；有的显示管理器基于图形界面，如 GDM、LightDM、SDDM 等。为了操作更方便，接下来以 SDDM 为例，首先执行以下命令安装 SDDM，然后设置为开机启动。

```
$ sudo pacman -S sddm          //安装 SDDM 显示管理器
$ sudo systemctl enable sddm   //设置为开机启动
$ sudo systemctl disable sddm  //如果不需要开机启动，可以用这条命令来关闭 SDDM。通过
                               //systemctl start sddm 命令，可以手动启动 SDDM
```

上述步骤完成后，重新启动计算机就会看到 SDDM 的登录界面，如图 6-8 所示，输入密码就可以登录 i3。

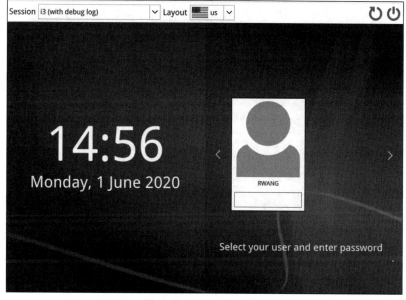

图 6-8　SDDM 的登录界面

6.3.2 i3 的配置与使用

第一次启动并登录 i3 之后，需要根据提示对 i3 进行配置，配置界面如图 6-9a 所示，它会自动生成~/.config/i3/config 文件，这个就是 i3 的配置文件。修饰符的选择界面如图 6-9b 所示，一般我们默认选择 Win 键作为修饰符（如果想再次配置，需要先删除该文件，然后重新进入 i3）。

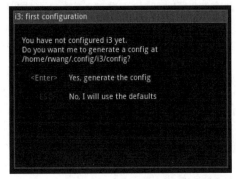 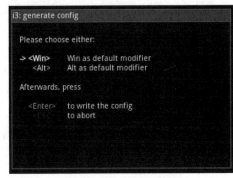

（a）第一次登录 i3 的配置界面   （b）修饰符的选择界面

图 6-9 i3 的配置

在进入 i3 窗口管理器之后，i3 窗口管理器主界面如图 6-10 所示。用户除了可以查看最下方显示的状态栏（IP 地址、电量信息、内存大小、日期、时间等），无法执行其他操作，这是因为相关的组件（如终端、浏览器、程序调用等）还没安装。接下来，使用 Win+Shift+E 组合键退出 i3。

图 6-10 i3 窗口管理器主界面

接下来就可以通过编辑~/.config/i3/config 来进行基本配置。仍旧通过 nano 命令打开 config

文件，然后进行配置，执行以下命令可以打开 i3 的配置文件：

```
$nano ~/.config/i3/config                    //打开 i3 的配置文件
```

i3 的配置文件里有很多内容，接下来会对部分常用操作的配置作简要说明，因此需要读者逐一找到以下配置字段并理解相关内容。

- i3 的修饰符修改方式说明如下：

```
set $mod Mod4                                //目前使用 Win 键作为修饰符。如果需要修改修饰符，将
                                             //Mod4 改为 Mod1，就可以将 Alt 键作为修饰符
```

- i3 的窗口控制操作方式说明如下：

```
#kill focused window
   bindsym $mod+Shift+q kill                 //Win+Shift+Q 组合键：关闭当前窗口
# alternatively, you can use the cursor keys:
   bindsym $mod+Left focus left              //Win+左箭头：聚焦到左侧的窗口
   bindsym $mod+Down focus down              //Win+下箭头：聚焦到下侧的窗口
   bindsym $mod+Up focus up                  //Win+上箭头：聚焦到上侧的窗口
   bindsym $mod+Right focus righ             //Win+右箭头：聚焦到右侧的窗口
# alternatively, you can use the cursor keys:
   bindsym $mod+Shift+Left move left         //Win+Shift+左箭头：移动当前聚焦的窗口到左侧
   bindsym $mod+Shift+Down move down         //Win+Shift+下箭头：移动当前聚焦的窗口到下侧
   bindsym $mod+Shift+Up move up             // Win+Shift+上箭头：移动当前聚焦的窗口到上侧
   bindsym $mod+Shift+Right move right       // Win+Shift+右箭头：移动当前聚焦的窗口到右侧
#split in horizontal orientation
   bindsym $mod+h split h                    // Win+H 组合键：窗口水平分离，即新创建的窗口将会
                                             //出现在当前窗口的右侧

#split in vertical orientation
   bindsym $mod+v split v                    // Win+V 组合键：窗口垂直分离，即新创建的窗口将会
                                             //出现在当前窗口的下侧
```

- i3 的其他常用功能操作方式说明如下：

```
# reload the configuration file
   bindsym $mod+Shift+c reload                     //Win+Shift+C 组合键：重新加载 i3 的配置文件
# exit i3 (logs you out of your X session)
   bindsym $mod+Shift+e exec      i3-nagbar -t warning -m  //Win+Shift+E 组合键：关闭
                                                   //i3，将会关闭所有窗口

# switch to workspace
   bindsym $mod+1 workspace number $ws1      //Win+1 组合键：打开第 1 个工作空间（桌面）
   bindsym $mod+2 workspace number $ws2      //Win+2 组合键：打开第 2 个工作空间（桌面）
   bindsym $mod+3 workspace number $ws3      //Win+3 组合键：打开第 3 个工作空间（桌面），
                                             //依此类推，最多支持 10 个工作空间
```

在正常情况下，采用常用操作的默认配置即可，当然读者也可以根据自己的爱好来修改组合键的配置。在了解配置文件的基本用法之后，就可以安装各类常用的软件，从而方便日常使用。

6.3.3   为 i3 安装应用程序

接下来我们将为 i3 安装应用程序。实际可以安装的应用程序有很多，本节仅介绍一些常用应用程序的安装和配置，读者可以根据实际需要选择性地安装软件。

1．安装终端模拟器 terminology

终端模拟器是 Linux 操作系统必备的工具。i3 自带了一款终端模拟器，读者可以通过 Win+Enter 组合键开启终端模拟器，但是 i3 自带的终端模拟器并不好用。接下来，我们为 i3 安装终端模拟器 terminology。terminology 是一款性能优秀的终端模拟器，可以用它预览图片、播放视频、管理文件等，其操作界面如图 6-11 所示，执行以下命令：

```
$sudo pacman -S terminology                    //安装 terminology 终端模拟器
$nano ~/.config/i3/config                       //打开 i3 配置文件，找到并修改下面的信息
# start a terminal
bindsym $mod+Return exec i3-sensible-terminal    //Win+回车键：打开终端。如果把此行命令
//修改为 bindsym $mod+Return exec terminology，就可以按 Win+回车键来启动新的终端了。最后按
//Ctrl+O 组合键、Ctrl+X 组合键保存并退出。
```

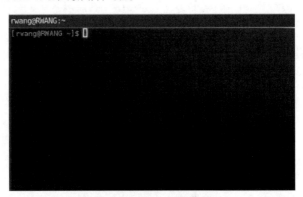

图 6-11   terminology 操作界面

2．安装浏览器 Chromium

Chromium 是由谷歌公司作为主要开发人员开发的网页浏览器，可以用 Chromium 浏览器浏览 Arch Linux 官网，如图 6-12 所示。Chromium 浏览器是一款开源的自由软件，使用 BSD 许可证对外发布。谷歌公司的 Chrome、微软公司的 Edge 等浏览器都是在 Chromium 浏览器的代码基础上开发的。Chromium 浏览器安全而稳定，运行速度快，用户体验也很好。要安装 Chromium 浏览器，只需要执行以下命令：

```
$sudo pacman -S chromium               //安装 Chromium 浏览器
$nano ~/.config/i3/config              //打开 i3 配置文件，并在文本最下方增加以下信息
```

```
# start chromium
bindsym $mod+c exec chromium                //Win+C 组合键：打开浏览器，读者也可以自己定义热键
```

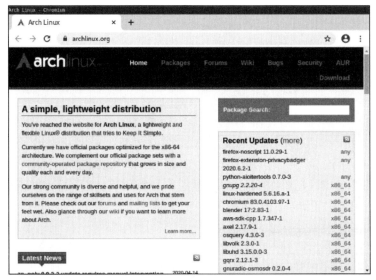

图 6-12　用 Chromium 浏览器浏览 Arch Linux 官网

3．安装程序启动器 rofi

rofi 是一个快捷的程序启动器，它把可用的应用程序以菜单的形式展示，可以帮助用户快速启动计算机上安装的应用程序，rofi 的操作界面如图 6-13 所示。要安装 rofi，只需要执行以下命令：

```
$sudo pacman -S rofi                    //安装 rofi
$nano ~/.config/i3/config               //打开 i3 配置文件，找到并修改下面的信息
# start dmenu(a program launcher)       //将此命令行修改为 start rofi，同时修改快捷键启动信息
bindsym $mod+d exec rofi -show drun      //Win+D 组合键：打开终端
```

4．安装中文输入法

现在，还需要给系统安装中文输入法，这样就可以输入中文了。在第 2 章中，我们为 Manjaro 系统安装的是 IBus 输入法，这次我们来尝试安装 Fcitx 输入法。Fcitx 即小企鹅输入法，它是一个以 GPL 方式发布的输入法平台，通过安装引擎可以支持多种输入法。Fcitx 是一款轻量级的工具，也是 Linux 操作系统常用的中文输入法。Fcitx 的优点是和其他程序的兼容性比较好。要安装 Fcitx，只需要执行以下命令：

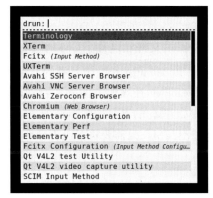

图 6-13　rofi 的操作界面

```
$sudo pacman -S fcitx-im fcitx-configtool          //安装输入法框架和配置程序
$sudo pacman -S fcitx-libpinyin    //安装输入法。libpinyin是一个开源拼音输入法
$sudo nano /etc/environment          //设置环境变量，保存并退出
GTK_IM_MODULE=fcitx
QT_IM_MODULE=fcitx
XMODIFIERS=@im=fcitx
$nano ~/.config/i3/config          //打开i3配置文件，在文本最下方添加以下信息
#input method
exec --no-startup-id fcitx
  $sudo reboot                     //重启后生效
```

重新启动计算机，然后进入 i3。首先用鼠标右键单击界面右下角的小键盘，选择"Configure"，在"Input Method"中点击"+"号，取消勾选"Only Show Current Language"，然后在下方输入框搜索"libpinyin"就可以找到拼音输入法。最后点击"OK"之后，就可以通过 Ctrl+空格键来切换输入法了，如图 6-14 所示。

（a）选择拼音输入法　　　　　　　　（b）可以正常使用的拼音输入法

图 6-14　切换输入法

5. 安装文件管理器 PCManFM

PCManFM 是一个开源的文件管理器，尽管 PCManFM 很轻便，但是它的功能却很强大。PCManFM 在设计方面并不特别，而是选择了一种熟悉的布局，任何用户都可以迅速上手，PCManFM 的界面如图 6-15 所示。另外，它还是桌面环境 LXDE 的默认文件管理器。要安装 PCManFM，只需要执行以下命令：

```
$sudo pacman-S pcmanfm                     //安装 PCManFM
$nano ~/.config/i3/config                  //打开 i3 配置文件，在文本最下方添加以下信息
# start file manager
bindsym $mod+p exec --no-startup-id pcmanfm //Win+P 组合键：打开文件浏览器
```

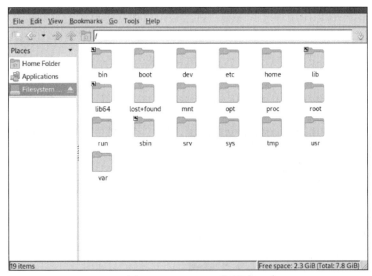

图 6-15　PCManFM 的界面

　　安装好以上应用程序，我们就可以再次进入 i3 窗口管理器，通过按不同的快捷键，就可以打开相应程序。由于操作 i3 窗口管理器几乎用不到鼠标，用户可能会有一个适应过程，等熟练了之后，就会发现 i3 窗口管理器的操作非常便捷，可以提高工作效率。

在虚拟机中调整i3的分辨率

　　如果读者是在虚拟机中安装了 Arch Linux 操作系统，在安装 i3 窗口管理器后可能会发现屏幕分辨率比较低，导致窗口界面很小。这时可以使用一个小工具（xrandr）来调整屏幕分辨率，首先使用如下命令安装 xrandr：

```
$sudo pacman -S xrog-xrandr                    //安装 xrandr
```

　　然后通过以下命令来调整分辨率：

```
$xrandr                                        //列出计算机支持的分辨率
$xrandr --output Virtual1 --mode 1440x900      //调整分辨率。此处 1440x900 为笔者修改的分
//辨率，读者可以根据自己的计算机所支持的分辨率信息自行修改
```

　　如果需要最大化 Arch Linux 操作系统对虚拟机的性能支持（例如可以根据窗口大小自动调整分辨率、增强显示效果等），那么建议读者安装 open-vm-tools 及相关工具。open-vm-tools 由一套虚拟化实用程序组成，这些程序可增强虚拟机在 VMware 环境中的表现，使管理更加有效，可以执行如下命令：

```
$sudo pacman -S open-vm-tools                           //安装 open-vm-tools 工具
$sudo pacman -S xf86-input-vmmouse xf86-video-vmware mesa    //安装 VMware 依赖项
$sudo pacman -S gtkmm gtk2                               //安装自动适配分辨率的功能依赖包
```

　　安装完成后，重新启动 Arch Linux 操作系统，让相关功能生效。

　　前面介绍了几个常用应用程序的安装，读者也可以根据自己的需求安装其他应用程序。从前面的介绍中可以了解到，要添加新的应用程序到 i3，基本的操作就是下载软件、配置 ~/.config/i3/config 文件，然后设置为开机自动启动，或者绑定（分配）按键以启动 i3。所以 i3 的使用方式是很简洁的，这也充分体现了个性化的特点。另外，i3 是平铺式窗口管理器，可以在一个界面打开并运行多个窗口，使用 i3 窗口管理器后的多窗口运行效果如图 6-16 所示。

图 6-16　使用 i3 窗口管理器后的多窗口运行效果

Linux操作系统的中文字体

　　在前面的介绍中，我们给系统安装了思源字体（一种中文字体），之后 Arch Linux 操作系统就可以显示中文了。其实 Linux 操作系统对中文字体的支持一直都是一个比较大的难题，这是因为大多数商用中文字体都是有版权且闭源的（一般要购买版权才能使用）。开发一个免费且开源的字体不仅费时费力，而且少有回报，因此在 2000 年之前，使用中文的用户只能使用纯英文环境下的 Linux 操作系统，这种现象在文泉驿项目开发开源中文字体后得到了缓解。文泉驿计划开始于 2004 年，陆续发布了文泉驿等宽微米黑、文泉驿等宽正黑、文泉驿微米黑、文泉驿正黑等字体。在很长一段时间里，文泉驿字体一直是 Linux 操作系统中文字体的默认选择。

2014 年，Adobe 公司与谷歌公司合作推出了思源字体（也被称为 Noto 字体），这使得 Linux 中文用户又多了一种选择。思源字体一共有 7 种粗细字体，完全支持日文、韩文、繁体中文和简体中文，还支持包括来自 Source Sans 字体家族的拉丁文、希腊文和西里尔文共 65,536 个字形，其中中文字体有思源宋体和思源黑体两款。由于思源字体更加美观大方，所以在 6.3.1 节安装了这一字体（系统字体会被默认安装到/usr/share/fonts 中）。如果读者想要使用其他字体，那么可以选择 Arch Linux 官方仓库提供的免费开源字体，如表 6-2 所示。

表 6-2 Arch Linux 官方仓库提供的免费开源字体

中文字体	需要安装的字体包	说明
文泉驿字体	wqy-microhei	文泉驿微米黑，无衬线形式字体
	wqy-microhei-lite	文泉驿微米黑清新版（笔画更细）
	wqy-zenhei	文泉驿正黑体，黑体（无衬线）的中文轮廓字体，附带文泉驿点阵宋体
	wqy-bitmapfont	文泉驿点阵宋体（衬线）中文字体
思源字体	adobe-source-han-sans-otc-fonts	思源黑体，无衬线字体（中、日、韩文）
	adobe-source-han-serif-otc-fonts	思源宋体，衬线字体（中、日、韩文）
	adobe-source-han-serif-cn-fonts	思源宋体简体中文部分
	adobe-source-han-serif-tw-fonts	思源宋体繁体中文部分
	adobe-source-han-sans-cn-fonts	思源黑体简体中文部分
	adobe-source-han-sans-tw-fonts	思源黑体繁体中文部分

6.4 桌面环境

桌面环境（desktop environment）提供通用图形界面元素，如图标、工具栏、壁纸、桌面小部件等。与 Windows 操作系统和 macOS 操作系统不同，Linux 操作系统拥有大量桌面环境方案以供用户选择，而这些方案拥有不同的外观设计和功能定位，如 KDE、GNOME、LXDE、Xfce 等。严格来说，桌面环境并不是真正意义上的 X 客户端，而是一套综合性的集成软件。桌面环境除了提供桌面，还提供浏览器、文件管理器、文本编辑器等一系列软件，所以更确切地说应该是集成桌面环境。用户可以自由搭配不同桌面环境的程序，桌面环境只是为这项任务提供了一个完整、便捷的方法。当然广义上也可以认为桌面环境是 X 客户端。

相较于窗口管理器，桌面环境更加复杂。窗口管理器一般不提供额外的组件（比如桌面图标、状态栏等），而桌面环境则会集成这些组件。桌面环境的主要目标是为 Linux/UNIX 操作系统提供一个更加完善的界面，一般还整合了大量的工具和应用程序（桌面环境自带的程序与该桌面环境整合的效果最佳）。

使用桌面环境是安装完整图形环境的最简单的方法。桌面环境包含窗口管理器，如gnome-wm（GNOME 提供的窗口管理器）、KWin（KDE 使用的窗口管理器）。和窗口管理器一样，桌面环境一般也通过显示管理器来启动 X Window 系统，从而使 Linux 操作系统一启动就立即进入 X Window 系统，并让用户通过图形模式来登录。

不同种类的桌面环境如表 6-3 所示。本节将会重点介绍 KDE、GNOME、Xfce 和 LXDE 这 4 个桌面环境，读者可以自行选择自己喜欢的一种桌面环境来安装，当然也可以安装多个桌面环境。但是，由于不同的桌面环境会涉及不同的登录管理器以及配置文件，因此不建议读者安装多个桌面环境。

表 6-3　不同种类的桌面环境

桌面环境	说明
Budgie	Budgie 拥有简洁、时尚、现代的用户界面，是一款轻量级的桌面环境
Cinnamon	Cinnamon 衍生于 GNOME 3 桌面，它的界面是经典布局，但是为用户提供了非常灵活的可定制性
Deepin	Deepin 桌面环境和应用程序功能的设计直观而优雅，移动、共享和搜索功能会给用户带来愉悦体验
GNOME	GNOME 桌面环境是迷人而直观的，其会话是现代而经典的
KDE Plasma	KDE Plasma 是一款精美且华丽的桌面环境，具备高性能和优秀的稳定性，同时它还给用户提供了大量开箱即用的工具
LXDE	LXDE 是轻量级的，比其他桌面环境占用更少的 CPU 和内存，它是一个快速而节能的桌面环境
LXQt	LXQt 是一款占用资源很低的轻量级开源桌面环境，它采用经典的桌面布局方式
MATE	MATE 桌面基于 GNOME 2 开发而来，功能完善，旨在给用户带来传统桌面的体验
Xfce	Xfce 是一款历史悠久的轻量级桌面环境，界面整洁美观，它的使用率仅次于 KDE Plasma 和 GNOME 桌面环境

在安装桌面环境之前，建议读者先卸载 6.3 节安装的 i3 窗口管理器。如果保留窗口管理器的话，某些应用程序可能会冗余，这是因为我们已经安装了部分应用程序，而一般的桌面环境又都自带一部分应用程序，这样会导致新安装的桌面环境出现多个类似的应用程序，如虚拟终端、文件管理器、网页浏览器等。当安装多个桌面环境时，这种情况会更加严重。

6.4.1　KDE Plasma 桌面环境

1996 年，德国的大学生马赛亚斯·艾特利希（Matthias Ettrich）创建了 K 桌面环境（K desktop environment，KDE）项目，他希望给 UNIX 操作系统和 Linux 操作系统开发一个简单易用、很"酷"（K 代表着 Kool，英文 Cool 的谐音）的桌面环境，方便用户管理操作系统上的应用程序。在此之前，艾特利希开发过一款图形化的文字排版工具 LyX，这款工具用到了 TrollTech（奇趣科技）公司的 Qt 程序库（现在属于 Qt 公司），由于使用 Qt 的效果很好，因此他决定同样使用Qt 来开发 K 桌面环境。

随着越来越多的开发人员加入 KDE 项目，KDE 社区诞生了。在社区成员的共同努力下，K 桌面环境功能逐渐完善，用户数量与日俱增，而且得到了很多 Linux 发行版的支持。KDE 社区在不断更新 K 桌面环境的同时，还给它开发了各种各样的应用程序和实用工具，这使得 KDE 由一款纯粹桌面环境变成了一套大型软件集合。因此，早期的"K 桌面环境（K desktop environment）"名称逐渐被弃用，官方直接使用"KDE"一词代表社区和项目。KDE 是目前 Linux 发行版中最常用的桌面环境之一，大多数桌面 Linux 发行版都会提供 KDE 版本。KDE 非常现代化，图形显示效果出众，以华丽的界面著称。

KDE 是由 Plasma 桌面环境、程序库、框架和应用程序组成的软件项目。从简单而强大的文本编辑器，到震撼的影音播放器，再到最尖端的集成开发环境（IDE），KDE 包含了许多满足用户需求的程序。KDE 程序遵循整体一致的观感，使用 KDE 程序会给用户带来舒适而熟悉的体验。此外，KDE 还拥有一个基于 KParts 技术的办公应用套件 KOffice，由文字处理、电子表格、幻灯片制作、项目管理、新闻客户端等应用程序组成。这些软件通常会通过 KDE 软件包组一起向外发布，用户可以有选择地安装使用。

KDE 主要有以下特点：

- 漂亮现代的桌面，如图 6-17 所示；
- 灵活的可配置系统，不用过多编辑文本文件就能定制应用程序；
- 网络通透性，让你轻松访问网络和计算机中的文件；
- 软件生态系统，囊括成百上千种应用程序；
- 支持超过 60 种语言。

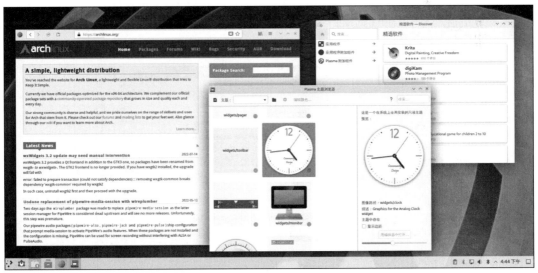

图 6-17　KDE Plasma 的桌面

要想在 Arch Linux 上使用 KDE，首先需要执行以下命令来安装必要的软件：

```
$sudo pacman -Syu plasma          //安装 Plasma 桌面环境包组。在安装的时候部分软件包在软
                                  //件仓库中可能有多个不同的版本，一般选择默认即可（下同）
$sudo pacman -S kde-applications  //安装 KDE 应用
$sudo pacman -S sddm              //KDE 的显示管理器，如果在使用 i3 时已安装过，就不需要再安装
```

由于 KDE 默认包含了大量的应用程序，因此下载和安装应用程序需要一定的时间。安装完成后，通过设置 sddm 为自启动，就可以让 Arch Linux 启动之后直接进入 KDE 桌面，可以执行如下命令：

```
$systemctl enable sddm           //设置开机启动
$systemctl disable sddm          //如果不需要开机启动，可以用这条命令来关闭。通过
                                 //systemctl start sddm 命令，可以手动启动 sddm
```

KDE Plasma 桌面环境整体让用户感到很舒适，有着行业标准的布局：左下角是程序启动器，中间是任务栏，右边是系统托盘。这些正是用户对标准家用计算机的期望。KDE Plasma 桌面拥有丰富的配置方式，用户可以通过不同组合定义窗口的表现形式。此外，它还提供很多实用小部件，允许用户自由选配，实现和桌面个性化的交互方式。KDE Plasma 桌面配置选项最重要的不是数目，而是这些选项都很直观，它们都在系统设置应用或者菜单中。

KDE Plasma 桌面环境自带了丰富且常用的应用程序，如浏览器、文件管理器、文本编辑器、下载工具等，这些工具使得用户无须为新安装的操作系统而去额外查找软件。当然，KDE Plasma 还自带了软件中心——Discover，用户可以利用它方便地浏览、下载应用程序。需要注意的是，要使用 Discover，需要先用以下命令安装 Arch Linux 仓库软件后端：

```
$sudo pacman -S packagekit-qt5   //Arch Linux 仓库软件后端
```

安装完成后，就可以在 Discover 中浏览、下载和安装应用程序了，软件中心的界面如图 6-18 所示。

图 6-18　软件中心（Discover）的界面

6.4.2 GNOME 桌面环境

GNOME 是简单易用、优雅美观的桌面环境，在它早期的创建和开发中，GNOME 得到了自由软件基金会的支持。GNOME 是一款开源的自由软件，也是 GNU 操作系统的正式桌面。GNOME 工程发起于 1997 年，发起人是米格尔·德伊卡萨（Miguel de Icaza）和费德里科·梅娜（Federico Mena）。一开始，GNOME 工程的主要目标是开发桌面环境。随着越来越多的志愿者加入开发团队，GNOME 基金会成立了。此后，很多应用程序也陆续创建并添加到 GNOME 工程中，因此 GNOME 工程也成为了一个包含大量实用工具的软件集合。

GNOME 软件包组主要包含桌面环境和各种基于图形界面的应用程序，例如 GNOME Web 浏览器、Anjuta 集成开发环境、gedit 文本编辑器、gnome-chess 国际象棋游戏、Nautilus 文件管理器等。目前 GNOME 的流行版本是 GNOME 40，它的桌面效果如图 6-19 所示。GNOME 工程对 Linux 桌面环境的发展起到了非常重要的推动作用，它和 KDE 项目一样，为用户带来了更加缤纷多彩的 Linux 桌面。

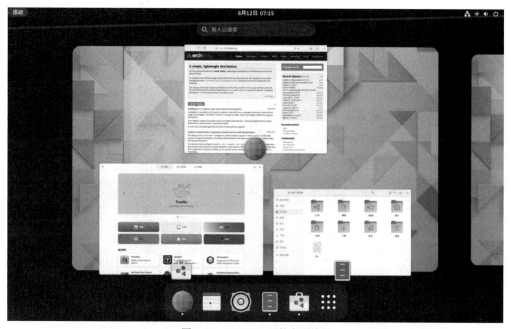

图 6-19　GNOME 40 的桌面效果

1999 年，发布了 GNOME 1.0。2002 年，更新到 GNOME 2.0。2011 年，发布了 GNOME 3.0。这三个版本现在已经停止开发了，目前正在更新和流行的是发布于 2020 年的 GNOME 40（从这个版本开始，官方不再采用 3.0 或者 4.0 的版本号，而是从数字 40 开始命名，如 40、41、42 等，依此类推）。GNOME 40 系列（包括之前的 GNOME 3.0）彻底颠覆了传统桌面环境的设计，引入了全新的外观界面和交互模式。当前大多数用户已经接受了这个新的桌面环境，并且正在享受由新交互方式带来的便利和高效。GNOME 40 的全新设计改变了人们对 Linux 桌面的传统印象，它将有可能在人机交互方面做出创新和新突破。GNOME 的设计哲学也是以用户为导向的：让普通用户能快速上手；让高级用户能充分利用快捷键、高级特性提升使用效率。GNOME 简单、直接而明了，会吸引到一些从来没用过 Linux 桌面的用户。

接下来，我们就来安装 GNOME 桌面环境。安装 GNOME 只需执行以下命令来安装两个软件组：

```
$sudo pacman -Syu gnome          //gnome 组包含基本的桌面环境和一些良好的集成应用程序，如显示
                                 //管理器 gdm
$sudo pacman-S gnome-extra       //gnome-extra 组包含其他 GNOME 应用，包括压缩文件管理器、文
                                 //本编辑器和一些游戏。注意，gnome-extra 组需要建立在 gnome
                                 //组之上
```

GNOME 使用 gdm 作为显示管理器，和 KDE 的 sddm 一样，只要设置 gdm 为开机启动，就可以让系统在启动时直接进入用户登录界面，从而让用户使用 GNOME，可以执行如下命令：

```
$systemctl enable gdm            //设置开机启动
$systemctl disable gdm           //如果不需要开机启动，可以用这条命令来关闭。通过 systemctl
                                 //startgdm 命令，可以手动启动 gdm
```

GNOME 桌面环境简洁干净，默认没有桌面图标。用户可以通过左上角的"活动"标签，选择底部的"显示应用程序"来打开程序选择面板，也可以通过顶部输入框来搜索程序。GNOME 桌面环境的底部提供了浏览器、文件管理器等常用的软件图标，如图 6-20 所示。GNOME 的用户界面支持明亮和夜间两种模式，用户可以通过"外观"选项进行切换，这个操作也会使得应用程序和桌面壁纸的外观同步变化，从整体上看更加一体化。

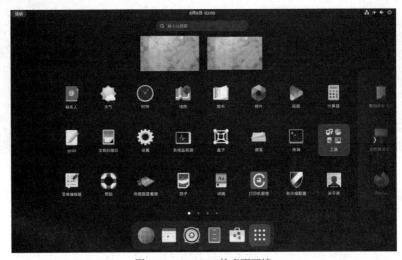

图 6-20　GNOME 的桌面环境

除了界面和外观方便，GNOME 桌面环境的性能也在不断提升。例如 GNOME 桌面环境的视频播放器支持硬件加速解码方式，显著提高了文件搜索速度，系统的输入延迟更低、响应速度更快等。总之，GNOME 桌面环境在整体性和细节上的表现都非常出色，而且它还在不断更新完善，一般情况下，每隔 6 个月左右就会有新的版本发布，可以执行以下命令：

如果用户需要使用 GNOME 自带的软件商店（软件仓库），就需要安装 gnome-software-packagekit-plugin 包，这样才可以正常使用软件商店，可以执行如下命令：

```
$sudo pacman -S gnome-software-packagekit-plugin      //Arch Linux 仓库软件后端
```

GNOME 软件商店的界面如图 6-21 所示，读者不仅可以用它来浏览和安装软件，也可以用它来更新系统和应用程序。不过对 Arch Linux 而言，如果需要安装和维护软件，那么使用 pacman 命令依然是最佳的选择。

图 6-21　GNOME 软件商店的界面

KDE 与 GNOME

前面提到过，X Window 系统和 Windows 操作系统、macOS 操作系统的 GUI 并不一样，它的主要作用并不是为了让用户操作更方便，而是通过 X Window 系统来查看和控制程序。X Window 系统所做的就是在屏幕上构造方块（窗口），然后画出里面的元素，仅此而已。所以并不能把 X Window 程序认为是 GUI 程序（也就是通常用户所说的"桌面/桌面环境"）。最初，Linux 操作系统并没有桌面环境，尽管 X Window 系统已经移植到了 Linux 操作系统上很多年，但它只是在做好自己的"本职工作"——绘图，例如"绘制一个红色矩形""绘制几个多边形"、为客户图像分配内存等。一直等到 KDE、GNOME 桌面的发布以及成熟之后，Linux 操作系统才有了真正意义上的桌面环境。换句话说，建立 Linux 桌面系统的起点是 KDE 和 GNOME 桌面环境的建立。

1996 年 10 月，马赛亚斯·艾特利希（Matthias Ettrich）第一次提出了 KDE 的想法：一个基于 GNU/Linux 环境的、完全免费的环境，该环境通过 Qt 来提供基本的窗口小部件。Qt 是由挪威的 Trolltech 公司开发的一个图形程序工具包（图形库）。Qt 是一个拥有双许可证的软件：一个商用许可证和一个免费版许可证（Qt 现在采用 GPL 作为免费版的许可证，但在一开始免费版许可证并不是 GPL，Qt 也不开源）。类似于 Qt 的工具包还有 GTK、Motif、XFroms、LessTif 等。KDE 采用的是免费版的许可证。艾特利希的 KDE 计划就是为了让没有技术背景的用户也能够享受使用一个强大操作系统的乐趣，其目的是使 GNU/Linux 操作系统像 Windows 操作系统那样引人瞩目。

KDE 采用的 Qt 工具包在当时并不是纯粹的自由软件，尽管 Qt 遵循 GPL 协议发布，但是在理查德·斯托曼的眼里，Qt 不能算是自由软件。1997 年 8 月，一个新的自由软件桌面环境计划就诞生了，这个全新的 GUI 系统被称为 GNOME，而且它得到了自由软件基金会的支持。在 GNOME 计划完成后的 4 个月，红帽公司也加入了研创工作，对 GNOME 的研创产生了巨大的推动作用。GNOME 采用 GTK（GTK+）库作为图形开发库（有关 GTK 库的详细介绍，读者可以阅读 7.3.5 节）。由于 GTK 库本身遵循 GPL 协议，因此 GNOME 吸引了很多自由软件开发人员。

KDE 和 GNOME 之间既有竞争也有学习，它们不仅是一个简单的 X 客户端或者窗口管理器，还拥有很多配套的应用软件以及便捷的桌面环境，如任务栏、开始菜单、桌面图标等。除基本的图形环境以外，KDE 桌面环境还包括 KOffice 套件和集成开发环境 KDevelop 等软件，其主力软件 Konqueror 也是一个可以同微软公司的 Internet Explorer 相抗衡的浏览器。后来奇趣科技公司还把 Qt 的免费版许可证变为 GPL，彻底解决了 KDE 的版权问题。GNOME 的发展也很迅速，Sun Microsystems 公司、红帽公司、Eazel 公司、Helix Code 公司等成立了 GNOME 基金会，同时 Sun Microsystems 公司还把重量级办公软件 StarOffice 同 GNOME 集成起来。从目前来看，参与开发 GNOME 的公司比较多，但是 KDE 与 Qt 的开发效率和质量要比 GNOME 高，而且在办公软件和嵌入式环境中先行一步，在一定时间内将处于优势地位。

6.4.3 Xfce 桌面环境

Xfce 创建于 2007 年 7 月，是一款运行在 Linux、BSD、macOS 和 Windows 等操作系统上

的轻量级桌面环境，采用 GPL 许可证对外发布。Xfce 的目标是开发一款快速、占用系统资源少，同时图形界面美观，且易于使用的桌面环境。Xfce 最早的含义是 XForms common environment，表示基于 XForms（三维图形库）的通用桌面环境。后来 Xfce 不再使用 XForms 工具了，也就弃用了该名称，但保留了 Xfce 的称呼。

Xfce 并没有一味地追求轻量化，而是尽量在低资源消耗和丰富功能之间追求平衡。因此，Xfce 的图形界面简洁却并不简陋。过于追求轻量级会牺牲部分功能和性能，但是 Xfce 桌面环境却提供了丰富的功能组件，可以与以功能特性全面著称的 GNOME 媲美，给用户保留了丰富的可定制性。Xfce 的某些特性甚至超过了 KDE 等大型桌面环境。

正因为 Xfce 有着非常多的优点和特色，越来越多的 Linux 发行版都会专门为用户提供 Xfce 桌面环境版本来选择，甚至有一些发行版（例如 Xubuntu 和 MX Linux 等）默认使用的桌面环境就是 Xfce 桌面环境。和 KDE 和 GNOME 类似，Xfce 也为用户提供了很多应用程序，如文件管理器 Thunar、程序开发工具 xfce4-dev-tools、桌面管理器 xfdesktop、多媒体播放器 parole 和终端机模拟器 xfce4-terminal 等。

安装 Xfce 需要安装 xfce4 包组，建议读者同时安装 xfce4-goodies 包组，此包组提供了一些额外的插件和有用的工具，如 Mousepad 文本编辑器。首先，执行以下命令安装 Xfce：

```
$sudo pacman -Syu xfce4          //xfce4 包组包含了桌面环境默认的应用程序
$sudo pacman -S xfce4-goodies    //此包组提供了一些额外的插件和有用的工具
```

尽管 Xfce 默认使用 Xfwm 作为显示管理器，但是官方更推荐使用 LightDM 作为显示管理器。因此接下来就以 LightDM 为例来做介绍。如果之前安装 i3 的时候安装了 SDDM，也可以用 SDDM 来启动 Xfce。接下来，执行以下命令来安装和配置 LightDM：

```
$sudo pacman -S lightdm lightdm-gtk-greeter    //安装 LightDM 显示管理器和 greeter 软
                                               //件，greeter 是提示用户输入密码的 GUI
                                               //界面
$systemctl enable lightdm                      //设置开机启动
$systemctl disable lightdm                     //如果不需要开机启动,可以用这条命令来关
                                               //闭。通过 systemctl startlightdm 命
                                               //令，可以手动启动 LightDM
```

Xfce 所使用的是最经典的桌面布局，如菜单选项、工作区和面板。窗口可以执行拖拽、放大、缩小、关闭等操作，在窗口标题栏点击鼠标右键会弹出操作菜单，这些都是用户多年来所熟悉的操作。Xfce 的桌面底部还有快速启动栏，方便用户快速打开终端、文件管理器、网页浏览器和应用程序查找工具，Xfce 桌面环境的界面如图 6-22 所示，这种常见布局带来的熟悉感与近几年发布的其他桌面环境所带来的创新体验形成了鲜明对照。

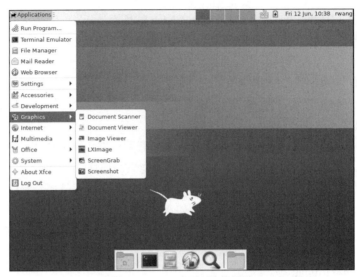

图 6-22　Xfce 桌面环境的界面

6.4.4　LXDE 桌面环境

LXDE（Lightweight X11 Desktop Environment）开发于 2006 年，主要为 UNIX 以及 POSIX 相容平台（如 Linux、BSD 等）提供一个轻量、快速的桌面环境。LXDE 的开发人员主要是 PCManFM（一款文件管理器）的开源程序设计者洪任谕、钱逢祥，以及其他活跃开发人员刘颖骏、李健秋和黄敬群等。2013 年，洪任谕启动了将 LXDE 移植到 Qt 的项目。之后，Razor-qt（一个与 LXDE 类似的桌面）宣布与 LXDE 合并，推出了 LXQt 项目。不过，用户无须担心 LXDE 项目，LXDE 和 LXQt 桌面环境都将被继续开发，因此两者将处于长期共存的状态。

LXDE 是真正的轻量级桌面环境，注重实用性和极低的资源消耗，它减少了一些不必要的功能，也因此牺牲了部分性能。LXDE 由来自全世界的开发人员所组成的社区来维护，它的界面美观大方，支持多种语言和标准化的快捷键。此外，LXDE 项目也给用户提供了一些实用工具，如音乐播放器、图片浏览器、文本编辑器、面板管理工具和桌面管理程序等。

LXQt 项目组在 Arch Linux 的软件仓库中提供了一个软件包组，可以执行以下命令来安装 LXDE 桌面环境：

```
$sudo pacman -Syu lxde                    //安装 LXDE 包组
```

LXDM 是 LXDE 默认的显示管理器。LXDM 默认已包含在 LXDE 包组中，所以不需要额外安装，可以执行以下命令来配置 LXDM：

```
$systemctl enable lxdm                    //设置开机启动
$systemctl disable lxdm                   //如果不需要开机启动，可以用这条命令来关闭。通过
//systemctl startlxdm命令，可以手动启动 LXDM
```

和 KDE 一样，LXDE 具备系统菜单、应用启动器面板，以及显示正在运行应用的任务栏，LXDE 桌面环境的界面如图 6-23 所示。这会让用户有一种熟悉的感觉，各种操作也能得心应手。

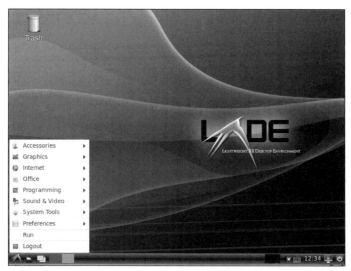

图 6-23　LXDE 桌面环境的界面

LXDE 将面板的每个组件称为小部件。默认的小部件为用户提供了将喜欢的应用程序保存到面板、在多个工作空间之间切换以及隐藏窗口的功能。LXDE 最吸引人的部分是无须依赖项（必须安装后台服务才能运行程序）和可互换组件。例如，LXDE 使用 Openbox 窗口管理器，用户可以使用任何与 Openbox 兼容的主题更改窗口标题栏的外观，还可以调整标题栏中的按钮以及按钮顺序。

Linux操作系统图形界面发展简史

X Window 系统比 Linux 操作系统诞生的时间要早得多，X Window 系统提供了图形用户界面的基本构件，比如在屏幕上创建窗口、提供键盘和鼠标输入。但是最初 X Window 系统并没有被用在 Linux 操作系统的界面上，因此在很长一段时间里 Linux 操作系统都是字符界面，只有在程序需要显示图形时才会启动 X Window 系统。就其本身而言，X Window 系统的使用率并不高。为了使 X Window 系统变得更加有效和实用，用户需要一种方法来管理会话中的所有窗口，于是就出现了窗口管理器。

早期，最著名、最常用的窗口管理器就是 twm，如图 6-24 所示（6.2.2 节中介绍了 twm 的安装）。twm 很简单，它提供了基本的窗口管理功能，注重简单而有效的实用性。

随着 Linux 操作系统逐渐流行，就有人开发了性能更强、使用更流畅、显示效果更美观的窗口管理器。FVWM 是较早出现的一款窗口管理器，它给窗口外框提供了 3D 效果，比 twm 更具有现代感，如图 6-25 所示。尽管以现在的审美看来，FVWM 也十分简单和朴素，但在当时是很先进的设计，显示效果也非常优秀。

图 6-24　早期最著名、最常用的窗口管理器 twm

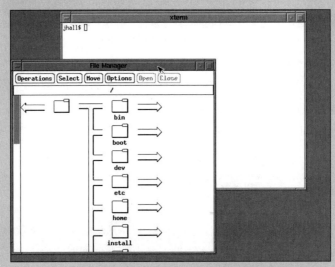

图 6-25　较早出现的窗口管理器 FVWM

　　不过，以上这些工具都是功能上比较简单的窗口管理器，它们离"桌面环境"还有很大的差距。马赛亚斯·艾特利希觉得这些窗口管理器在桌面效果上没有一体感，操作上也更偏向专业级用户，对新用户并不友好。因此，他于 1996 年启动了一个项目，着手开发一款功能完整且对用户友好的图形桌面环境，并把这个项目命名为 K 桌面环境，也就是 KDE。KDE的名称部分来源于 CDE（通用桌面环境，它是 UNIX 操作系统的标准桌面环境）。1998 年，KDE 1.0 正式发布，KDE 1.0 的界面如图 6-26 所示。从图中可以看出，它比窗口管理器有着质的飞跃，是一款真正意义上的"桌面环境"。

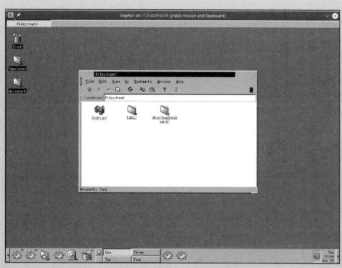

图 6-26 KDE 1.0 的界面

KDE 的出现使得 Linux 操作系统向前迈出了一大步，KDE 让 Linux 操作系统第一次有了真正的桌面。KDE 桌面使用了图标来表示应用程序，提供了"开始"菜单和快捷键操作方式。同时，KDE 也支持虚拟桌面，它们通过屏幕底部的"One""Two""Three""Four"4 个按钮来选择，如果某个桌面被窗口占用了，就可以切换到其他桌面，方便打开更多的窗口。不同的应用程序可以通过顶部的任务栏按钮来切换。

很多 Linux 发行版支持 KDE 桌面环境，但是 KDE 使用了奇趣科技公司的 Qt 程序库，而 Qt 程序库在当时并不是自由软件（使用了 QPL 许可证，和 GPL 许可证并不兼容），Linux 是自由的操作系统，当时很多用户把它视作对抗商业专用操作系统的武器，包含非自由软件 KDE 的 Linux 发行版显然无法满足这个要求。这使得 Linux 发行版陷入了两难的境地：如果 Linux 发行版包含了 KDE，它就不再是自由软件；如果 Linux 发行版不包含 KDE，那就只能用窗口管理器来替代 KDE。

为了解决这个难题，米格尔·德伊卡萨和费德里科·梅娜发起了一项新项目——GNOME 项目。GNOME 将来自 GIMP 图像编辑器的自由软件 GTK（GIMP tool kit）当作图形库，这使得 GNOME 也同样会是自由软件。1999 年，GNOME 1.0 发布，其界面如图 6-27 所示。GNOME 的发布标志着 Linux 操作系统又多了一个可以使用的桌面环境，而且 GNOME 还是一款开源自由软件。

之后，两个桌面环境之间展开了友好的竞争，彼此相互交流，为自己的桌面环境添加新的功能，给用户带来了很多美好的体验。随着 Qt 程序库后来采用了 GPL 许可证，KDE 也成为了一款自由软件。目前，KDE 和 GNOME 有着不同的目标。KDE 在采用相对美观、华丽的桌面设计样式的同时，保留了任务栏、开始菜单等经典的设计方式，为用户提供相对传统的操作体验。GNOME 则摒弃传统设计，采用较为激进的设计理念，为用户提供了一款极简的桌面环境，能够提升工作的专注度。GNOME 桌面环境移除了任务栏并重新设计了菜单，删除了分散用户注意力的桌面图标和其他元素，给用户带来了全新的体验。尽管前进的方向各不相同，但是 KDE 和 GNOME 依然是 Linux 桌面环境中的"佼佼者"，功能丰富、性能优异，给其他 Linux 桌面环境的开发带来了积极的影响。

图 6-27   GNOME 1.0 的界面

在 KDE 和 GNOME 的发布之后，更多的 Linux 桌面环境相继诞生。目前除了这两个主流的 Linux 桌面环境，新生代 Linux 桌面环境（如 Xfce、LXDE 和 LXQt）的应用也很广泛。在具体表现上，GNOME 和 KDE 的界面相对华丽，资源占用较高；Xfce、LXDE 和 LXQt 属于轻量级桌面，资源占用较少。

6.4.5   为桌面环境安装必要的软件/工具

Linux 操作系统的桌面环境很多，尽管在实际的体验和操作上有着一定的差别，但是基本的功能和界面呈现上都很接近。由于篇幅限制，本节以 KDE Plasma 桌面环境为例，其他桌面环境的操作方式和程序界面大体相同。

1. 安装中文字体

在 6.3 节中，我们为 i3 窗口管理器安装了中文字体，由于字体是系统所共用的，因此安装桌面环境时就不需要再安装了。如果有读者没有安装 i3，或者安装 i3 的时候没有安装中文字体，就需要额外给桌面环境安装中文字体（一般桌面环境不带中文字体或者对中文字体的支持不好，会显示不出部分文字）。推荐读者安装思源字体，要安装该字体，需要执行以下命令：

```
$sudo pacman -S adobe-source-han-serif-cn-fonts        //安装思源字体
```

如果想要安装其他字体，可以参考 6.3.3 节中的介绍。

2．安装中文输入法

在 i3 中，我们为系统安装了中文输入法。如果读者之前没有安装输入法，在使用桌面环境的时候就需要单独安装。这里依然推荐使用 Fcitx 小企鹅输入法，它是一个以 GPL 方式发布的输入法平台，可以通过安装引擎支持多种输入法，是 Linux 操作系统中常用的中文输入法。Fcitx 小企鹅输入法的优点是容易安装和使用，程序的兼容性比较好。可以执行以下命令来安装 Fcitx 中文输入法：

```
$sudo pacman -S fcitx-im fcitx-configtool      //安装输入法框架和配置程序
$sudo pacman -S fcitx-libpinyin                //安装输入法。libpinyin是一个开源拼音输入法
$sudo nano/etc/environment                     //设置环境变量，保存并退出
GTK_IM_MODULE=fcitx
QT_IM_MODULE=fcitx
XMODIFIERS=@im=fcitx
```

安装好输入法后进入系统（有些桌面环境需要重启），找到"Input Method Configuration"（输入法配置，一般可以通过状态栏上的键盘图标点击进入，不同桌面环境可能略有不同），在"Input Method"中单击"+"号，取消勾选"Only Show Current Language"，然后在下方输入框搜索"libpinyin"就可以找到该输入法，如图 6-28 所示。单击"OK"之后，就可以通过 Ctrl+空格键来切换输入法了。

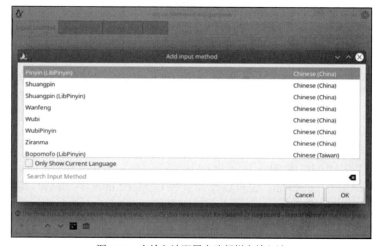

图 6-28　在输入法配置中选择拼音输入法

3. 安装声音驱动

要让 Linux 操作系统正常使用音频设备，需要用到 ALSA（Advanced Linux Sound Architecture，高级 Linux 声音架构）。ALSA 是 Linux 操作系统中提供声音设备驱动的内核组件。在默认情况下，所有声道默认设置为静音，因此需要使用工具解除静音，才能使系统发出声音。执行以下命令可以安装 ALSA 工具：

```
$sudo pacman -S alsa-utils            //安装 ALSA 工具
$sudo alsamixer                       //使用 Alsamixer 来配置声音
```

Alsamixer 是基于文本的图形界面，可以通过键盘方向键来设置所需的音量，操作非常简单方便。如果计算机有多个声卡，那么首先按 F6 键来配置默认声卡。在 Alsamixer 中，下方标有"MM"的声道是静音的，而标有"00"的通道是已经启用的。系统音量的主开关是 Master，默认是"MM"，按 M 键可以解除静音，开启后会显示"00"，之后就可以使用上下方向键来调整音量大小。左右方向键可以选择不同的设备，如"Speaker"是扬声器、"Mic"是麦克风等。设置完成后，按 Esc 键退出，执行以下命令保存声音配置信息：

```
$sudo alsactl store                   //保存声音设置信息
```

重启系统之后进入桌面环境，就可以在系统托盘中看到声音图标，通过它可以控制音响设备，这代表声音驱动程序已经在正常工作了。

4. 安装蓝牙驱动程序

蓝牙是现在很多笔记本计算机和台式计算机默认配备的硬件，可以连接蓝牙鼠标、键盘甚至音频设备。在 Linux 操作系统中，通常使用的蓝牙协议栈是 BlueZ，因此只要安装它就能使用蓝牙功能。执行以下命令可以安装蓝牙驱动程序：

```
$sudo pacman -S bluez bluez-utils            //安装蓝牙协议栈和工具包
$sudo systemctl enable bluetooth.service     //启用（开机启动）蓝牙服务
```

启用蓝牙功能后，就可以在桌面环境的系统设置里找到蓝牙图标，配对成功之后就能使用蓝牙设备。

5. 安装 QQ for Linux

第 2 章曾介绍过 QQ for Linux，当时并没有安装。现在，Arch Linux 已经有了桌面环境，读者也已经能够熟练使用 pacman，就可以开始安装 QQ for Linux 了。目前，QQ for Linux 还没有包含官方软件仓库，因此要先到官网上下载软件包，如图 6-29 所示（AUR 仓库已提供软件包，因此也可以使用 yay 来安装）。

架构			可支持格式		
x64	shell	rpm	deb	pacman	
ARM64	shell	rpm	deb		
MIPS64	shell	rpm	deb		

图 6-29　QQ for Linux 官网上的软件包

首先到 QQ for Linux 官网的下载页面中下载 pacman 安装包，文件名一般为 linuxqq_2.0.0-xxxx.pkg.tar.xz（xxxx 为版本号），然后用 pacman 命令来安装，可以执行如下命令：

```
$sudo pacman -S gtk2                                        //QQ for Linux 依赖
//gtk2.0，安装前先安装 gtk2.0
$sudo pacman -U ~/downloads/linuxqq_2.0.0-xxxx.pkg.tar.xz   //安装 QQ for Linux（假
//设在主目录的 download 文件夹下，读者可以根据具体情况自行修改）
```

安装完成后，读者就可以从已安装的软件中找到名为"腾讯 QQ"的软件。QQ for Linux 目前只支持扫码登录，因此需要用手机端 QQ 扫描二维码登录。登录软件后，可以看到界面设计是比较原始的（基本上是 2008 年左右的界面设计风格），且只有一些最基本的功能，如图 6-30 所示。软件运行情况是比较稳定的，但是也会有一定概率"闪退"。尽管如此，能在 Linux 操作系统中运行官方的 QQ 依然是一件让人振奋的事情。相信 QQ for Linux 也会继续更新，为使用 Linux 操作系统的 QQ 用户带来更好的体验。

图 6-30　QQ for Linux 的软件运行界面

6. 安装办公软件

办公软件几乎是人人都需要使用的软件之一。Linux 操作系统中最好的办公软件就是

LibreOffice。LibreOffice 是官方仓库直接提供的软件，可以执行以下命令来安装：

```
$sudo pacman -S libreoffice-fresh          //安装 LibreOffice 的 feature 分支。读者也可以安
                                           //装 LibreOffice 的另一个分支 libreoffice-still
```

安装完成后，在已安装的软件中可以找到 LibreOffice 套件（Writer、Calc、Impress、Draw、Base 和 Math，具体可以参考 2.2.2 节）。此外，在国内，WPS Office 也有广泛的用户基础。WPS Office 是跨平台的办公软件，既支持 PC 端，也支持移动端。WPS Office 是北京金山办公软件股份有限公司（隶属于金山软件股份有限公司）自主研发的办公软件套件，能够完成表格统计、文字处理、演示文稿等日常办公需求。WPS Office 的软件资源占用少、运行速度快、体积小巧，给用户提供了多种文档模板。此外，WPS Office 支持阅读和输出 PDF 文件，也兼容 Microsoft Office 文档格式（如.doc、.docx、.xls、.xlsx、.ppt 和.pptx 等）。目前 WPS Office 支持桌面平台和移动平台，可以运行在 Windows、Linux、Android、iOS 等多个系统上。

尽管 WPS Office 并不是开源自由软件，但是它的 WPS 文字、WPS 表格和 WPS 演示（与 MS Word、Excel 和 PPT 相对应）对个人用户永久免费，同时还可以通过很多强大的插件来进行功能扩展，对广大个人用户群体具有极大的吸引力。不仅在国内，国际上也有大量用户在使用 WPS Office，它的影响力还在不断提升。目前，Arch Linux 发行版的 AUR 仓库提供了 WPS Office 的安装包，因此可以使用 yay（详见 5.3.3 节的相关内容）来安装使用 WPS Office，执行如下命令：

```
$sudo yay -S wps-office-cn                 //WPS Office for Linux 分为国内版和
                                           //国际版，国内版为 wps-office-cn，国际
                                           //版为 wps-office
$sudo yay -S wps-office-mui-zh-cnttf-wps-fonts  //安装中文语言包和符号字体
```

7. 安装图形界面软件管理工具 Octopi

第 2 章介绍了 Manjaro 系统的图形软件管理工具，利用它可以更加直观地安装、删除和更新软件。在 Arch Linux 操作系统下，我们依然可以安装图形界面的软件管理工具，这个工具就是基于 Qt 编写而成的 Octopi，Octopi 是 pacman 的图形化实现。除了 Octopi，还有另一个类似的、基于 GTK 工具开发的 Pamac（就是 Xfce 版的 Manjaro 自带的软件）。在 KDE 桌面环境下，Octopi（都是基于 Qt 图形库）的安装和界面风格会更加统一（如果读者使用的是 GNOME 或 Xfce 桌面，那么可以安装 Pamac，这是因为它们都使用 GTK/GTK+图形库），执行如下命令：

```
$sudo yay -S octopi             //安装 Octopi 工具
```

Octopi 的界面直观易用，如图 6-31 所示，界面的上方输入框可以直接通过名称或描述来搜索官方仓库或者 AUR 仓库（点击输入框左侧的"外星人"图标就可以搜索到 AUR 仓库）中的软件，输入框下方是可选软件的名称和版本，界面最下方是所选软件的详细信息。界面右侧的显示框是软件浏览窗口，可以根据不同分组来浏览各种软件。需要注意的是，如果要搜索安装 AUR 仓库软件，必须要有一个 AUR 助手（yay）。如果读者之前没有安装过 yay，那么需要先安装它（详见 5.3.3 节的相关内容），也可以使用其他的助手（Trizen、Pacaur 等）。

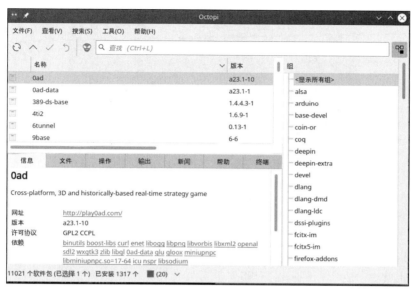

图 6-31　Octopi 的界面

Octopi 不仅可以方便地安装和删除软件，更重要的是它可以提醒用户哪些软件在官方仓库已有更新版本（最下方的红色方块指示），如图 6-32 所示。

这个提示非常实用，尤其是对于 Arch Linux 这类滚动式更新的系统。如果要让 Octopi 显示 AUR 仓库的更新信息，则需要点击工具

图 6-32　软件下方的指示信息

菜单的选项，在窗口中选择 AUR，把"搜索过时的 AUR 软件包"勾选上。这样界面的最下方（"外星人"图标指示）就会出现 AUR 可以更新的信息。

WPS与Microsoft Office的商业战争

目前，Microsoft Office（后面简称为 MS Office）拥有绝对的市场占有率。在国外，除了 MS Office，用户接触比较多的是 LibreOffice，而在国内则是 WPS Office。LibreOffice 与 MS Office 之间几乎无交集地服务于各自特定的用户群，WPS Office 和 MS Office 之间则有着相当多的交集，甚至存在着一场争夺用户与市场占有率的商业战争。

WPS 的全称是 Word Processing System，最早主要注重于文字处理软件的开发，它的创建人之一是金山（香港）有限公司的求伯君。从 1988 年 5 月到 1989 年 9 月，求伯君夜以继日地编写程序，以一己之力编写了 12 万行代码，成功地开发了第一版 WPS，并将其对外发布。当时 MS Office 办公软件还未在国内普及，且它的功能也不完善，因此性能优异的 WPS 文字处理软件迅速占领了市场。与此同时，求伯君还编写了很多有关 WPS 软件使用的指南类的图书，培养了大量用户的使用习惯。在 1994 年之前的中国，WPS 就是办公软件的代名词。WPS 早期的操作界面如图 6-33 所示。

图 6-33　WPS 早期的操作界面

　　后来，求伯君创立了北京金山软件股份有限公司（简称为金山公司），继续开发并推广 WPS 软件，并占据了国内绝大多数的市场份额。好景不长，不久之后微软公司的 MS Office 开始进军中国市场。当时 MS Office 支持最新的 Windows 操作系统，只支持 DOS 操作系统的 WPS 在技术上就逐渐落后了。不过，WPS 并没有失去太多的用户，因为大家已经习惯了使用 WPS 软件，也更熟知 WPS 的文档格式。微软公司很快就和金山公司展开合作，让 WPS 文字处理软件的文档格式与 MS Word 相互兼容。此举导致大量用户转向 MS Office，毕竟 WPS 除了技术上落后（不支持 Windows 操作系统），功能上也更少（专注于字处理领域，而 MS Office 还有 Excel 和 PowerPoint 软件），由于两者的文档格式已经兼容，用户在从 WPS 转到 MS Word 时的顾虑也完全消除了。

　　为了应对不利的局面，金山公司开发了"盘古套件"。盘古套件类似于 MS Office，包含了文字处理、电子表格、电子词典等常用的办公软件。尽管盘古套件支持 Windows 操作系统，但是技术上的差距并没有帮助金山公司扭转局面，反而连 WPS 文字处理软件所占有的最后的市场也丢失了。在金山公司濒临破产之际，求伯君和雷军（任职于金山公司，后来创立了小米科技有限责任公司）决定聚焦于技术力量，专注于文字处理方向，重新开发了支持 Windows 操作系统的 WPS 97，只和 MS Word 这一款软件竞争。靠着更低的价格和部分功能上的优势，WPS 97 成功了，金山公司也存活了下来。

　　不过仅仅依靠专注于文字处理的 WPS 97 还不够。由于微软公司对 MS Office 在国内降价销售，金山公司的生存日益艰难。时任金山总经理的雷军做出了一个惊人的决定，他放弃了 WPS 的所有代码，转而模仿 MS Office 办公套件，重新开始开发 WPS，让它从界面、菜单到操作都和 MS Office 保持一致，以此来赢得用户的熟悉感和认同感。2005 年，WPS Office 2005 正式发布。WPS Office 2005 是一款办公套件，包含了 WPS 文字、WPS 表格、WPS 演示，与 MS Word、MS Excel、MS PowerPoint 相对应，且在文档格式上完全兼容 MS Office。此时，WPS Office 和 MS Office 的用户界面和功能几乎完全一样，甚至在某些功能上作了专门的优化，更符合国内用户的使用习惯。更重要的是，金山公司宣布 WPS Office 对个人用户免费。此举得到了很多用户的支持，并帮助金山公司赢回了部分市场，也使得公司的发展重回正轨。

　　此后，WPS Office 又开发了 Linux、Android 和 iOS 等版本的 WPS Office，市场占有率也开始稳步提升。由于 WPS Office 对个人用户永久免费，功能上和 MS Office 几乎一样，且可以完全兼容 MS Office 文档格式，使得 WPS Office 占据了个人市场 20%左右的市场份额。此外，国家政府机构和大型国有企业逐渐减少国外软件的使用，更多地支持具有自主知识产权的 WPS Office 等国产软件，又让 WPS Office 赢得了很多企业和机构用户。金山公司也没有停止前进的步伐，每隔几年就会推出新版 WPS Office 套件，添加新的功能，提高用户体验，并开始进军海外市场。据不完全统计，目前 WPS Office 用户总量超过 5 亿，其中有超过 2 亿的海外用户，并为 200 多个国家和地区的用户提供办公服务。

　　除了个人免费版，金山公司还开发了需要付费的 WPS Office 企业版（也称为专业版）。企业版对不同行业提供定制服务，去除了免费版中的广告，提供多种高级功能。2019 年，金山公司发布了 WPS Office 2019 企业版，如图 6-34 所示，它能够全面支持 PDF 文件的阅读和输出。当然，WPS Office 和 MS Office 还在继续竞争。不管最终结果如何，希望两个软件在未来都能够持续为用户带来更多的创新体验。

WPS Office 2019
- 简单 创造不简单
- 个性化的办公软件

图 6-34　WPS Office 2019 企业版

第三部分　Arch Linux 操作系统的高级应用

现在，Arch Linux 操作系统已经安装到计算机上。它不仅可以正常启动运行，还有了图形界面和必要的应用程序，而且已经具备了基本的系统功能。因此，这一部分主要围绕系统的高级应用展开。首先，介绍系统应用相关的内容，如系统的中文化、系统维护，以及如何从源代码开始安装程序。接下来，结合 Linux 操作系统适合软件开发应用的特点，介绍在 Linux 操作系统上开发 C 语言的具体方法。最后，通过 Wine 和虚拟机两个软件，介绍如何在计算机上使用 Linux 应用程序和 Windows 应用程序。

第三部分包含以下两章内容。

第 *7* 章

深入使用：系统完善与源代码

现在，我们已经在 Arch Linux 操作系统中实现了图形界面，并安装了常用的各类软件，已经能够满足日常使用了。为了使整个系统在使用时能更加得心应手，读者还要学习一些高级知识和技巧。本章将重点介绍系统的一些高级应用，如系统中文化、系统维护、从源代码开始安装程序以及编译程序等内容，让读者对 Linux 操作系统有更深入的认识。

7.1 系统维护与中文化

要让 Arch Linux 操作系统更好地提升用户使用体验，还需要对系统进行中文化设置，这样可以让它更好地适应中文操作环境。此外，在日常使用过程中，也需要对系统进行更新和维护。因此，本节将向读者介绍相关内容。

7.1.1 系统中文环境

尽管我们的系统已经支持中文显示和输入了，但系统本身还是英文环境。如果要让它运行在中文环境下，还需要对系统进行中文化设置。Linux 操作系统使用 locale 程序来设置系统在不同语言体系下的运行环境。locale 程序会根据不同语种的使用方式，结合不同的国家、地区和当地的文化传统来设置每一个软件的特定语言环境。locale 主要涉及 3 个方面的设置，分别是地区（territory）、语言（language）和字符集（codeset）。一个语言的 locale 配置格式为语言_地区.字符集。例如 zh_CN.GB2312 中的 zh 表示语言是中文，CN 表示地区是中国，GB2312 表示字符集使用的是汉字字符编码 GB2312 标准。

中文化的系统会让国内用户使用 Linux 操作系统更加方便。要让系统正确地显示中文字符，需要设置/etc/locale.gen 文件中的相关内容，通过它安装需要的 locale 语言环境。目前常用的中文 locale 环境除了之前介绍到的 zh_CN.GB2312，还有 zh_CN.GBK、zh_CN.GB18030、zh_CN.UTF-8

等。所以要想让系统支持中文环境，只需要找到/etc/locale.gen 文件中的这些字符串所在的行，并取消字符串开头的注释符号"#"即可，执行如下命令：

```
en_US.UTF-8 UTF-8        //必要的英文支持，推荐 UTF-8 字符集
zh_CN.UTF-8 UTF-8        //中文也推荐使用 UTF-8 字符集
```

修改好之后保存并退出编辑器，然后执行 locale-gen 命令，系统会自动安装相关的语言字符集，之后就可以在系统中使用这些语言环境了，执行如下命令：

```
#locale-gen
```

前面的步骤仅仅是安装了中文支持，要启用中文，还需要进行环境的配置。Arch Linux 使用/etc/locale.conf 配置文件来设置全局有效的 locale 语言环境，查看该文件可以发现 LANG=en_US.UTF-8 这一行信息，即目前的系统支持英文语言环境。Linux 操作系统不推荐在/etc/locale.conf 配置文件中直接启用中文 locale，因为这会导致 tty（终端）出现乱码。要启用中文，对于不同用户，可以在~/.xinitrc 或~/.xprofile 中设置自己的用户环境。

- .xinitrc：每次使用 startx 命令启动 X Window 系统时读取并运用里面的设置。
- .xprofile：每次使用 GDM 等图形登录时读取并运用里面的设置。

实际上，在之前安装系统的时候，我们已经为系统添加了对中文语言的支持，安装了中文输入法，也安装了中文字体/字库（详见 6.3.3 节），所以整个中文环境都已经搭建好了，只需要稍加配置就可以让系统运行在中文环境中（系统默认显示中文），即在~/.xprofile 中单独设置中文 locale，执行如下命令：

```
$sudo nano ~/.xprofile              //编辑.xprofile 文件，在文件最前端添加以下内容
export LANG=zh_CN.UTF-8
export LANGUAGE=zh_CN:en_US
```

保存并退出后，启动显示管理器并进入系统，会发现系统已使用中文作为系统语言，GNOME 中文环境的界面如图 7-1 所示（以 GNOME 桌面环境为例）。

图 7-1　GNOME 中文环境的界面

7.1.2　系统更新与维护

各类软件都会通过更新来修复漏洞、增加功能，操作系统也是如此。因此，用户需要时刻更新系统，以获得更好的体验。同时，在使用操作系统的过程中，对系统有效的维护可以使它拥有最新的特性，运行得更流畅。

1．系统更新

Arch Linux 操作系统没有版本的概念，只要有某个软件出现新版本，就会被很快更新到仓库中。Arch Linux 操作系统可以使用 pacman 工具来更新本地软件，用这种方法就可以确保 Arch Linux 操作系统的软件时刻都是最新的，这就是"滚动式更新"。为了使更新更便捷，官方建议用户每隔一段时间就更新系统（软件），这样用户既能获得最新的问题修复和安全更新，还可以避免一次更新太多的软件包而消耗很长的时间。不仅如此，在安装软件包（应用程序）前，同样建议读者先使用 pacman 命令，可以执行如下命令：

```
$sudo pacman -Syu              //同步并更新系统
```

使用以上命令就可以更新源并升级系统。在更新系统时，请注意 pacman 输出的信息。一般情况下，更新都是由系统自动处理完成，但是偶尔遇到需要用户手动操作的情况，一定要立即处理。如果不明白 pacman 输出的信息，请及时搜索或者查看 Arch Linux 官网。

2．清理软件包缓存

Arch Linux 操作系统的 pacman 软件包管理器默认会把下载的所有软件包组保存在 /var/cache/pacman/pkg/ 目录下。由于 pacman 不会自动删除位于此目录中的任何文件，因此建议读者每隔一段时间就清理此处旧版本的软件包，否则它会占用越来越多的硬盘空间。想要执行清理操作，只需要使用 pacman 命令和相应参数就可以，执行如下命令：

```
$sudo pacman -Sc        //删除旧版本的软件包，保留目前系统正在使用的版本的软件包
$sudo pacman -Scc       //删除目录中所有下载的软件包
```

使用以上命令就可以清理旧版本软件缓存。因为 Arch Linux 的官方仓库永远只保留最新版本的软件包，所以用户无法通过 pacman 工具再次下载它们。如果需要用到特定版本（旧版本）软件，或者某些软件的依赖关系是旧版本软件时，用户可以到 Arch Linux 存档库（Arch Linux Archive，ALA）中查找这些软件。ALA 保存了官方仓库快照、ISO 镜像和引导程序包的历史版本，可用于将某个包降级到某个早期版本。用户可以在 ALA 上找到并下载需要的特定版本软件包，然后通过下面的命令安装即可：

```
$sudo pacman -U xxxx.pkg.tar.xz       //安装*.pkg.tar.xz 软件包。如果是 zst 压缩包，就
                                      //使用如下命令
$sudo pacman -U xxxx.pkg.tar.zst      //安装*.pkg.tar.zst 软件包
```

3. 自动维护系统

如果觉得更新系统、查看新闻、清理软件还是太麻烦，那么可以使用 maint 工具来自动维护系统。maint 工具由 Arch 社区的一位爱好者开发，是一个基于命令行的文本界面工具，方便用户对系统进行日常维护。maint 工具由 AUR 仓库提供，可以用如下命令下载和安装：

```
$yay -S maint                        //安装系统维护工具 maint
```

maint 工具提供了常用的系统维护选项，如系统更新（upgrade system）、清理软件（clean filesystem）、检查系统错误（system error check）等，是一个很实用的工具，减轻用户的手工操作压力，maint 工具的操作界面如图 7-2 所示。

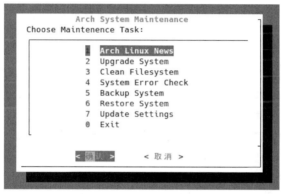

图 7-2　maint 工具的操作界面

7.2　使用源代码安装程序

几乎所有的 Linux 发行版都有自己的软件仓库。软件仓库中提供软件数量的多少，会影响用户是否选择使用该发行版。因此，Linux 发行版都会尽量增加仓库提供的软件包数量。Arch Linux 以软件丰富著称，官方仓库和 AUR 仓库给用户提供了海量的软件，这也是 Arch Linux 能够得到众多用户支持的原因。尽管如此，世界上存在的软件实在太多了，任何发行版的维护者（包括 Arch Linux）都不可能把所有的软件都维护到自己的软件仓库中。一般支持 Linux 操作系统软件的发布者都会提供软件的源代码，这时候用户就只能通过自己编译的方式来安装软件。

源代码安装软件也有着自身的优点。开源自由软件的最新版本大都以源码的形式最先发布，如果需要在第一时间使用这些软件，那么源代码安装软件是最好的、也是唯一的办法。如果编译好的软件包无法满足需要，那么用户也可以在对源代码编译前重新配置，加入特定的功能。最重要的是，如果用户需要为应用程序添加新的功能，就可以自由地修改源代码，从而生成定制的软件包。

7.2.1　源代码安装程序简介

源代码包的发布格式一般是在 tarball 包（一种包的封装格式）的基础上，再加上压缩技术的压缩包，后缀名为.tar.gz、.tar.bz2 等。从源代码开始编译和安装一般可以按照以下 4 个固定的步骤来实施：下载软件包并解压缩、软件配置、软件编译和软件安装。

- 下载软件包并解压缩：用户可以通过软件发布的网站下载源码包，然后使用 tar 命令配合参数进行解压缩，释放出源代码文件。
- 软件配置：结合系统的运行环境，以及用户的需求，通过./configure 命令配置软件的安装参数。
- 软件编译：配置完成后，就可以把软件的源代码通过 make 命令编译为可执行程序，可执行程序由系统加载并运行。注意，在编译过程中需要关注输出信息，如果有错误出现，就要对问题逐个进行分析并解决。
- 软件安装：软件编译（一般会花费一定的时间）完成后，就可以通过 make install 命令将需要用到的文件安装（复制）到系统的默认位置，之后用户就可以使用它了。

在这些步骤中，最重要的是 configure 和 make 两个工具。configure 工具是一个项目专用的脚本，它将检查目标系统的配置和可用功能，以确保该项目可以被构建且符合当前平台的特性。configure 工具的最终目标是构建 Makefile 文件，这个文件中包含了有效构建项目所需的命令。make 工具则会读取生成的 Makefile 文件，然后执行所需的操作去构建和安装这个程序。

7.2.2　使用源代码安装 nginx 服务器

从源代码安装程序一般都会面临各种各样的配置、编译、库文件、依赖关系错误等问题，这些问题需要用户逐一解决。对很多 Linux 用户（初学者）来说，第一次从源代码中编译和安装一个软件像是一个"入门关"，会让很多人感到不知所措，但是如果能克服困难，坚持下来并慢慢排错，随着经验的积累，便能进入到一个可以安装任何软件和工具的全新世界。因此，建议读者在编译和安装软件之前，仔细阅读软件作者（发布者）所提供的 INSTALL 或者 README 等文件，这些文件详细介绍了软件的安装方法和注意事项，给软件的安装带来很多便利。同时，软件的官方网站也会有说明文档和疑难解答，会列举出一些常见的问题。这些都能帮助用户积累经验，掌握方法。本节就以使用源代码安装 nginx 服务器为例，给读者展示使用源代码安装软件的基本步骤。

nginx 是一款轻量级的开源 Web 服务器及电子邮件代理服务器，可以在 UNIX、GNU/Linux、BSD、macOS 以及 Windows 等操作系统中运行。nginx 由俄罗斯开发人员伊戈尔·塞索耶夫（Igor Sysoev）开发。nginx 具有占用内存少、并发能力强、稳定性高的特点，目前国内各大门户网站（如新浪、网易、腾讯等）的一些服务也部署了 nginx。接下来，就以 nginx 服务器的安装为例，来介绍源代码安装软件的过程。首先，到 nginx 官网下载源代码包（默认名称是 nginx-x.xx.x.tar.gz），并将其保存到~/Download 目录下，可以执行如下命令：

```
$cd ~/Download                        //切换到 Download 目录
$tar -zxvf nginx-1.19.0               //用 tar 命令解包，参数设置见 3.3.1 节
```

解压缩后会得到 nginx-1.19.0 文件夹和该文件夹不包含的文件，如图 7-3 所示。

图 7-3　nginx-1.19.0 文件夹下包含的文件

之后就需要进行软件预编译（配置）。软件有很多的预编译选项，用户可以添加参数来实现个性化的配置。不过对于普通用户而言，默认配置（不加参数）就可以满足需求，因此只需要执行以下命令：

```
$./configure       //可以使用--help 参数了解不同的配置选项
```

打印出的部分信息如图 7-4a 所示，配置总结如图 7-4b 所示，可以从返回的检查信息中查看是否有错误信息，最常见的错误是缺少依赖项（需要安装这些依赖的软件包，再次执行预编译直到没有错误信息的显示）。

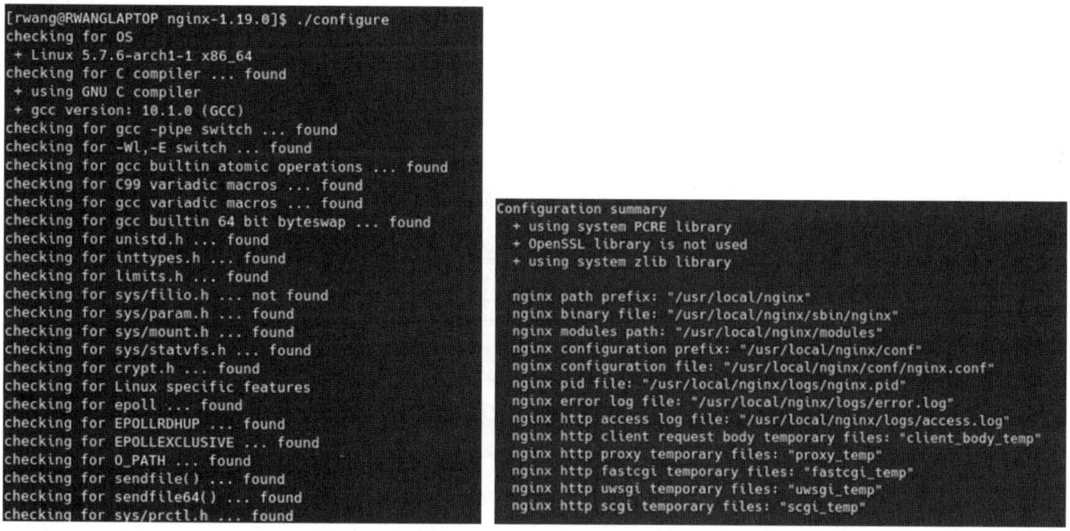

（a）打印出的部分信息　　　　　　　　　　（b）配置总结

图 7-4　对软件进行配置

等软件配置完成之后，我们就可以执行 make 命令来编译代码，make 命令会把源代码编译成可以安装的软件包，如图 7-5 所示，可以执行如下命令：

```
$./make
```

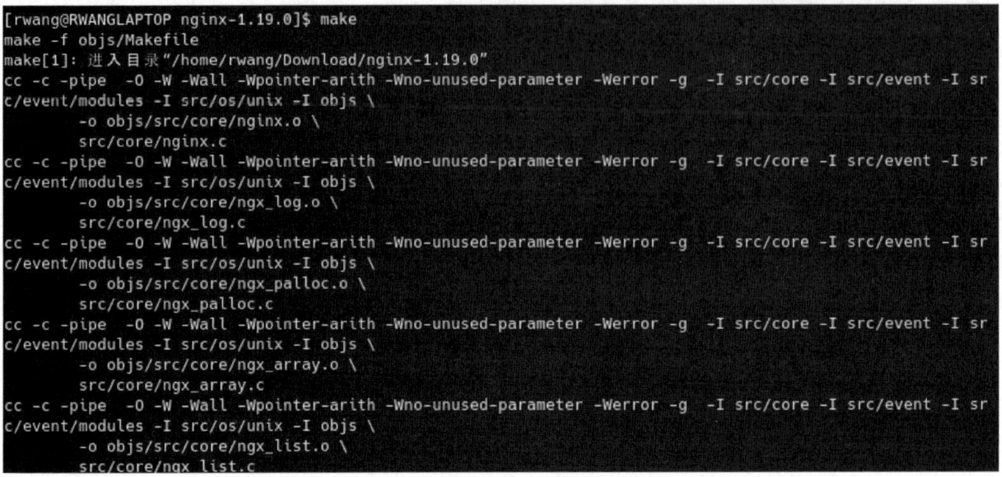

```
[rwang@RWANGLAPTOP nginx-1.19.0]$ make
make -f objs/Makefile
make[1]: 进入目录"/home/rwang/Download/nginx-1.19.0"
cc -c -pipe  -O -W -Wall -Wpointer-arith -Wno-unused-parameter -Werror -g  -I src/core -I src/event -I sr
c/event/modules -I src/os/unix -I objs \
        -o objs/src/core/nginx.o \
        src/core/nginx.c
cc -c -pipe  -O -W -Wall -Wpointer-arith -Wno-unused-parameter -Werror -g  -I src/core -I src/event -I sr
c/event/modules -I src/os/unix -I objs \
        -o objs/src/core/ngx_log.o \
        src/core/ngx_log.c
cc -c -pipe  -O -W -Wall -Wpointer-arith -Wno-unused-parameter -Werror -g  -I src/core -I src/event -I sr
c/event/modules -I src/os/unix -I objs \
        -o objs/src/core/ngx_palloc.o \
        src/core/ngx_palloc.c
cc -c -pipe  -O -W -Wall -Wpointer-arith -Wno-unused-parameter -Werror -g  -I src/core -I src/event -I sr
c/event/modules -I src/os/unix -I objs \
        -o objs/src/core/ngx_array.o \
        src/core/ngx_array.c
cc -c -pipe  -O -W -Wall -Wpointer-arith -Wno-unused-parameter -Werror -g  -I src/core -I src/event -I sr
c/event/modules -I src/os/unix -I objs \
        -o objs/src/core/ngx_list.o \
        src/core/ngx_list.c
```

图 7-5   执行 make 命令来编译代码

编译软件是整个环节占用时间最多的地方。一方面，如果编译过程中出现问题，需要返回修改，有时可能还会反复多次；另一方面，如果软件占用的空间较大，需要耗费 CPU 的很多计算时间。当编译成功后，我们就可以执行以下命令来安装 nginx：

```
$sudo make install
```

安装完成后，在/usr/local/nginx/sbin 目录中就能看到可执行程序 nginx，执行如下命令可以测试软件的安装是否成功：

```
$cd usr/local/nginx/sbin        //切换到 nginx 所在目录
$./nginx                        //运行 nginx 服务器
```

nginx 服务器运行之后，打开一个浏览器，在浏览器网址处输入"127.0.0.1"就可以看到 nginx 服务器成功安装并运行的页面，如图 7-6 所示，这代表 nginx 服务器已经在正常工作了。至此，软件的安装就完成了。

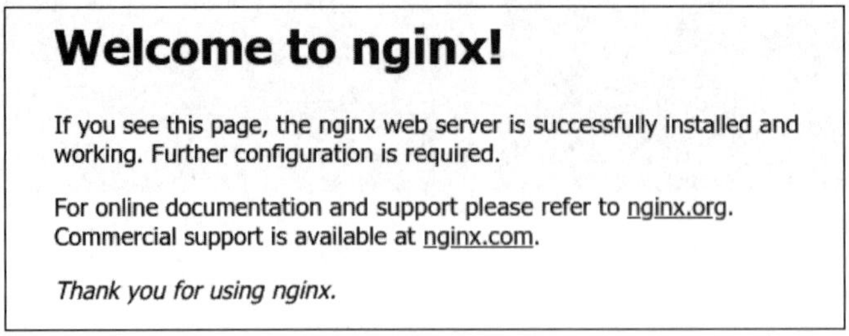

Welcome to nginx!

If you see this page, the nginx web server is successfully installed and working. Further configuration is required.

For online documentation and support please refer to nginx.org.
Commercial support is available at nginx.com.

Thank you for using nginx.

图 7-6   nginx 服务器成功安装并运行的页面

7.3 编写自己的源代码

上一节主要介绍了源代码的相关知识和使用方式。实际上，这些源代码就是由全世界许多开发人员编写而成的，他们会将源代码分享给网络上有需要的人使用。当已有的软件和源代码都无法实现我们想要的功能时，也可以尝试自己编写源代码，从而生成自己的程序。

本书一开始就介绍过 UNIX 操作系统和 C 语言之间的密切联系。我们知道，Linux 操作系统主要是由 C 语言编写而成的，因此它对 C 语言的兼容性也是非常好的。此外，7.2 节中介绍的大多数程序源代码也是使用 C 语言编写的，因此本节将为读者简要介绍如何编写自己的 C 语言程序。

7.3.1 Linux 操作系统 C 语言开发基础

Linux 操作系统以及任何操作系统都支持采用大多数编程语言进行程序开发，如 C、C++、Python、Java、Perl、Go 等。在 Linux 操作系统上开发软件或程序，只需要使用适合用户的编程语言就可以。由于 Linux 操作系统的内核以及很多模块都是由 C 语言编写而成的，因此在 Linux 操作系统上开发程序，尤其是开发基于 Linux 操作系统的软件，用 C 语言是最合适的。

1. C 语言简介

程序的编程语言按照抽象级别的由低到高，可以分为机器语言、汇编语言和高级语言，目前大多数程序都采用高级语言来编写。高级语言无法被计算机所理解，需要通过技术手段"翻译"成机器语言才能运行，这就是代码的编译。根据语言设计理念的不同，代码的编译方式主要有两种，一种是编译型，另一种是解释型。编译型语言的执行效率更高一些，而解释型语言则在多平台下通用，相对更为灵活。我们所熟悉的 C、C++、Java 都是编译型语言，Python、Ruby、MATLAB、JavaScript 则是解释型语言。

C 语言是由丹尼斯·里奇基于 B 语言创建的，是有史以来使用最广泛，也是最流行的编程语言。C 语言是结构化的编程语言，语法规则精炼，层次清晰。用户可以使用模块化的思想设计和编写 C 语言程序，这样代码更容易维护，更方便进行调试。尽管语法不复杂，但是 C 语言依然提供了完整的运算操作符和丰富的数据类型，同样可以实现高级复杂的算法流程。此外，C 语言还可以实现对硬件的直接控制，如内存访问和寄存器操作，这使得它除了可以开发普通应用程序，也可以开发驱动程序或操作系统等需要访问硬件设备的程序。除了广为人知的 UNIX 操作系统，Linux 和 Windows 等操作系统内核的大部分功能也是使用 C 语言来开发的。

C 语言采用了面向过程的设计思想。随着更多的功能被添加进来，在 C 语言的基础上诞生了 C++语言。C++语言对 C 语言进行了多方面的扩充，加入了面向对象的设计思想，同时实现了非常高级的编程功能。随着 C++语言的发展，尽管名字上仍然使用"C"这个字母，但 C++语言和 C 语言已经是完全不同的语言了。C++的语法规则要更加复杂，对面向对象的熟练使用也需要积累很多编程经验，因此 C++的学习难度会高出不少。对 C++语言的详细描述超出了本书的内容范围，接下来主要基于 C 语言来介绍 Linux 操作系统下程序开发环境的部署与使用。

2．Linux 操作系统下 C 语言程序的编译与运行

用 C 语言编写的程序代码需要先进行编译才能生成可执行程序，编译的工具叫做编译器。和操作系统类似，编译器也是一种特殊的软件，不同的程序语言使用不同的编译器，也有些编译器支持多种程序语言。C 语言编译器有很多，GCC 是其中非常著名的一款。GCC（GNU Compiler Collection，GNU 编译器套件）由 GNU C 语言编译器发展而来，是 GNU 操作系统的组成部分。最初，GCC 只支持 C 语言的编译，在自由软件基金会的开发下，逐渐发展成为支持众多语言（如 C++、Pascal、Java、Go 甚至是汇编语言）的编译器。GCC 编译生成的代码可以支持桌面端、嵌入式领域、移动端等多种处理器平台。目前很多 Linux 发行版都会默认包含 GCC 套件，甚至在 Windows 操作系统上也可以安装和使用 GCC。

GCC 从 C 语言源代码到编译为可执行代码需要经过 4 个步骤：预处理（preprocess）、编译（compilation）、汇编（assembly）和链接（link），如图 7-7 所示。在不是特别严格的情况下，可以将"编译"一词作为这 4 个步骤的统称。

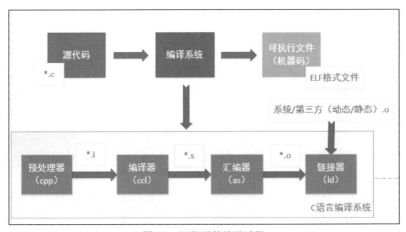

图 7-7　源代码的编译过程

安装 Arch Linux 的时候，GCC 已经默认安装在系统中（包含在 base-devel 包组）了。GCC 没有图形界面，必须在命令行模式（虚拟终端）下使用。一般情况下，开发人员不会分成上述 4 个步骤来编译程序，而是直接通过 gcc 命令一次性地将源代码文件编译成可执行文件。

3．C 语言程序的编译与运行

学习或者使用新的程序设计语言（编程）的最好方法就是直接用它来写程序。与任何其他

一种编程语言一样，我们用 C 语言所编写的第一个程序也是打印 "hello, world" 字符串。首先，使用如下命令创建一个名为 hello.c 的文件：

```
$touch hello.c
```

接着，使用 nano 命令编辑 hello.c，并添加如下内容：

```
$nano hello.c
#include <stdio.h>              //添加头文件
int main()                     //main 函数
{
    printf( "hello, world\n" );  //调用 printf 函数实现字符串的打印
      return 0;
}
```

代码编写完成后，保存并退出 nano 编辑器。之后，输入以下命令来编译源代码：

```
$gcc hello.c                   //使用 gcc 编译以上的代码文件，会生成 a.out 可执行文件
```

由于是很小的程序，所以编译速度非常快。最后，输入以下命令来运行编译生成的可执行文件，如图 7-8 所示：

```
$./a.out                       //运行生成的可执行文件
```

图 7-8　"hello，world"是编译后的软件输出

至此，我们就编译并运行了第一个由 C 语言编写的程序。当然，这个程序很初级，代码也很简单，但是有了这些基础，我们就可以在系统上逐步开发出更复杂、功能更强大的 C 语言程序了。

7.3.2　使用 Vim 编辑器开发程序

编写源代码是 C 语言（同时也是任何程序设计语言）编程中最重要的一个环节，因此通过一个好的代码编辑器（文本编辑器）来编写代码可以起到事半功倍的效果。Vi 诞生于 UNIX 操作系统，是一个经典而强大的编辑器，代码补全、编译和错误跳转等功能非常丰富，过去很多开发人员都会选择它作为默认的程序开发编辑器。

后来有爱好者给 Vi 增加了很多新的功能，单独发布了一个新版本，新版本被命名为 Vim（Vi IMproved）编辑器。顾名思义，Vim 是由 Vi 发展而来的，除了原本的功能，Vim 还加入了很多额外的功能，例如支持用字体颜色辨别语法正确性、正则表达式的搜索、多文件编辑、块复制等功能，在开发人员中得到了广泛使用。现在，Vim 被认为是 Linux 中功能最为强大的编辑器。使用以下命令就可以安装 Vim：

```
$sudo pacman -S vim                        //安装 Vim
```

Vim 有 3 种工作模式，分别是命令模式（command mode）、输入模式（insert mode）和底行命令模式（last line mode），如图 7-9 所示。

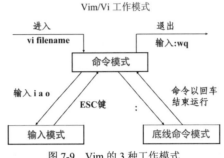

图 7-9　Vim 的 3 种工作模式

1. Vim 的命令模式

用户启动 Vim，默认进入了命令模式（也称为一般模式）。在这个状态下对键盘的敲击动作会被 Vim 识别为输入命令，而非输入字符。例如按 i 键并不会输入一个字符，而是将"i"当作了一个命令。在 Vim 的命令模式下，常用的 3 个命令如下所示。

- i：切换到输入模式，从目前光标所在的位置输入字符。
- x：删除当前光标处的字符。
- :：切换到底行命令模式，在底行处输入命令。

如果想要编辑文本，启动 Vim 就能进入命令模式，按 i 键就能切换到输入模式。

2. Vim 的输入模式

在命令模式下按 i 键，就可以进入输入模式。在 Vim 的输入模式下，常用的 9 个按键功能如下所示。

- 字符按键以及与 Shift 组合按键：输入字符。
- Enter（回车键）：换行。
- Backspace（退格键）：删除光标前一个字符。
- Delete（删除键）：删除光标后一个字符。
- 方向键：在文本中移动光标。
- Home/End 键：移动光标到行首/行尾。
- PgUp/PgDown 键：上/下翻页。
- Insert 键：切换光标为输入/替换模式，光标将变成竖线/下划线。
- Esc 键：退出输入模式，切换到命令模式。

3. Vim 的底行命令模式

在命令模式下按：键，就可以进入底行命令模式。用户可以在此模式下输入包含单个或多个字符的命令，主要用来实现对 Vim 编辑器本身的控制。在 Vim 的底行命令模式下，常用的 9个命令如下所示。

- q：退出 Vim 程序。
- q!：退出 Vim 程序但不保存文件。
- w：保存文件。
- wq：保存文件并退出 Vim 程序。
- set nu：显示行号。
- set nonu：取消行号的显示。
- syntax on：语法检验，颜色显示。
- syntax off：取消语法检验。
- Esc 键：退出底行命令模式。

7.3.3 Vim 的命令模式常用操作说明

在打开 Vim 编辑器后，读者会发现鼠标操作是没有作用的。实际上，这是 Vim 编辑器的特色之一，Vim 编辑器完全使用键盘来操作。用户刚上手时会有些痛苦，但当熟练使用后，能够为文本编辑工作带来很大的效率提升（这一点与 i3 窗口管理器的理念是一致的）。接下来，将以表格的形式来列举 Vim 编辑器的常用操作方式。表 7-1 给出了在 Vim 中移动光标的操作方式，表 7-2 给出了在 Vim 中搜索和替换的操作方式，表 7-3 给出了在 Vim 中删除、复制与粘贴的操作方式。

表 7-1　在 Vim 中移动光标的操作方式

移动光标的操作	该操作的含义
H 或向左箭头键	光标向左移动一个字符
J 或向下箭头键	光标向下移动一个字符
K 或向上箭头键	光标向上移动一个字符
L 或向右箭头键	光标向右移动一个字符
n+空格键	n 表示数字，输入数字后再按空格键，光标会向右移动 n 个字符。例如输入 20，然后按空格键，那么光标会向后面移动 20 个字符
n+ G 键	n 表示数字，移动到这个文档的第 n 行。例如输入 20，再按 G 键（按 Shift+G 组合键就可以切换为大写），就会移动到这个文档的第 20 行
n+回车键	n 表示数字，输入数字后再按回车键，光标会向下移动 n 行
0 或 Home 键	移动到这一行的第 1 个字符处
$ 或 End 键	移动到这一行的最后 1 个字符处

表 7-2 在 Vim 中搜索和替换的操作方式

搜索和替换的操作	该操作的含义
/+word	在光标之下寻找一个名为 word 的字符串。例如要在文档内搜索"hello"，就输入"/"，然后再输入"hello"即可
n	重复前一个搜寻的动作。例如在执行/hello 并向下搜索"hello"字符串后，再次按 n 键，会向下继续搜索下一个名为"hello"的字符串
N	与 n 相反，"反向"进行前一个搜索动作。例如执行/hello 后，按 N 键（使用 Shift+N 组合键就可以切换为大写）表示向上搜索名称为"hello"的字符串

表 7-3 在 Vim 中删除、复制与粘贴的操作方式

删除、复制与粘贴的操作	该操作的含义
dd	删除游标所在位置的一整行
ndd	n 表示数字，删除光标所在位置的向下 n 行，例如输入"20dd"就是删除 20 行
yy	复制光标所在位置的那一行
nyy	n 表示数字，复制光标所在位置的向下 n 行，例如输入"20yy"就是复制 20 行
p, P	p 为将已复制的数据粘贴在光标下一行，P（使用 Shift+P 组合键就可以切换为大写）表示将已复制的数据粘贴到光标的上一行
u	撤销前一个操作
Ctrl+R	重复键入前一个操作
.	重复前一个操作
Ctrl+Insert	粘贴外部复制的内容到 Vim

以上只是列举了 Vim 中最常用的操作，Vim 的操作远不止这些。此外，Vim 还具备非常丰富的自定义功能，可以根据用户的需求安装各种插件工具。Vim 官方网站上提供了很多介绍与教程，读者在熟悉了基本操作之后，就可以根据自己的喜好来使用这些扩展功能。

7.3.4 Vim 的应用

之前的程序源代码是使用 nano 编辑器来编辑的，本节还是以创建 hello.c 为例，使用 Vim 软件来编辑文本，可以执行如下命令：

```
$vim hello.c      //使用 vim 命令创建一个名为 hello.c 的文件。如果该文件存在，就打开该文件
```

在打开文件后，默认 Vim 处于命令模式。此时按 i 键就进入输入模式，可以开始编辑文字。在输入模式当中，可以发现左下角状态栏中会出现"--INSERT--"的字样，那就是可以输入任意字符的提示。在完成输入后，按 Esc 键就可以回到命令模式。如果需要存档，那么就只需要依次按":wq"就可以保存并退出。

在完成以上操作后，就可以调用 GCC 来编译并生成可执行程序的文件了。读者可以参考

7.3.1 节的相关内容，此处不再赘述。使用 Vim 编辑器来编辑文本或者编写源代码，尤其是在熟练掌握 Vim 的技巧之后，能够为读者带来非常好的体验，可以提升读者的编写效率，因此感兴趣的读者可以多多练习使用 Vim 编辑器。

7.3.5　使用集成开发环境 Anjuta 开发程序

对基于虚拟终端（命令行）的程序开发而言，利用"编辑器+编译器"方式所搭建的开发环境已经很方便而实用了。当然，肯定有读者听说或使用过集成开发环境（integrated development environment，IDE）。集成开发环境是一套综合性软件，主要包含了代码编辑器、编译器、调试器、项目管理器等工具，这样用户就可以通过一个单独的软件来完成程序开发的所有工作，无须使用多个程序分别进行代码的编辑、保存、编译和安装等操作。一般而言，集成开发环境都会提供以下功能。

- 代码编辑器：编写代码，一般会提供代码高亮显示、代码拼写错误警告、关键字提示和自动补全等功能，为开发人员提供各种便捷服务。
- 编译器：通过"一键编译"功能自动对代码进行编译，无须用户额外执行命令。
- 调试器：一般会提供多种调试方式，方便用户对代码逐行地运行和分析，从而快速找出逻辑错误，改进程序的功能。
- 项目管理器：按照"项目/工程"的方式管理代码和相关资源文件（如源代码、多媒体资源、程序库等）。
- 一体化的用户界面：通过一个程序窗口管理所有功能，用户可以通过菜单、按钮、面板等控件方便而直观地实现各类操作。

在 Windows 操作系统上，微软公司的 Visual Studio 系列集成开发环境是最有名的，也深受开发人员的喜爱。不仅如此，Visual Studio 系列集成开发环境中的 Visual Studio Code 还提供了 Linux 版本，因此 Linux 用户也可以安装和使用。当然，Visual Studio Code 本身仅仅是一款类似于 Vim 的代码编辑器，并不具备编译代码的功能。如果需要编译代码，还需要用户自己额外安装相应的工具。

除了微软公司，还有其他公司和社区为 Linux 操作系统开发了集成开发环境，如 KDevelop、Code::Blocks、Qt Creator、CodeLite 等。这些软件不仅是免费的，而且也支持多种编程语言。利用集成开发环境开发程序，只需要在这些软件所提供的代码编辑器里编写代码，然后再利用编译器来编译软件就可以了。由于篇幅所限，本文不再赘述。

对资深程序开发人员而言，集成开发环境的真正用途是开发具有图形界面的程序。由于集成开发环境都具有可视化的操作界面，因此用它们编辑图形界面非常方便，可以快速实现界面的布局，这样开发人员就可以把重心放到程序功能的实现上。目前，Linux 操作系统的图形界面库主要有 Qt 库和 GTK 两大类。接下来将以 GTK 为例，向读者介绍如何使用集成开发环境 Anjuta 来开发图形界面程序。

　　GTK（GIMP Toolkit）是一款开源自由的图形界面库，可以用于开发图形用户界面程序。GTK 最初源自 GIMP 项目，它是 GIMP 的专用开发库。GTK+则是 GTK 的分支，它在原来的基础上增加了 GLib 和 GTK 类型系统等项目。目前官方已经取消了 GTK+这样的称呼，统一命名为 GTK。GTK 的功能强大、设计灵活，主要用于实现用户界面的框架、部件等图形元素。开发人员可以轻松地把 GTK 提供的按钮、文本框、下拉菜单等部件添加到要开发的图形界面上，从而完成需要的功能。如果设计的界面较为复杂，官方还提供了 GtkBuilder 接口函数，可以减少开发人员部分工作量。

　　尽管 GTK 本身是用 C 语言编写的，但是开发人员可以使用面向对象的设计思想来使用 GTK。因此在开发基于 GTK 图形用户界面的程序时，开发人员除了使用 C 语言，也可以使用面向对象的语言，如 C++、Python、Go 语言等。尽管使用传统的 Vim+GCC 的开发方式也可以实现开发基于 GTK 的图形界面的程序，但是这样很不直观。此时，使用集成开发环境的优势就体现出来了。因为集成开发环境会提供可视化的操作界面，对开发图形界面的程序非常友好。

　　Anjuta 最早是一款为 GTK 开发的集成开发环境，现在已经发展成了一款通用型的集成开发环境。Anjuta 内置 GLADE（一款 GTK 环境下生成图形化用户界面的工具），Anjuta 可以利用 GLADE 来生成优美的图形用户界面，提供项目管理、应用开发、交互调试、代码编辑和语法增彩功能，致力于解决复杂问题。Anjuta 被设计成用户友好的操作方式，使得用户可以感受到程序开发的乐趣。

1．安装 Anjuta 与 GTK

　　在 Arch Linux 下，可以使用 pacman 命令来安装 Anjuta 和 GTK，执行以下命令：

```
$sudo pacman -S anjuta
$sudo pacman -S gtk3
$sudo pacman -S intltool            //用于国际化与本地化，不安装 intltool 会编译出错
```

　　安装完毕后，在命令行中使用 anjuta 命令就可以启动 Anjuta（也可以通过桌面环境的菜单启动 Anjuta）。

2．使用 Anjuta 开发程序

　　Anjuta 的界面很简洁，如图 7-10 所示，用户可以很直观地通过顶部菜单栏找到相应的选项。第一次启动 Anjuta 时会出现新建工程的提示界面，在设计程序之前需要建立一个新的工程。接下来，通过一个简单的例子来介绍如何使用 Anjuta 开发图形化的应用程序。

　　（1）新建工程（项目）

　　选择菜单项的"文件"，然后依次点击"新建""项目"（如图 7-11a 所示），在窗口中选择"GTK+（简单）"（如图 7-11b 所示）。

图 7-10 Anjuta 的界面

（a）新建工程

（b）选择 GTK+（简单）

图 7-11 新建工程（项目）

接下来填写项目的基本信息，此处项目名称为"hello-world"，如图 7-12 所示。点击"前进（N）"可以修改项目的保存位置，读者自行修改。

（2）软件界面简单说明

在项目新建完成后，可以看到软件编辑界面，左侧可以看到项目文件（如图 7-13a 所示），其中 hello-world.ui 是图形界面设计文件，main.c 是源代码文件。首先双击打开 hello-world.ui 文件，可以看到可视化的空白界面（如图 7-13b 所示），此处就可以添加各种控件。

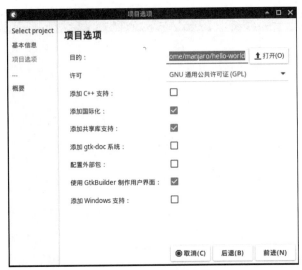

图 7-12 填写项目的基本信息

（a）项目文件　　　　　　　　　　（b）可视化的空白界面

图 7-13 软件编辑界面

（3）窗口添加固定布局

点击左下方的"调色板"标签，在"容器"下面添加一个固定布局，如图 7-14 所示，固定布局能允许用户任意布局，所以这里选择此布局。

（4）添加一个按钮

在"调色板"（如图 7-15a 所示）中，将按钮拖拽到界面上，按钮的 ID、显示字符、大小和位置等属性都可以通过"部件"标签来调整（如图 7-15b 所示），此处输入按钮的 ID 为"GtkButton"。

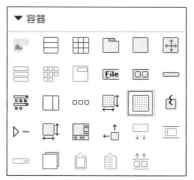

图 7-14　添加固定布局

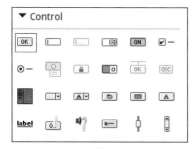

（a）拖拽按钮

（b）调整按钮属性

图 7-15　添加一个按钮

（5）完成界面设计

已完成的程序界面如图 7-16 所示，在一个空白的界面上有一个可以点击的按键，我们要实现的效果是点击按钮后出现"Hello World"字符串。

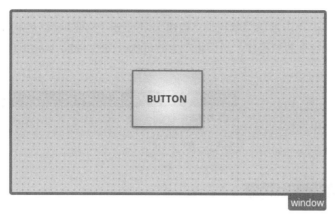

图 7-16　已完成的程序界面

（6）编写代码

接下来，就来编写代码，部件标签的信号窗口如图 7-17 所示，在"部件"标签里选择"信号"，在 clicked 名称后面输入"on_button_clicked"，然后双击 clicked 名称，就会跳转到
"on_button_clicked (GtkButton *button, gpointer user_data)"函数，接着，编写以下代码：

图 7-17 部件标签的信号窗口

```
void on_button_clicked (GtkButton *button, gpointer user_data)
{
    gtk_button_set_label(GTK_BUTTON(button), "Hello World");  //点击按钮将显示
                                                              //"Hello World"字符串
}
```

（7）构建项目

代码编写完成后，点击顶部菜单栏的"构建"，再点击"构建项目"，如图 7-18 所示，Anjuta
就开始编译和链接项目里的源程序，然后将产生的可执行文件 hello_world 存放到 Debug 文件夹
下的 src 目录中。

图 7-18 项目构建

（8）运行项目

如果上述编译过程没有返回任何错误信息，那么就可以运行项目了。点击菜单栏的"运行"，再点击"执行"，如图 7-19 所示。屏幕上会跳出一个窗口，这个窗口就是我们实现的图形界面程序，点击上面的"BUTTON"按钮（如图 7-20a 所示），就会显示"Hello World"字样（如图 7-20b 所示），于是便实现了用 Anjuta 开发图形化应用程序的功能。

图 7-19　执行选项

（a）项目运行界面

（b）点击按钮会显示"Hello World"

图 7-20　运行项目

以上就是利用 Anjuta 这个集成开发环境来开发程序的基本步骤。我们可以发现，利用集成开发环境，用户无须知道程序如何编译、调用了哪些工具等问题，只需要把注意力集中在设计和编写程序本身即可。此外，利用可视化的方式，集成开发环境能够对图形界面程序的设计带来非常大的帮助（当然非图形界面程序也可以用集成开发环境来开发），读者可以根据自己的爱好来选择。

目前，除了 GTK 图形库，Qt 图形库也非常著名，同样被广泛用于图形界面程序的开发。Qt 是一款跨平台的图形开发库，可以支持开发计算机桌面端、嵌入式平台、移动平台的图形界面程序。开发人员可以通过添加 Qt 提供的按钮、文本框、列表等小部件，快速搭建程序的图形界面。Qt 图形库本身采用 C++编写而成，为了实现一些高级特性，Qt 还对标准 C++语言进行了功能扩展。由于 Qt 和 C++语言高度融合，所以一般开发人员也会使用 C++语言来开发基于 Qt 图形库的程序。如果想要用其他语言来使用 Qt 图形库，就需要借助第三方工具。尽管 Qt 常被用于图形界面程序的开发，但是它还提供了其他的程序库（如网络连接、数据库接口、通信协议、打印服务等），可用于其他程序的开发。

Qt 主要包含两大类工具——开发框架和开发工具。开发框架就是开发库，Qt 包含一整套高度直观、模块化的 C++库类，拥有丰富的 API 来简化应用程序的开发过程。Qt 能生成高可读性、易维护和可重用的代码，具有较好的运行性能，且内存占用小。目前最新的版本是 Qt 6。

Qt 的开发工具是 Qt Creator，和 Anjuta 类似，它是一款集成开发环境，主要用于开发基于 Qt 图形库的图形界面程序。Qt Creator 支持 Linux、macOS 和 Windows 平台，提供了代码智能补全、语法高亮、代码调试分析等特色功能。此外，用户还可以使用插件来扩展 Qt Creator 的其他个性化功能。除了以上两个工具，Qt 官方还提供很多设计工具，如界面设计工具 Qt Design Studio 和 3D UI 设计工具 Qt 3D Studio 等。由于篇幅所限，这里就不再介绍与 Qt 程序开发相关的内容。

Qt的诞生与发展

1990 年，来自挪威的两位软件工程师埃里克·钱伯-恩格（Eirik Chambe-Eng）和哈瓦德·诺德（Haavard Nord）构思了一种面向对象的图形用户界面开发框架，它成为后来 Qt 图形库的基础。1995 年，Qt 图形库通过他们两人成立的奇趣科技公司正式公开发行，第一个发行版本是 Qt 0.9。

Qt 1.0 发布于 1996 年。由于 Qt 的功能优异，当年就被用于 KDE 项目的开发，这也让 KDE 项目大获成功。为了更好地支持它，奇趣科技公司牵头成立了 KDE Free Qt 基金会，保证 Qt 可以用于自由软件的开发。这个有利条件使得很多图形应用程序都选择 Qt 作为图形库来进行开发，如 WPS、VirtualBox、Opera 浏览器、谷歌地图等。1999 年，Qt 2.0 发布，它在更新功能的同时还带来了对嵌入式系统的支持，成为一款跨平台的图形库。Qt 的应用场景也从原来的计算机桌面平台拓展到了嵌入式硬件平台，奇趣科技公司也得以快速发展。此后，Qt 3.0 和 Qt 4.0 分别发布于 2001 年和 2005 年。

2008 年，奇趣科技公司被诺基亚公司收购，Qt 被更名为 Qt Software。诺基亚公司加大了对 Qt 的开发力度，并于 2009 年推出了 Qt Creator 集成开发环境，同时对新发布的 Qt 4.5 增加了 LGPL（更宽松的 GPL）的许可证。2012 年，Digia 公司收购了 Qt 的所有使用权，并在不久后发布了 Qt 5.0。Qt 5.0 新增了模块化代码库，并对移动平台提供了更多支持。为了更快、更好地发展 Qt 业务，Digia 公司于 2014 年成立了 Qt 公司来专门负责对 Qt 的开发。2016 年，Digia 公司把所有与 Qt 业务相关的资产、负债和责任都转移到了一家名为 Qt 集团（Qt Group）的新公司。不久之后，Qt 集团公司（简称为 Qt 公司）也成为了一家独立的上市公司，并于 2020 年发布了 Qt 最新的 6.0 版本，在代码的可扩展性、可维护性、稳定性和兼容性等方面有了更大的提升。

尽管历经曲折，Qt 图形库还是持续地被开发，而且功能越来强大。不仅如此，Qt 公司还在中国、芬兰、日本、法国、美国等国家都开设了机构，推广 Qt 业务。目前，使用 Qt 图形库的程序和项目遍布全世界，Qt 的理念"更少的代码、更多的创造、部署到任何地方"成为了现实，Qt 也被认为是最优秀的跨平台开发框架之一。

第8章

完美融合：Wine 与虚拟机

Linux 具有数以万计的软件和数以百万计的开发人员。在 Linux 上可以找到几乎所有用户需要的软件。为了提高系统兼容性，很多常用软件也会同时推出支持 Linux、Windows 和 macOS 操作系统的版本。尽管如此，仍然有很多软件（如 Photoshop、MS Office、微信等）不支持 Linux 操作系统，只有在 Windows 操作系统上面才能使用它们。于是，出于使用习惯的考虑，很多想要入门 Linux 操作系统的用户只能"退却"。如果想要解决这些问题，那么一般可以给计算机同时安装 Windows 和 Linux 操作系统，然而，这样做并不方便，除开机和关机所消耗的时间以外，工作状态也会受到影响。幸运的是，在新技术的帮助下，可以在 Linux 操作系统上运行 Windows 应用程序。

本章主要介绍两种主流做法。第一种是使用 Wine 程序来直接运行 Windows 应用程序；另一种是使用虚拟机（virtual machine）来模拟 Windows 操作系统，然后在这个系统里运行程序。一般来说，Wine 的运行效率更高（尤其是对 3D 程序而言），而虚拟机的兼容性更好。因此很多用户会根据实际情况来选择其中一种方式（或者两种方式），从而在 Linux 操作系统中运行必要的 Windows 应用程序。

8.1　可以运行 Windows 的程序——Wine

Wine 的全称是 Wine Is Not an Emulator（Wine 不是一个模拟器），它可以在类 UNIX（如 Linux、macOS 和 BSD 等）操作系统上提供 Windows 的兼容层，这使得 Windows 应用程序可以安装并运行在这些操作系统上。Wine 软件并不是在模仿 Windows 系统的内部逻辑，而是通过把 Windows 系统的 API 接口函数转换成 POSIX（可移植操作系统接口）调用，让 Windows 应用能够在 Linux 操作系统上本地运行。Wine 软件的资源占用低、运行效果佳，在 Wine 软件上运行 Windows 应用程序，就如同运行 Linux 原生应用程序一样流畅和方便。

Wine 项目发起于 1993 年，最初的项目负责人是鲍勃·阿姆斯塔特（Bob Amstadt），项目的最初目标是开发一个程序加载器，让 Windows 操作系统的 16 位程序可以运行在 Linux 操作系统上。很快不少软件开发人员都被 Wine 项目吸引，也加入到对 Wine 的开发中。1994 年，亚历山大·朱利亚尔（Alexandre Julliard，目前 Wine 项目的负责人）参与到 Wine 项目中并逐步负责团队的开发工作。不久 Wine 项目就被移植到 BSD 操作系统中，不断成功开发新的功能。1995 年，Windows 操作系统的 32 位程序已经可以在 Linux 操作系统和 BSD 操作系统上运行了。此后多年，随着 Windows 操作系统的 API 接口和应用程序的逐步升级，Wine 也在不断发展以支持新的特性，同时也支持移植到更多操作系统上，保障了其更稳定的性能和更好的用户体验。

从刚诞生起，Wine 就在不断地改进代码，一直保持更新。2002 年，Wine 软件更换了原来的软件许可证，采用 LGPL 许可证。新的软件许可证加速了 Wine 的开发速度。2005 年，发布了 Wine 0.9 版本，此时可以在 Wine 上运行的 Windows 程序数量已经超过了不能运行的程序数量。2008 年，第一个稳定版——Wine 1.0 终于发布了。在那之前，Wine 已经稳健地运行了 15 年。此后，Wine 依然在持续更新。大约一半的 Wine 代码由志愿者编写，其余部分由商业公司赞助。目前 Wine 的最新版本号是 7.2，发布于 2022 年 2 月，并且依然处于非常活跃的开发更新中，几乎每隔两周就会有一次软件更新。数以百万计的用户在 Linux 操作系统上通过 Wine 来运行 Windows 程序。

Wine 支持数量众多的应用程序，但并非所有应用程序都能得到同样的支持。用户可以访问官网的 Wine 应用数据库（AppDB），其页面如图 8-1 所示，了解 Windows 应用程序与 Wine 之间良好的兼容性。

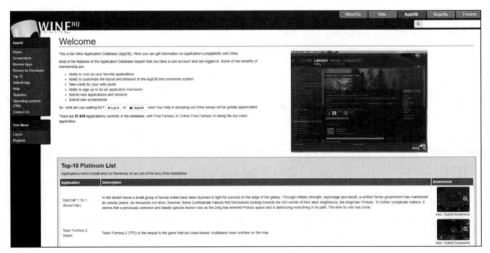

图 8-1　Wine 应用数据库的页面

Wine 应用数据库对 Windows 应用程序进行了分类，按照运行的效果，可以分为 5 个级别。

- 白金（platinum）级：应用程序可以流畅地安装和运行。从安装软件开始就和在 Windows 系统上安装完全一致，不需要做任何额外的修改和配置操作。用户可以把它视作一个稳定的 Linux 应用程序。

- 黄金（gold）级：仅次于白金级，配合一些特殊设置或第三方软件，应用程序可以顺畅无阻地运行。
- 白银（silver）级：应用程序可以较为流畅地运行，但是可能需要对 Wine 的配置文件进行一些修改。有些大型应用程序可能存在少量功能不能正常使用的问题，但不影响常规使用。
- 青铜（bronze）级：应用程序能够运行，但是不够流畅，也可能存在较多问题。例如，某些 Windows 游戏的绘图、字体、声音有异常，或者运行速度有卡顿等。
- 垃圾（garbage）级：应用程序无法安装成功，即使勉强安装了也几乎无法运行。对于这种评级的 Windows 应用程序，用户只能寻求替代软件或者等待 Wine 的更新。

8.1.1　安装 Wine 软件

Arch Linux 发行版提供了对 Wine 软件的支持。想要安装 Wine，首先需要开启 Multilib 仓库，这就需要编辑/etc/pacman.conf 文件，然后再安装 Wine 软件。具体操作步骤的代码如下：

```
#nano /etc/pacman.conf              //打开文件，找到以下两行内容，取消注释（"#"号）
[multilib]
Include = /etc/pacman.d/mirrorlist //保存并退出，之后就可以安装 Wine 了
#pacman -Syu                        //更新软件包列表并升级系统
#pacman -S wine                     //安装 Wine
#pacman -S wine_gecko wine-mono     //推荐安装这两个包，用于运行依赖于 Internet Explorer
                                    //和 .NET 的程序
```

通过以上代码，Wine 就已经被安装到了系统中。Wine 有两个版本：wine（稳定版本）和wine-staging（测试版本）。其中，wine-staging 包括目前上游未采纳的补丁，专门为 wine 开发人员向上游打补丁前测试使用。默认的 Wine 是 32 位程序，也是 i686 的 Arch 软件包，所以它不能运行 64 位的 Windows 程序。如果需要通过 Wine 运行 Windows 游戏，推荐安装 wine-staging（也可以在 Wine 应用数据库上查看所需的应用程序）。

由于目前系统还没有安装 TrueType 字体，Wine 程序的字体可能会显示不出来，因此此时需要安装额外的字体，一般情况下我们可以选择安装 Windows 系统提供的字体，可以执行如下命令：

```
#yay -S ttf-office-2007-fonts               //Microsoft Office 2007 字体
#yay -S ttf-win7-fonts                      // Windows 7 字体（可选）
#yay -S ttf-ms-win10                        // Windows 10 字体（可选）
```

如果不想安装，也可以直接到 Windows 系统中，复制文件夹 C:\Windows\Fonts 下的所有字体文件，并粘贴到/usr/share/fonts/WindowsFonts 中（需要 root 权限），然后生成字体缓存，可以执行如下命令：

```
#chmod755 /usr/share/fonts/WindowsFonts/*   //改变字体文件权限
#fc -cache -f                               //生成字体缓存
```

8.1.2 Wine 的配置与使用

1．基本配置

配置 Wine 的工具有 3 种，分别是 Winecfg、Control 和 Regedit。

■ Winecfg 是 Wine 的图形界面配置程序，通过 winecfg 命令即可启动。

■ Control 是 Windows 控制面板的 Wine 实现，通过 wine control 命令启动。如果要删除软件，就可以在这里执行。

■ Regedit 是 Wine 的注册表编辑器，比较前面两种工具，该工具能配置更多东西。

Winecfg 是配置 Wine 的基本工具，对于大多数用户，使用它来配置就足够了。运行该命令会启动"Wine 设置"应用程序，同时会在用户的主目录下建立文件夹~/.wine，里面有 Wine 的注册表文件和虚拟的 C 盘（更确切地说是系统盘）。Wine 默认将配置文件和安装的 Windows 程序保存在该目录下。利用应用程序可以配置声音、显示、系统兼容性等内容，用户可以结合实际情况修改。

2．WINEPREFIX 和 WINEARCH 变量

Wine 软件使用~/.wine 目录来保存配置文件和安装好的 Windows 程序，此目录称为"Wine prefix"，它可以通过 WINEPREFIX 环境变量来设置。如果用户想要使用新的目录来安装 Windows 程序，让这些程序使用不同的配置文件，就需要用到这个环境变量。例如，在虚拟终端中执行 WINEPREFIX=~/.wine-new 命令，就会在用户家目录的.wine-new 目录下新建一个 C 盘（系统盘）系统环境。

当前大多数用户使用的是 64 位计算机，因此默认使用的 Wine 的运行环境是支持 64 位应用程序的。如果想要使用 32 位环境（如安装旧版 Windows 程序），就可以修改 WINEARCH 变量。例如，在虚拟终端中执行 WINEARCH=win32 winecfg 命令，就会生成支持 32 位应用程序的 Wine 运行环境。

3．安装应用程序

在安装应用程序之前，建议用户先查看 Wine 应用数据库，了解需要的 Windows 应用程序的评级。如果是白金级应用程序，那么只需要把 Windows 安装程序包复制到 Linux 操作系统的某个目录（如~/Download）下，然后执行安装程序（一般为 setup.exe）即可。如果是黄金级或者白银级应用程序，那么需要先对 Wine 进行简单配置（应用程序的评级页面会有详细操作说明），然后再按照正常步骤来安装。青铜级及以下评级的应用程序不建议安装，因为这些软件的运行很不稳定。

8.1.3 利用 Wine 安装 MS Office 2007

MS Office 2007 能够兼容最新版本的文件格式，占用资源少，是个比较流畅的版本，在十年前的计算机上都可以顺畅运行。MS Office 2007 的界面精美而简洁，文件格式可以自由地转换成其他的格式（如 PDF、JPEG 等）。在 Wine 应用数据库中，MS Office 2007 被评为黄金级。通过 Wine 软件可以安装它，不需要提前安装各种函数库，简单配置后就可以运行 MS Office 2007。接下来，以用 Wine 软件安装 MS Office 2007 为例，向读者展示 Wine 的基本使用步骤。

（1）安装前，首先参考官网的 Wine 应用数据库，发现 MS Office 2007 的评级为黄金级，首先需要配置 Wine，如图 8-2 所示，执行以下命令：

```
$export WINEARCH=win32        //修改 Wine 为 32 位运行环境
$winecfg                      //配置 Wine，在函数库（Libraries）中添加 riched20
```

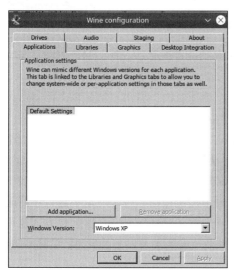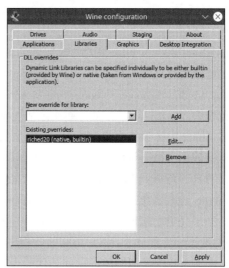

图 8-2　配置 Wine

（2）配置完成后，把 MS Office 2007 的安装包保存到~/Download/office 目录（读者也可以自行选择目录）下。

（3）执行以下命令来安装 MS Office 2007（安装过程中命令行界面会出现一些警告信息，读者忽略这些信息即可）：

```
$wine ~/Download/office/xxxx/setup.exe        //将 xxxx 替换为实际的文件夹名称
```

（4）安装完成后，就可以通过桌面图标或程序管理器启动 MS Office 2007，也可以通过鼠标右键点击相应的文件来打开，软件运行界面如图 8-3 所示。

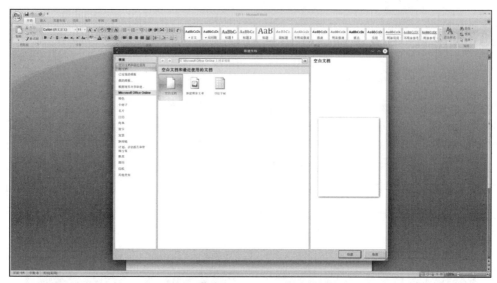

图 8-3　MS Word 2007 的软件运行界面

MS Office 2007 在 Wine 程序中运行稳定，所有功能都能正常使用。但是依然存在一些小问题，如只能最大化或最小化窗口、无法改变窗口大小、无法移动窗口等。如果把 winecfg 中的"Allow the window manager to control the windows"选项取消，就可以解决以上问题，但是底部任务栏就没有 Word 标签了。从这些实际情况中可以看到，黄金级的 Windows 应用程序虽然已经能够在 Linux 操作系统中稳定地运行，但是依然会出现一些问题。相信随着 Wine 的不断更新完善，这些问题会被陆续解决，白金级的程序也会越来越多。

以上操作过程就是利用 Wine 来安装 Windows 程序的一般方式。在安装软件之前，建议读者先到 Wine 应用数据库上查看该软件的评价。对于白金级的软件，可以不进行任何配置，直接安装。如果是黄金级或者白银级的软件，就需要先对其进行配置，具体配置方式也可以参考 Wine 应用数据库上的建议，然后再安装该程序。如果是青铜级及以下的软件，那就不建议安装，用 Linux 操作系统中类似功能的软件替代即可。

8.1.4　基于 Wine 的管理器——PlayOnLinux

直接使用 Wine 来安装应用程序有时候比较烦琐，尤其是安装评级不高的 Windows 程序时，用户需要进行额外的配置。因此，有很多开发人员发布了专门负责安装运行 Wine 程序的管理器。PlayOnLinux 软件就是其中一款比较优秀的 Wine 程序管理器。PlayOnLinux 使用 Python 语言开发，为用户提供了图形化的操作界面，可以管理不同的 Windows 程序目录，同时提供了更方便的程序安装方式。此外，PlayOnLinux 还提供了当前支持运行的应用程序列表，用户只需要下载好需要的软件安装包，就可以实现自动化地配置、安装和运行。当 Windows 程序安装完成后，还可以通过 PlayOnLinux 软件菜单随时修改各种配置信息。

PlayOnLinux 被包含在 Arch Linux 的官方仓库中，可以直接执行以下的 pacman 命令来安装它。由于 PlayonLinux 将 Wine 作为后端，还会在系统上安装 Wine（如果此前还没安装 Wine，可参考 8.1.3 节的相关内容来启用 Multilib 仓库）和其他所需的软件，执行如下命令：

```
#pacman -S playonlinux                   //安装 PlayOnLinux 软件
```

软件安装完成后，可以在程序管理器中找到 PlayOnLinux，也可以从虚拟终端中用 playonlinux 命令启动它，PlayOnLinux 窗口如图 8-4 所示。

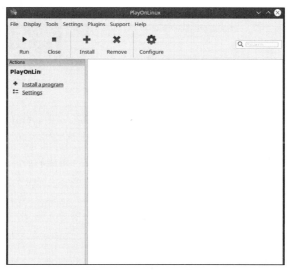

图 8-4   PlayOnLinux 窗口

PlayOnLinux 的界面主要有 5 个按钮，提供了用户最常用的 5 个功能。

- Run（运行）：启动"应用程序列表"中被选择的应用程序。
- Close（关闭）：关闭应用程序。
- Install（安装）：此按钮会打开 PlayOnLinux 中可以安装的应用程序列表。
- Remove（删除）：此按钮将会卸载现有的应用程序。
- Configure（配置）：此按钮会打开 WINEPREFIX 的配置窗口。

利用这些按钮，用户就可以安装和运行 Windows 程序。用户可以点击"Install"按钮，使用安装窗口浏览应用程序，也可以搜索想要安装的应用程序的名称，如图 8-5 所示。单击工具栏上的安装按钮或从文件菜单中选择安装，就会出现安装向导。

根据用户选择的应用程序，PlayOnLinux 会自动设置、下载并安装必要的系统组件（应用程序的安装包需要用户自己提供），用户需要浏览应用程序的安装文件（.exe 文件），或者将程序的 CD 或 DVD 插入到计算机的光盘驱动器中。接下来只需按照屏幕说明操作即可。

应用程序安装完成后，就会在 PlayOnLinux 窗口中看到应用程序，用户可以从 PlayOnLinux 窗口或桌面上的快捷方式来启动它们。

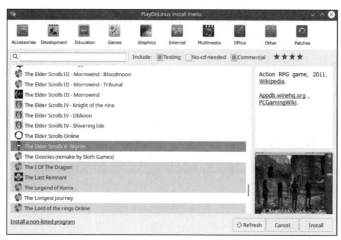

图 8-5　搜索或浏览应用程序

　　需要注意的是，某些应用程序仅适用于特定版本的 Wine，PlayOnLinux 会自动下载并且安装适用于每个应用程序的 Wine 版本。用户可以从"Tools"菜单下的"Manage Wine Versions"选项中查看已安装的 Wine 版本。PlayOnLinux 可以帮助用户简化软件的安装配置过程，但它并没有提供很多可运行的 Windows 程序。如果这些程序支持 Wine，那么用户还是只能通过 Wine 来安装它们。

8.2　虚拟化的计算机——虚拟机

　　Wine 的功能越来越强大，支持的软件也越来越多。尽管如此，Wine 还是会存在一些问题，如需要的软件不支持、软件安装出错、软件运行出错等。在这种情况下，除了重启计算机切换到 Windows 系统，还有另一种方法，那就是利用虚拟机来运行 Windows 程序。虚拟机是指通过软件模拟具有完整硬件系统功能的、运行在完全隔离环境中的完整计算机系统。虚拟机在当前操作系统（主机操作系统，简称主机）上运行，并向用户操作系统（客户操作系统，简称客户机）提供虚拟硬件。客户端可以运行在主机的窗口中，就像计算机的任何其他程序一样。

　　从用户操作系统的角度来看，虚拟机是一台真实的物理计算机。真实计算机中能够完成的工作在虚拟机中几乎都能够实现。创建虚拟机时，需要将实体机的部分硬盘和内存容量设置为虚拟机的硬盘和内存容量。每个虚拟机都有独立的 CMOS、硬盘和操作系统，可以像使用实体机一样对虚拟机进行操作。用户可以在虚拟机中安装和使用任何程序，就跟在本地计算机中操作一样。

　　虚拟机软件有很多，如 KVM、QEMU、VirtualBox、VMware Workstation 等，其中 VirtualBox 和 VMware Workstation 是用户数量较多的虚拟机软件，两者所提供的功能对普通用户而言差不多。VirtualBox 基于 Qt 图形库开发，是一款开源的虚拟机软件，最早由德国 Innotek 公司开发，Sun Microsystems 公司发行。后来，甲骨文公司收购了 Sun Microsystems 公司，VirtualBox 就被重新命名为 Oracle VM VirtualBox（后文简称 VirtualBox）。VirtualBox 虚拟机功能丰富、性能优异，并且是一款免费的自由软件，可以运行在 Windows、Linux、macOS 等操作系统上。

另一款虚拟机 VMware Workstation 是由 VMware 公司开发并发行的软件，主要包含 VMware Workstation Pro 和 VMware Workstation Player（后文简称 VMware Player）两款产品。前者是需要购买许可证的收费软件，后者可以让个人用户免费使用，不过功能要比前者少一些（当然有些功能也很少被普通用户使用）。本节会分别介绍 VirtualBox 和 VMware Player 两款虚拟机的安装和使用，读者可以自行选择其中一种虚拟机进行安装。

8.2.1　安装 VirtualBox 虚拟机

VirtualBox 的软件包由 Arch Linux 的官方仓库直接提供，因此可以直接执行以下命令来安装 VirtualBox 虚拟机：

```
#pacman -S virtualbox            //选择virtualbox-host-modules-arch包安装
#gpasswd -a rwang vboxusers      //将用户添加到vboxusers用户组，以便客机操作系统可以访
                                 //问主机USB设备，注意将用户名替换为读者的用户名
```

在安装完 VirtualBox 之后，需要重启计算机，以便加载模块。之后，就可以在虚拟终端里输入 virtualbox 命令来启动虚拟机，VirtualBox 的软件运行界面如图 8-6 所示。

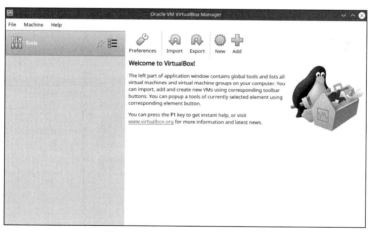

图 8-6　VirtualBox 的软件运行界面

8.2.2　在 VirtualBox 中安装 Windows 操作系统

在使用虚拟机之前，需要确保计算机的 BIOS/UEFI 中已经开启了虚拟化（一般只要把该选项设置为 Enable 即可）。接下来，通过以下步骤在虚拟机上安装 Windows 系统。

（1）下载 Windows 系统镜像，镜像文件一般为 ISO 文件，如 Windows 7.iso、Windows 10.iso。

注意区分 32 位和 64 位版本，本节以 Windows 7（32 位）为例进行介绍。

（2）点击虚拟机界面上的"New"，在新建选项界面，Type（类型）选择"Microsoft Windows"，Version（版本）选择"Windows 7（32-bit）"，输入一个名称（如 Windows 7），选择保存虚拟机的目录（可以用默认目录），然后点击"Next"，如图 8-7a 所示。

（3）Memory Size（内存）建议分配到 1 GB 以上，读者可以根据计算机的实际情况来分配，如图 8-7b 所示。

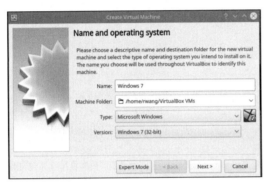
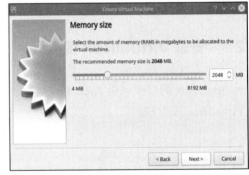

　　　　（a）新建选项界面　　　　　　　　　　　　（b）内存大小设置界面

图 8-7　新建虚拟机及设置内存大小

（4）Hard disk（硬盘）选择默认选项"Create a virtual hard disk now"，然后点击"Create"，如图 8-8a 所示。

（5）Hard Disk file type（虚拟硬盘文件类型）选择默认选项"VDI（VirtualBox Disk Image）"，如图 8-8b 所示。

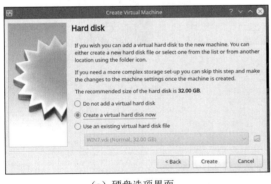

　　　　（a）硬盘选项界面　　　　　　　　　　　　（b）虚拟硬盘文件类型界面

图 8-8　设置硬盘和虚拟硬盘文件类型

（6）Storage on physical hard disk（存储在物理硬盘上）即分配的硬盘空间大小，建议选择"Dynamically allocated"，这样就会根据虚拟系统的实际使用量来分配硬盘空间，如图 8-9a 所示。

（7）File location and size（文件位置和大小）由读者自行设置，可以选择虚拟硬盘文件保存的位置，文件大小建议不小于 20 GB，点击"Create"，如图 8-9b 所示。

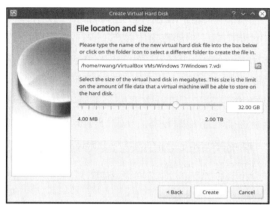

（a）存储在物理硬盘上界面 　　　　　　（b）分配硬盘空间大小界面

图 8-9　设置硬盘空间和文件位置与大小

（8）完成如上步骤后，就可以在软件的主界面上看到刚刚创建的虚拟机，点击"Start"，会要求用户选择启动盘，这时选择下载好的镜像文件即可，如图 8-10 所示。

（9）Windows 系统的安装界面如图 8-11 所示。此时按 Ctrl 键就可以在主机和客机之间切换鼠标。用户在安装界面时可以选择自定义安装，然后根据个人需要对磁盘空间进行分区。由于所有操作都是在虚拟系统中进行的，不会对主机系统产生任何影响，因此读者可以放心操作。而软件在虚拟机上的安装过程和在真实计算机中是完全一致的，此处不再详述。

图 8-10　选择镜像文件

图 8-11　Windows 系统的安装界面

（10）安装扩展包（可选）。扩展包为虚拟机提供了额外功能，如 USB 2.0 和 3.0 接口支持、剪贴板共享、驱动程序支持等。首先在官网上下载 Oracle VM VirtualBox Extension Pack，然后选择 VirtualBox 的 File 菜单中的 Preferences 选项，点击"Extensions"，把下载好的 Extension Pack 添加进去，如图 8-12a 所示（需要输入管理员密码）。之后在 Windows 操作系统下就能使用主机的 USB 设备了（可能需要安装驱动程序）。除此之外，在虚拟机运行界面中 Devices 的 USB 菜单下也能动态加载设备，如图 8-12b 所示。

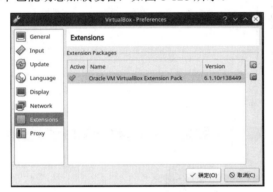

（a）扩展包安装界面 　　　　　　　　　　　　　　（b）USB 选项设置界面

图 8-12　安装扩展包与设置 USB 选项

8.2.3　安装 VMware Player 虚拟机

Arch Linux 的官方仓库不直接提供 VMware Player 的安装文件，如果用户想要安装 VMware Player 虚拟机，需要从 VMware 的官方网站（如图 8-13a 所示）下载 Linux 版本的安装文件（如图 8-13b 所示），文件名称默认为 VMware-Player-xxxxxxxx.x86_64.bundle（xxxxxxxx 为版本号）。

（a）VMware 的官方网站 　　　　　　　　　　　　　（b）下载 Linux 版本的安装文件

图 8-13　安装 VMware Player 虚拟机

在正式安装 VMware Player 虚拟机之前，需要执行以下命令来安装部分依赖软件：

```
#pacman -S fuse2 gtkmm linux-headers libcanberra    //安装模块编译、GUI 支持、事件提示
                                                    //音等软件包

#yay-S gksy vmware-patch                            //支持需要 root 权限的操作（比如内
                                                    //存分配、添加 USB 设备等）

#pacman -Syu                                        //更新系统
```

安装完成之后重启计算机，然后就可以执行以下命令来安装虚拟机了（安装过程如图8-14所示）：

```
#sh ~/Download/VMware-Player-xxxxxxxx.x86_64.bundle  //运行安装脚本文件，此处假定安装文
                                                     //件在家目录的 Download 文件夹下
```

图 8-14　VMware Player 的安装过程

在安装中，当安装程序询问"System service scripts directory"（系统服务脚本目录）的设置时，输入"/etc/init.d"。如果读者收到"No rc*.d style init script directories"错误，那么可以忽略掉，因为 Arch Linux 使用的是 systemd。安装完成后，需要先执行以下命令配置内核模块：

```
$git clone https://github.com/mkubecek/vmware-host-modules.git    //下载配置文件
$cd vmware-host-modules
$git checkout player-15.5.6      //此处 15.5.6 是笔者的版本号，读者注意替换为自己的版本号
$git fetch                       //下载该版本的补丁程序
$make                            //编译
$sudo make install               //安装，需要管理员权限
```

配置完成后，就可以通过在虚拟终端中执行 vmplayer 命令来启动虚拟机，也可以通过系统的程序管理器来启动虚拟机，软件运行界面如图 8-15 所示。

图 8-15　VMware Player 的软件运行界面

注意，如果以后想要删除 VMware Player，就需要执行如下命令：

```
#vmware-installer -u vmware-player          //删除 VMware Player 软件
```

8.2.4　在 VMware Player 中安装 Windows 操作系统

在使用虚拟机之前，需要确保计算机的 BIOS/UEFI 已经开启了虚拟化（一般只要把该选项 Enable 即可）。接下来，通过以下步骤在虚拟机上安装 Windows 系统。

（1）下载 Windows 系统镜像，镜像文件一般为 ISO 文件，如 Windows 7.iso、Windows 10.iso。注意区分 32 位和 64 位版本，本节以 Windows 7（32 位）为例。

（2）点击虚拟机界面上的 "Create a Virtual Machine"（新建虚拟机），选择下载好的 ISO 镜像文件（也可以稍后再添加），然后点击 "Next"，如图 8-16a 所示。

（3）选择系统类型，此处选择 "Windows 7"，然后点击 "Next"，如图 8-16b 所示。

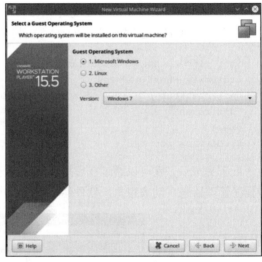

（a）新建虚拟机界面　　　　　　　　　　　　　（b）选择系统类型

图 8-16　新建虚拟机并选择系统类型

（4）输入虚拟机名称（如 "Windows 7"），选择安装位置（默认位于主目录下），点击 "Next"，如图 8-17a 所示。

（5）Disk Size（硬盘大小）建议设置为 20 GB 以上，如图 8-17b 所示。

（6）Ready to Create Virtual Machine（已准备好创建虚拟机）页面包含了虚拟机创建时的选项，如图 8-18a 所示，可以直接点击 "Finish"，也可以点击 "Customize Hardware…" 来修改配置，如修改内存大小、处理器数量等，如图 8-18b 所示。

（7）完成如上步骤后，就可以在软件主界面上看到刚刚创建的虚拟机，在启动虚拟机之前，要先执行以下命令来启动两个服务。

```
# vmware-usbarbitrator          //启用 USB 设备识别
#/etc/init.d/vmware start        //启动 vmmon 模块
#modprobe-a vmw_vmci vmmon      //（可选）如果上一步出现启动失败（Failed），那么需要手动启动
```

（a）名称与存储位置选择界面

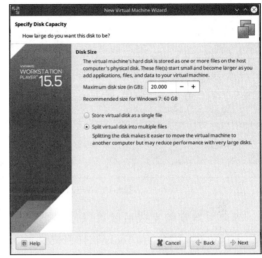

（b）虚拟硬盘大小设置界面

图 8-17　设置虚拟机名称、存储位置和虚拟硬盘大小

（a）虚拟机总结界面

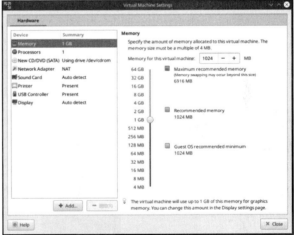

（b）自定义硬件界面

图 8-18　虚拟机总结与自定义硬件

（8）最后就可以点击软件界面上的 "Power On" 按钮，启动 Windows 7 的安装界面了，如图 8-19 所示。此时按 Ctrl+Alt 组合键，就可以在主机和客机之间切换鼠标。读者在安装时可以选择自定义安装，根据个人需要对磁盘空间进行分区。由于所有操作都是在虚拟系统中进行的，不会对主机系统产生任何影响，因此读者可以放心操作。而软件在虚拟机上的安装过程和在真实计算机上安装是完全一致的，此处不再详述。

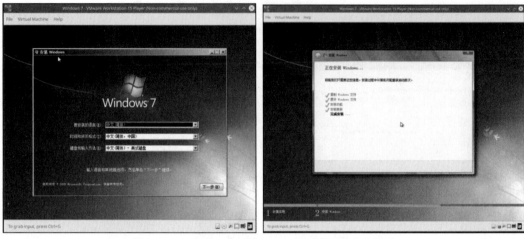

图 8-19 Windows 7 在 VMware Player 中的系统安装界面

（9）系统安装完成后就可以使用了。为了提升使用体验，用户还可以选择安装扩展包 VMware Tools。VMware Tools 软件包提供了一些额外的功能，主要用于增强客户端操作系统运行的性能，并能让主机和客户端之间实现无缝交互（如文件互传等），给用户带来更好的体验。要安装 VMware Tools，只要点击"Download and Install"按钮，就可以在 Windows 系统上下载软件，如图 8-20a 所示。软件下载完成后点击"Install"，就会在 Windows 7 的可移动存储设备（DVD）中出现安装包，双击自动安装即可，如图 8-20b 所示。如果需要加载主机的 USB 设备，只要点击 Virtual Machine 菜单中的"Removable Devices"选项，选择之后就能加载设备，加载后就能在 Windows 操作系统中使用主机的 USB 设备了（需要在 Windows 系统中安装 USB 驱动程序）。

（a）VMware Tools 下载界面　　　　　　　　　　（b）程序安装界面

图 8-20 下载和安装 VMware Tools

在虚拟机中安装 Manjaro

　　在计算机上直接安装操作系统会涉及硬盘分区、系统引导等很多专业知识，需要用户有较多的知识储备。因此，对于经验不太丰富的用户，可以先在虚拟机上安装和使用新的操作系统。虚拟机是通过软件技术对真实计算机的一种模拟，它虚拟了当前计算机的功能，用户通过这台"计算机"安装的操作系统，不会影响现有的操作系统数据。在虚拟机系统中，每一台虚拟产生的计算机都被称为"虚拟机（客户端）"，而用来存储所有虚拟机的计算机则被称为"宿主机（主机）"。

　　虚拟机软件有很多，如 KVM、QEMU、VirtualBox、VMware Workstation 等（参考本书 8.2 节）。由于 VMware Workstation 系列虚拟机界面简洁、操作方便直观，本附录将介绍 VMware 虚拟机的安装与使用。VMware 虚拟机包含 VMware Workstation Pro 和 VMware Workstation Player 两款产品。前者是需要购买许可证的收费软件，后者则可以让个人用户免费使用，不过功能要比前者少一些（对普通用户并没有影响）。接下来，将介绍如何在 VMware Workstation Player（后面简称 VMware Player）中安装 Manjaro。

1. 下载并安装 VMware Player 虚拟机

　　首先在 VMware 官网中找到免费产品下载，如图 A-1a 所示。软件名称为 VMware-Player-xxxxxxxx.exe（xxxxxxxx 为版本号）。注意选择 Windows 版本的 VMware Player 进行安装，如图 A-1b 所示。

（a）在 VMware 官网中找到免费产品下载　　　　（b）选择 Windows 版本的 VMware Player

图 A-1　下载 VMware Player

　　下载完成后，双击该文件进行安装。VMware Player 的安装非常简单，只需要按照提示步骤操作即可，此处不再详细展开。VMware Player 安装好后，启动虚拟机，选择免费的非商业许可证，就可以进入主界面。

2. 在 VMware Player 中安装 Manjaro 操作系统

　　在使用虚拟机之前，需要确保计算机的 BIOS/UEFI 中已经开启了虚拟化（一般只要把该选项设置为 Enable 即可），之后就可以按照下面的步骤在虚拟机上安装 Manjaro 操作系统了。

　　（1）下载 Manjaro 操作系统镜像。首先，去 Manjaro 官网下载操作系统镜像。目前官网上有 Xfce 版本、KDE Plasma 版本、GNOME 版本等，不熟悉 Linux 的读者可能会觉得有些莫名其妙，这些都是什么意思呢？其实简单来说就是桌面环境（通俗点说是图形/用户界面）的不同，这些系统镜像的本质都是一样的（读者可以参考 6.4 节）。这里就以 KDE 版本为例来介绍。读者也可以自行选择其他的版本（后续的界面截图、菜单程序位置可能会有所差异）。点击"Get KDE Plasma 20.0.3"按钮，如图 A-2a 所示。选择 64 位版本下载，如图 A-2b 所示。下载完成后，就会得到一个 ISO 镜像文件：manjaro-kde-xxxxxxxx.iso（xxxxxxxx 为版本号）。

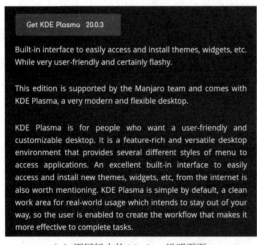

　　（a）不同版本的 Manjaro 说明页面　　　　　　　　　　（b）下载页面

图 A-2　下载 Manjaro 操作系统镜像

　　（2）打开虚拟机软件，点击虚拟机界面上的"创建新的虚拟机"，选择下载好的 ISO 镜像文件（也可以稍后再添加），如图 A-3a 所示，然后点击"下一步"。

　　（3）选择客户端操作系统的系统类型，此处选择"Linux"，版本选择"其他 Linux 5.x 或更高版本内核 64 位"，如图 A-3b 所示，然后点击"下一步"。

　　（4）输入虚拟机名称（如"Manjaro"），然后选择安装位置，如图 A-4a 所示，点击"下一步"。

　　（5）硬盘大小建议在 8 GB 以上，如图 A-4b 所示，然后点击"下一步"。

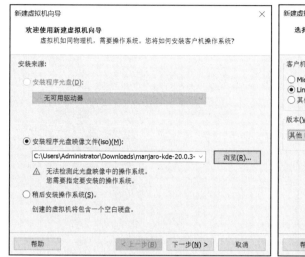

（a）新建虚拟机界面　　　　　　　　　　（b）选择系统类型

图 A-3　新建虚拟机和选择系统类型

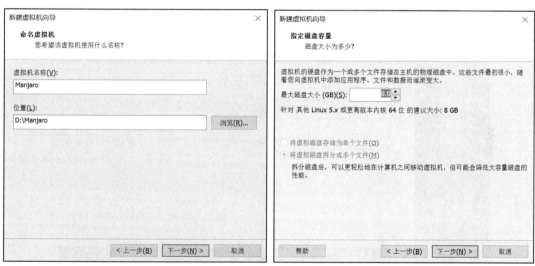

（a）虚拟机名称与存储位置选择界面　　　　（b）虚拟硬盘大小设置界面

图 A-4　设置虚拟机名称、存储位置和虚拟硬盘大小

（6）接下来，会显示虚拟机创建的总结界面，如图 A-5a 所示，可以直接点击"完成"，也可以点击"自定义硬件"来修改配置，如修改内存大小、处理器数量等，如图 A-5b 所示。

（7）成功执行以上步骤后，在软件主界面上就可以看到刚刚创建的虚拟机，点击开机（绿色三角），就可以启动 Manjaro 操作系统的体验系统了。之后的操作与 2.1.2 节基本一致，需要注意的是在分区选项时要选择"抹除磁盘"，把系统安装在整个虚拟硬盘中即可，如图 A-6 所示。

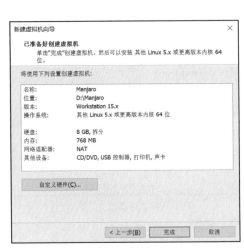

（a）虚拟机总结界面

（b）自定义硬件界面

图 A-5 虚拟机总结与自定义硬件

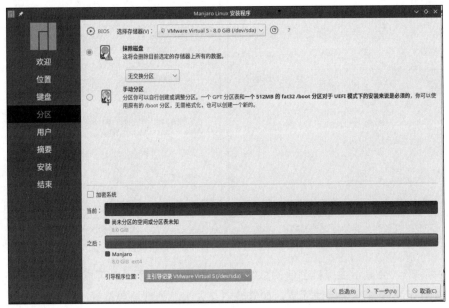

图 A-6 系统安装时的分区选项

（8）安装完成后，重新启动虚拟机系统，输入安装时的密码就可以进入系统使用 Manjaro
系统，如图 A-7 所示。

（9）为了达到更好的使用效果，建议读者安装 VMware 工具和显示驱动。在开始菜单的"设置"下的"添加/删除软件"中搜索并安装 VMware 和 Open VM 两个软件（安装时需要输入管理员密码），如图 A-8 所示，这样可以显著提升用户的使用体验，如更改虚拟机屏幕分辨率、在主机和虚拟机之间通过拖拽文件实现复制粘贴等。

图 A-7　在虚拟机中运行并使用 Manjaro 系统

图 A-8　安装虚拟机显卡驱动等程序

附录 B

在虚拟机中安装 Arch Linux

附录 A 介绍了如何在虚拟机中安装 Manjaro 操作系统。同样的，对于 Arch Linux，依然可以选择在虚拟机里安装并使用。等到读者熟练使用之后，可以再把 Arch Linux 安装到本地计算机上。在这里，我们依然选择 VMware Player 来安装 Arch Linux。

1. 下载并安装 VMware Player 虚拟机

首先到 VMware 官网的"产品试用"中下载 Windows 版本的 VMware Player，如图 B-1 所示，下载到的文件名称为 VMware-Player-xxxxxxxx.exe（xxxxxxxx 为版本号）。

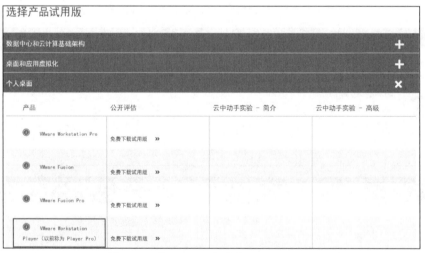

图 B-1　下载 Windows 版本的 VMware Player

下载完成后，双击该文件来安装虚拟机。VMware Player 的安装非常简单，只需要按照提示的步骤操作即可，此处不再详细展开。安装好 VMware Player 后，启动虚拟机，选择免费的非商业许可证，就可以进入主界面。

2．在 VMware Player 中安装 Arch Linux 操作系统

在使用虚拟机之前，需要确保计算机的 BIOS/UEFI 中已经开启了虚拟化（一般只要把该选项设置为 Enable 即可）。之后就可以按照下面的步骤在虚拟机上安装 Arch Linux 操作系统了。

（1）下载 Arch Linux 操作系统镜像。需要到 Manjaro 官网中下载该操作系统镜像，下载界面如图 B-2 所示。下载完成后，可以得到 ISO 镜像文件：archlinux-xxxxxxxx-x86_64.iso（xxxxxxxx 为版本号）。

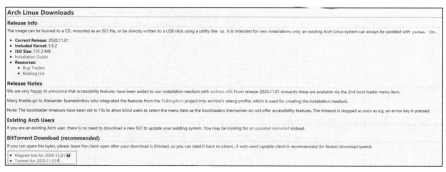

图 B-2　Arch Linux 镜像的下载界面

（2）打开虚拟机软件，点击虚拟机界面上的"创建新的虚拟机"，选择下载好的 ISO 镜像文件（也可以稍后再添加），如图 B-3a 所示，然后点击"下一步"。

（3）选择系统类型，此处选择"Linux"，版本选择"其他 Linux 5.x 或更高版本内核 64 位"，如图 B-3b 所示，然后点击"下一步"。

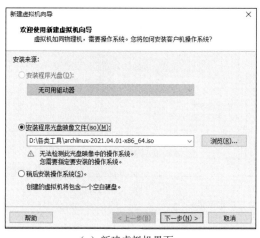

（a）新建虚拟机界面　　　　　　　　　　（b）选择系统类型

图 B-3　新建虚拟机并选择系统类型

（4）输入虚拟机名称（如"Arch Linux"），选择安装位置，如图 B-4a 所示，然后点击"下一步"。

（5）硬盘大小建议设置为 20 GB 以上，如图 B-4b 所示，然后点击"下一步"。

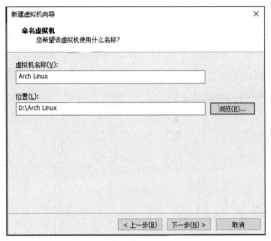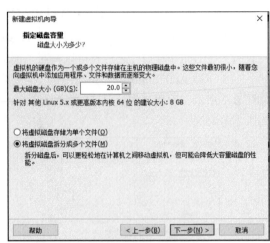

（a）虚拟机名称与存储位置选择界面 （b）虚拟硬盘大小设置界面

图 B-4 设置虚拟机名称、存储位置和虚拟硬盘大小

（6）之后会显示虚拟机创建的总结界面，如图 B-5a 所示，可以直接点击"完成"，也可以点击"自定义硬件"来修改配置，如修改内存大小、处理器数量等，如图 B-5b 所示。

（a）虚拟机总结界面 （b）自定义硬件界面

图 B-5 虚拟机总结与自定义硬件

（7）成功执行以上步骤后，在软件主界面上就可以看到刚刚创建的虚拟机，点击开机（绿色三角），就可以启动 Arch Linux 操作系统的体验系统了。之后的操作与 5.1.3 节基本一致，只需要在磁盘分区时把系统安装在整个虚拟硬盘即可，读者可以参考以下步骤将 Arch Linux 安装到虚拟机上。

a）利用 fdisk 工具对磁盘空间进行操作，可以执行以下命令：

```
#fdisk /dev/sda                    //sda 表示第一块硬盘，进入交互式命令行
```

在 fdisk 的交互式命令行中输入 "**n**" 来创建新的分区，然后直接按回车键（共需要按 3 次回车键）来确认使用默认数值进行操作。完成后，就可以输入 "**w**" 保存之前的操作并退出 fdisk 工具。

b）执行以下命令对新建立的分区进行格式化操作：

```
#mkfs -t ext4 /dev/sda1    //sda1 是准备安装 Arch 的分区
```

c）执行以下命令把该分区挂载到/mnt 目录下，并用来安装 Arch Linux 操作系统：

```
#mount /dev/sda1 /mnt        //挂载的分区用于安装根目录
```

d）确保体验系统的网络是连接正常的，可以执行以下命令：

```
#ip address                  //只要主机可以上网，虚拟机就可以直接上网，可以通过该命令查看 IP 地
                             //址是否被正常获取到
```

e）使用 pacstrap 脚本来安装最基本的系统。系统的安装速度取决于网速，一般 15～20 分钟就可以安装好，可以执行以下命令：

```
#pacstrap /mnt base base-devel linux linux-firmware //此处安装的是 Arch Linux 最基本系
                                                    //统的软件包合集，如 Linux 内核模
                                                    //块、基本固件等
```

系统安装完成后，先不要重启系统，请读者继续参考本书 5.1.4 节进行系统配置。需要注意的是，在安装引导程序时，由于虚拟机默认支持 MBR 系统，所以请直接参考 MBR 方式来安装 GRUB。

附录 C

Linux 操作系统常用命令的分类汇总

本书第 3 章介绍了一些常用命令的基本使用方式。由于篇幅所限，正文中并没有介绍很多命令。因此，本附录不仅给出了更全面的命令，并且细化了命令的分类。本附录只列举相关命令及其说明，具体的使用方法和命令参数请读者结合操作系统的命令行工具进行测试和验证。

1. 文件和目录操作相关命令

- ls：列出目录的内容及其内容属性信息。
- ln：用来在文件之间创建链接。
- cd：从当前工作目录切换到指定的工作目录。
- cp：复制文件或目录。
- find：用于查找目录及目录下的文件。
- mkdir：创建目录。
- mv：移动或重命名文件。
- pwd：显示当前工作目录的绝对路径。
- rename：用于重命名文件。
- rm：删除一个或多个文件或目录。
- rmdir：删除目录。
- touch：创建新的空文件，或者改变已有文件的时间戳属性。
- tree：以树形结构显示目录下的内容。
- basename：显示文件名或目录名。
- dirname：显示文件或目录路径。
- chattr：改变文件的扩展属性。
- lsattr：查看文件扩展属性。
- file：显示文件的类型。
- md5sum：计算和校验文件的 MD5 值。

2．查看文件及内容处理相关命令

- cat：连接多个文件并且打印到屏幕输出或重定向到指定文件中。
- tactac：是 cat 命令的反向拼写，因此该命令的功能为反向显示文件内容。
- more：分页显示文件内容。
- less：分页显示文件内容，more 命令的相反用法。
- head：显示文件内容的头部。
- tail：显示文件内容的尾部。
- cut：将文件的每一行按指定分隔符分隔并输出。
- split：分割文件为不同的小片段。
- paste：按行合并文件内容。
- sort：对文件的文本内容加以排序。
- uniq：去除重复行。
- wc：统计文件的行数、单词数或字节数。
- iconv：转换文件的编码格式。
- diff：单词 difference 的缩写，比较文件的差异，常用于文本文件。
- cmp：单词 compare 的缩写，用来简要指出两个文件是否存在差异。
- vimdiff：命令行可视化文件比较工具，常用于文本文件。
- rev：反向输出文件内容。
- grep：过滤字符串。
- join：找出两个文件中，指定栏位内容相同的行，并加以合并，再输出到标准输出设备。
- tr：替换或删除字符。

3．文件压缩及解压缩相关命令

- tar：文件打包。
- unzip：解压文件。
- gzip/zip：压缩文件。

4．系统管理相关命令

- uname：显示操作系统相关信息。
- hostname：显示或者设置当前系统的主机名。
- dmesg：显示开机信息，用于诊断系统故障。
- uptime：显示系统运行时间及负载。
- stat：显示文件或文件系统的状态。
- du：计算磁盘空间使用情况。
- df：报告文件系统磁盘空间的使用情况。

- top：实时显示系统资源使用情况。
- free：查看系统内存。
- kill：中止一个进程。
- date：显示与设置系统时间。
- cal：查看日历等时间信息。

5. 搜索文件相关命令

- which：在环境变量 PATH 路径中查找二进制命令。
- find：从磁盘中遍历查找文件或目录。
- whereis：环境变量 PATH 路径中查找二进制命令。
- locate：从数据库（/var/lib/mlocate/mlocate.db）中查找命令，使用 updatedb 命令更新库。

6. 用户和组管理相关命令

- useradd：添加用户。
- usermod：修改系统中已经存在的用户属性。
- passwd：修改用户密码。
- userdel：删除用户。
- groupadd：添加用户组。
- groupdel：删除用户组。
- gpasswd：将一个用户添加到组中或者从组中删除。
- groupmod：更改群组和名称。
- chage：修改用户密码的有效期限。
- id：查看用户的 uid、gid 和归属的用户组。
- su：切换用户身份。
- visudo：编辑/etc/sudoers 文件的专属命令。
- sudo：以另一个用户身份（默认根用户）的权限执行命令。

7. 基础网络相关命令

- telnet：使用 Telnet 协议远程登录。
- ssh：使用 SSH 加密协议远程登录。
- scp：单词 secure copy 的缩写，用于不同主机之间复制文件。
- ping：测试主机之间网络的连通性。
- route：显示和设置 Linux 操作系统的路由表。
- ifconfig：查看、配置、启用或禁用网络接口的命令。
- ifup：启动网卡。

- ifdown：关闭网卡。
- netstat：查看网络状态。
- ss：查看网络状态。

8. 磁盘与文件系统相关的命令

- mount：挂载文件系统。
- umount：卸载文件系统。
- fsck：检查并修复 Linux 文件系统。
- dd：转换或复制文件。
- dumpe2fs：导出 ext2/ext3/ext4 文件系统信息。
- dumpe：备份 ext2/ext3/ext4 文件系统。
- fdisk/gdisk/parted：磁盘分区命令。
- mkfs：格式化 Linux 文件系统。
- partprobe：更新内核的硬盘分区表信息。
- e2fsck：检查 ext2/ext3/ext4 类型文件系统。
- mkswap：创建 Linux 交换分区。
- swapon ：启用交换分区。
- swapoff：关闭交换分区。
- sync：将内存缓冲区内的数据写入磁盘。
- resize2fs：调整 ext2/ext3/ext4 文件系统大小。

9. 权限管理相关命令

- chmod：改变文件或目录权限。
- chown：改变文件或目录的属主和属组。
- chgrp：更改文件用户组。
- umask：显示或设置权限掩码。

10. 系统控制相关命令

- shutdown/halt：关闭操作系统。
- poweroff：关闭电源。
- reboot：重新启动计算机。
- login：登录系统。
- logout/exit：退出当前登录的 Shell。
- chsh：更改用户 Shell 设定。
- last：显示近期用户或终端的登录情况。

11. 其他常用的命令

- echo：打印变量，或直接输出指定的字符串。
- printf：将结果格式化输出到标准输出。
- watch：周期性地执行给定的命令，并以全屏方式显示命令的输出。
- alias：设置系统别名。
- unalias：取消系统别名。
- date：查看或设置系统时间。
- clear：清除屏幕。
- history：查看命令执行的历史纪录。
- time：计算命令执行时间。
- xargs：将标准输入转换成命令行参数。
- exec：调用并执行指令的命令。
- export：设置或者显示环境变量。
- unset：删除变量或函数。
- type：用于判断另外一个命令是否是内置命令。

参考文献

[1] MOODY G. 天才莱纳斯：Linux 传奇[M]. 北京：机械工业出版社，2002.

[2] TORVALDS L，DIAMOND D. 只是为了好玩[M]. 北京：人民邮电出版社，2014.

[3] 刘遄. Linux 就该这么学（第 2 版）[M]. 北京：人民邮电出版社，2021.

[4] SHOTTS W. Linux 命令行大全（第 2 版）[M]. 北京：人民邮电出版社，2021.

[5] LOVE R. Linux 内核设计与实现（原书第 3 版）[M]. 北京：机械工业出版社，2011.

[6] HAHN H. Unix & Linux 大学教程[M]. 北京：清华大学出版社，2010.

[7] 张金石. Ubuntu Linux 操作系统（第 2 版）[M]. 北京：人民邮电出版社，2020.

[8] KERNIGHAN B W. UNIX 传奇：历史与回忆[M]. 北京：人民邮电出版社，2021.

[9] RAYMOND E S. UNIX 编程艺术[M]. 北京：电子工业出版社，2011.

[10] NEGUS C. Linux 宝典（第 9 版）[M]. 北京：清华大学出版社，2016.

[11] JANG M，ORSARIA A. RHCSA/RHCE 红帽 Linux 认证学习指南（第 7 版） EX200 & EX300[M]. 北京：清华大学出版社，2017.

[12] 刘金鹏. Linux 入门很简单[M]. 北京：清华大学出版社，2012.

[13] 艾明，黄源，徐受蓉. LINUX 操作系统基础与应用（RHEL 6.9）[M]. 北京：人民邮电出版社，2020.

[14] 尚硅谷 IT 教育. 细说 Linux 基础知识（第 2 版）[M]. 北京：电子工业出版社，2019.

[15] WILLIAMS S. 若为自由故[M]. 北京：人民邮电出版社，2015.

[16] 方兴东，王俊秀. 起来——挑战微软"霸权"[M]. 北京：中华工商联合出版社，1999.

[17] 邱世华. Linux 操作系统之奥秘（第 2 版）[M]. 北京：电子工业出版社，2011.

[18] 鸟哥. 鸟哥的 Linux 私房菜·基础学习篇（第四版）[M]. 北京：人民邮电出版社，2018.

[19] 王波. FreeBSD 使用大全（第 2 版）[M]. 北京：机械工业出版社，2002.

[20] 柳青. Linux 应用基础教程[M]. 北京：清华大学出版社，2008.

[21] NEIL D. Vim 实用技巧（第 2 版）[M]. 北京：人民邮电出版社，2020.

[22] 顾明，赵曦滨，郭陟，等. 现代操作系统的思考[J]. 电子学报，2002，30(12A)：1913-1916.

[23] 孙洪勋，王利红，王海兴. Arch Linux 的简明安装步骤和配置方法[J]. 中国新通信，2015，17(20)：104-105.

[24] 沈雅. Linux 迎来 29 岁 从个人爱好到统治世界的操作系统[J]. 计算机与网络，2020，46(17)：30-31.

[25] 刘鲁昊. Linux 操作系统探讨[J]. 计算机产品与流通，2019(12)：114.

[26] 顾武雄. Manjaro Linux 企业开源客户端实战指引[J]. 网络安全和信息化. 2019(12)：85-94.

[27] 王继敏. Linux 下的文件查找类命令[J]. 科技视界，2019(33)：97-98.

[28] 王燕凤，戴玉刚，马宁. 利用 WINE 实现 Windows 到 Linux 的转换[J]. 计算机与现代化，2008(11)：116-118.

[29] TORVALDS L. The Linux edge[J]. Communications of the ACM，1999，42(4)：38-39.

[30] CASTRO J D. Introducing Linux distros[M]. Berkeley：Apress，2016.

[31] DEVOLDER I. Arch Linux environment setup how-to[M]. Birmingham：Packt Publishing Ltd，2012.

[32] The Linux Foundation. 2020 Linux kernel history report[R/OL]. (2020-08-25)[2022-06-15]. https://www.linux.com/news/download-the-2020-linux-kernel-history-report-2/.

[33] PIERRE J S. X Window System basics[EB/OL]. [2022-06-15]. https://magcius.github.io/xplain/article/x-basics.html.

[34] ArchWiki Maintenance Team. Arch Linux documentation[EB/OL]. [2022-06-15]. https://wiki.archlinux.org/title/Main_page.

[35] Manjaro. Manjaro：A different kind of beast[EB/OL]. [2022-06-15]. https://wiki.manjaro.org/index.php/Manjaro：A_Different_Kind_of_Beast.